监理工程师继续教育丛书

监理工程师项目管理

苏振民　主编

中国建筑工业出版社

图书在版编目（CIP）数据

监理工程师项目管理/苏振民主编 .—北京：中国建筑工业出版社，2006

（监理工程师继续教育丛书）

ISBN 7-112-08493-8

Ⅰ.监… Ⅱ.苏… Ⅲ.建筑工程-项目管理 Ⅳ.TU71

中国版本图书馆 CIP 数据核字（2006）第 092496 号

本书以监理工程师知识需求为出发点，从对工程项目全过程进行管理的角度来编写，注重与国际惯例接轨，在反映工程管理领域的研究成果和最新动向的基础上，注重它的实践性和实务性。

本书可作为监理工程师、总监理工程师继续教育用书，亦可作为监理人员的培训教材和从事建设、设计、施工、监理单位技术人员、管理人员的自修读本及有关大专院校师生的参考用书。

* * *

责任编辑：郦锁林
责任设计：董建平
责任校对：张树梅　王金珠

监理工程师继续教育丛书
监理工程师项目管理
苏振民　主编
*
中国建筑工业出版社出版、发行（北京西郊百万庄）
新　华　书　店　经　销
北京密云红光制版公司制版
北京建筑工业印刷厂印刷
*
开本：787×1092 毫米　1/16　印张：14¼　字数：338 千字
2006 年 11 月第一版　　2006 年 11 月第一次印刷
印数：1—3500 册　　定价：**35.00** 元（含光盘）
ISBN 7-112-08493-8
（15157）

本社网址：http://www.cabp.com.cn
网上书店：http://www.china-building.com.cn

出版说明

为贯彻落实《中华人民共和国行政许可法》、《注册监理工程师管理规定》，加强对注册监理工程师继续教育工作管理，不断提高注册监理工程师的素质和执业水平，确保工程监理质量，维护建筑市场秩序，建设部建办市函［2006］259号决定开展注册监理工程师继续教育工作。

为了做好注册监理工程师的继续教育工作，我社组织有关专家、教授编写这套《监理工程师继续教育丛书》。该套丛书包括:《监理工程师执业指导》、《监理工程师项目管理》、《监理工程师法律基础知识》。《监理工程师执业指导》，是一本以监理工程师知识需求为出发点，帮助提高监理工程师的理论水平和实际工作能力，具有丰富的理论基础和实践经验，可操作性很强的监理工作指导书。《监理工程师项目管理》，是以监理工程师知识需求为出发点，从对工程项目全过程进行管理的角度进行编写，注重与国际惯例接轨，在一定程度上反映工程管理领域的研究成果和最新动向，注重实践性和实务性。《监理工程师法律基础知识》，重点阐述了建设监理法律、法规的基本概念、基本原理和基本法律制度，在编写过程中既考虑了监理工程师法律知识体系的完整性，又考虑监理工程师的学习特点。

为了让读者容易学习和掌握，本套丛书在编写的过程中遵循由浅入深，循序渐进的原则。希望本套丛书的出版，对提高我国监理工程师的知识水平和业务水平有所裨益。

中国建筑工业出版社

2006年9月

前　言

工程项目管理是目前国内外研究和实践的热点之一。为了给监理工程师提供一本实用的参考书，我们组织了部分长期从事这方面教学与研究且具有一定工程实践经验的学者编写这本书。本书以监理工程师知识需求为出发点，从对工程项目全过程进行管理的角度来编写，注重与国际惯例接轨，在反映工程管理领域的研究成果和最新动向的基础上，注重它的实践性和实务性。

本书由苏振民主编，具体分工是：第一章由苏振民和蒋书红编写；第二、三、四章由苏振民编写；第五、八、九、十章由戚建明编写；第六、七、十一章由吴翔华编写；附录由李学东编写。

本书可作监理工程师、总监理工程师继续教育用书，亦可作为监理人员的培训教材和从事建设、设计、施工、监理单位技术人员、管理人员的自修读本及有关大专院校师生的参考用书。

由于作者水平有限，加上时间仓促，书中肯定存在不足之处和错误，恳请读者给予批评指正。

本书在撰写过程中参考了有关文献资料，在此谨向有关作者表示衷心感谢。

目　录

1 工程项目管理概述

1.1 工 程 项 目 系 统

1.1.1 系统的概念

系统是指由相互作用、相互影响、相互制约和相互依赖的若干部分组合成的，具有一定结构和特定功能的有机整体。系统本身又是它所从属的一个更大系统的组成部分。

构成系统必须具备 4 个基本条件：

(1) 必须具有明确的目的性。

(2) 由两个或两个以上可相互区别的要素组成，构成系统的要素不同而形成不同的系统。如：由航空、铁路、公路、内河航运等可组成的交通运输系统。

(3) 系统的整体功能大于各组成要素之个别功能的简单代数和。形成的系统永远具有一定的特性，或表现为一定的行为，系统的这些特性或行为是其任何一部分所不具备的，也不是各个要素所具有功能的简单相加之和。

(4) 系统与其所处环境有密切关系。这种关系是系统与环境的双向影响，即环境对系统有影响，系统对环境也有影响。这种影响有正负两种，分析评价时两种影响都要考虑。在某种意义上说，对负影响的科学评价，可事先采取预防措施，避免损失，具有积极的意义。

1.1.2 项目的含义

项目是为了达到特定目标而调集到一起的资源组合，它与常规任务之间关键的区别是，项目通常只做一次。项目是一项独特的工作努力，即按某种规范及应用标准导入或生产某种新产品或某种服务。现在项目的概念越来越广泛地被人们应用到各个行业，但是所有的项目都包含了项目的基本属性：①项目都具有总体属性，从根本上来说，项目实质上是一系列的工作。尽管项目是有组织地进行的，但它不是项目组织本身，项目的结果可能是某个产品，但是它也不仅仅就是产品。②项目都是有过程的，项目是必须完成的、一次性的、有限的任务，这是项目过程与其他活动的主要区别，各个项目经历的时间可能不同，但是每个项目都是在某个特定的时间内完成的。③项目都有一个特定的结果，任何项目都有一个与其他项目不完全相同的结果，它通常是一个独特的目标或产品，这个目标在项目活动中将一步一步地实现。④所有的项目都有资金、时间、资源等许多约束条件，项目只能在一定约束条件下完成。

一个成功的项目通常受到四个条件的约束：工作范围、成本、进度和顾客的满意度。

只有满足预定的使用功能，在预算费用、预定时间范围内，为顾客接受的项目才是成功的项目。另外，项目要与环境相协调，能合理地利用资源，具有可持续发展的能力。

1.1.3 工程项目系统

项目是一个复杂开放的系统，这也是项目的重要特征之一。

从项目本身而言，项目是由若干单项工程、单位工程和分部、分项工程组成的有机整体。如一座水电站，不仅要有发电、输电、存水（水库）、引水等建筑物组成电站的生产设施体系，而且要有生活、后勤保障设施体系，从而形成完整的水电站项目系统，确保项目建成后形成设计生产能力。

从管理的角度来看，一个项目系统是由人、技术、资源、时间、空间和信息等多种要素组合到一起，为实现一个特定的项目目标而形成的有机整体。系统论特别强调要把一个系统作为一个整体来认识，强调“以一定方式适当组织与管理全局系统所起的作用比其各部分孤立起作用的总和要大得多，局部的最优不等于全局的最优”。因此，工程项目作为一个系统，其整体性的规律不能违背。它要求有一个管理保证系统来统筹协调项目建设的全过程中全部目标和项目有关各方的全部活动。

工程项目系统可以从人的角度进行描述和分析，通常可以将工程项目系统分解为以下几个子系统：工程项目的目标系统、工程项目的对象系统、工程项目的行为系统、工程项目的组织系统。

工程项目是一个复杂的开放系统，项目系统与外部有紧密而又复杂的联系，内外部环境之间不断有资源和信息的交换，并受外部环境的影响和制约。因此，工程项目作为开放系统不仅要求系统内部要协调有序，而且要求系统能对外界环境的变化进行自我适应。

在项目管理中，系统方法是最重要，也是最基本的思想方法和工作方法，这在项目和项目管理的各个方面都有所体现。在相关联的各个学科中，项目管理与系统工程有最大的交集。

任何一个项目的管理者、参加者、工程技术人员首先必须确立基本的系统观念。这体现在：1. 全局的观念。系统地观察问题、解决问题，作全面的整体的计划和安排，减少系统失误；2. 追求项目整体的最优化。强调系统目标的一致性，强调项目的总目标和总效果，而不是局部优化；3. 在现代工程项目管理中，强调系统的集成。

1.1.4 工程项目系统的特点

项目是一个复杂的社会技术系统。按照系统理论，工程项目具有如下系统特点：

1. 整体性

项目整体性包括两个涵义：一个是空间的整体性，另一个是时间的整体性。空间的整体性是指项目要素通过相互联系和相互作用构成了整体，而整体可以具有部分集合所没有的特性和功能。整体大于部分之和是项目系统所具有的主要持征之一。项目时间的整体性是指项目系统在整个寿命周期内总体应处于最优。例如，对一个工程系统的开发，从项目系统的诞生、成长、衰退与更新全过程考虑它的整体优化，而不是只考虑某阶段中的最优。

2. 层次性

工程项目系统存在一定的层次结构，可分解为一系列的子系统。层次性说明了项目不同层次子系统之间的从属关系或相互作用的关系。例如一个工程项目系统，包括有机械设备、建筑材料、作业人员等实体要素以及与项目组织有关的概念要素，其组织管理体制也具有明显的层次结构。合理地调度作业人员，科学地组织机械、材料的投入，可以使工程项目取得工期短、成本低、质量好的效果。

3. 目的性

作为一个整体的实际工程项目系统总要完成一定的任务，或要达到一个或多个目标，这种任务或目标决定着项目系统的基本作用和功能。工程项目系统如没有明确的目的，那么系统就不存在。当以最高水平完成了特定的任务或实现了预期的目的时，便可以说实现了项目系统优化。工程项目有明确的目标，这个目标贯穿于项目的整个过程和项目实施的各个方面。由于工程项目目标因素的多样性，它属于多目标系统。

4. 集合性

集合性是项目系统最基本的特征。具体表现在两个方面：一是从构成上来看，项目系统是由若干既相互联系又相互区别的要素（子系统）构成的整体；二是从功能上看，项目系统的整体功能不但取决于单个要素的功能，更取决于要素功能的集合配套状况。任何工程项目系统都是由许多要素组合起来的。不管从哪个角度分析项目系统，如组织系统、行为系统、对象系统、目标系统等，都可以按结构分解方法进行多级、多层次分解，得到子单元（或要素），并可对子单元进行描述和定义，这是项目管理方法使用的前提。

5. 相关性

相关性就是指项目系统内各要素之间相互制约、相互影响和相互依存的关系。工程项目系统不是若干要素的机械堆砌，而是它们的有机结合。在系统内各要素之间存在这样或那样的联系，正是这些联系使各要素结合成一个整体，形成一定的功能。分析工程项目系统不仅要分析项目系统的构成要素，更重要的是要分析系统内部各要素存在的各种联系。这种相关性特点告诉我们，项目系统内的任何一个因素发生了变化，其他要素必须作出相应的调整。

6. 动态性

工程项目系统的状态和功能不是一成不变的，系统的功能是时间的函数。例如，在项目实施过程，由于业主要求和环境的变化，必须相应地修改目标，修改技术设计整个实施过程，修改项目结构。所以说工程项目系统是一种动态的系统。

7. 环境适应性

工程项目系统存在于一定的物质环境之中，因此，它必然要与外界环境产生物质的、能量的和信息的交换，外界环境的变化必然会引起项目系统内部各要素之间的变化。项目系统必须适应外部环境的变化，这样才能生存发展。

8. 人的参与性

任何一个工程项目都少不了人的参与，一个项目涉及的人员有很多方面，包括项目业主、项目使用者、施工人员、设计人员、生产厂商等等。由于个人的工作方式、技术、以及思维等方面都是有差异的，从而增加了项目的复杂性和不确定性。这就要求人们不断地提高自身的素质和技术能力。

9. 其他特点

(1) 技术性。现代工程项目的技术含量越来越高，包括大量的高科技、开发型、研究型的工作任务。在项目设计和实施运行过程中，需要新知识、新工艺。

(2) 复杂性。这表现在现代工程项目的规模大、投资大、持续时间长、参加单位多、需要国际间的合作，合同条件越来越复杂，环境和其他方面对项目的要求越来越高。

(3) 不确定性。现代工程项目都包含着许多风险，由于外界经济、政治、法律及自然等因素的变化造成对项目的外部干扰，使项目的目标、项目的成果、项目的实施过程有很大的不确定性。

1.1.5 工程项目系统的内容

工程项目作为一个复杂的系统，主要包括目标系统、对象系统、行为系统和组织系统。

1. 工程项目的目标系统

任何一个项目都是为一定的目标而制定的，工程项目的目标系统实质是工程项目所要达到的最终状态。由于项目管理采用目标管理方法，所以工程项目具有明确的目标系统，它是项目过程中的中心。工程项目的目标系统是由质量目标、工期目标和费用目标共同组成的，三者相互联系，相互影响，某一方面的变化必然会引起其他两个方面的变化。项目管理者必须保证三者之间的均衡性和合理性，只有三者合理的分配才能达到项目目标的最优化。项目的目标系统是一个抽象系统，它由项目任务书、技术规范、合同文件等说明定义，在项目策划、设计过程中将逐渐变得具体详细，形成一个完整的项目目标系统。

项目的目标与项目管理目标有联系又有区别：项目目标是针对整个工程生命期的，是上层对项目的要求，它主要解决上层系统的问题，所以它常常体现在工程项目的运营阶段上；项目管理的总体目标是保证项目目标的实现，所以项目管理的目标是项目目标的一部分，并为它服务。

2. 工程项目的对象系统

工程项目是要完成一定功能、规模和质量要求的工程，这个工程是项目的行为对象。它是由许多分部、许多功能面组合起来的综合体，有自身的系统结构形式。项目的各个分部之间互相联系、互相影响、互相依赖，共同构成项目的工程系统。它通常是实体系统形式，可以进行实体的分解，得到工程结构。工程项目对象系统由单项工程、单位工程、分项工程和分部工程等子系统构成。

(1) 单项工程：一般指具有独立设计文件，建成后可以单独发挥生产能力和效益的一组配套齐全的工程项目。从施工的角度，单项工程是一个独立的系统。在建设项目总体施工部署和管理目标的指导下，形成自身的项目管理方案和目标，按其投资和质量的要求，如期建成并交付生产和使用。一个建设项目有时包括多个单项工程，也可能仅有一个单项工程。

(2) 单位工程：各单项工程可分解为若干个能够独立施工的单位工程。一般情况下，单位工程是指一个单体的建筑物或构筑物。一个单位工程往往不能单独形成生产能力或发挥工程效益，只有在几个有机联系、互为配套的单位工程全部建成竣工后才能提供生产和使用。

(3) 分部工程：是建筑物按单位工程部位划分的组成部分，亦即是单位工程的进一步分解。一般工业与民用建筑工程划分为地基与基础工程、主体工程、地面、楼面工程、装修工程、屋面工程等六个部分，其相应的建筑设备安装工程包括建筑采暖工程与燃气工程、建筑电气安装工程、通风与空调工程、电梯安装工程等。

(4) 分项工程：按照不同的施工方法、构造规格，可以把分部工程进一步划分为分项工程。分项工程只能用较简单的施工过程生产出来，可以用适量的计量单位计算工程基本构造要素。土建工程的分项工程是按照建筑工程的主要工种划分的，如钢筋工程、模板工程、混凝土工程、砌体工程、木门窗制作工程等，分项工程既有其作业活动的独立性，又有相互联系、相互制约的整体性。

工程项目的对象系统决定着项目的类型和性质，决定着项目的基本形象和最本质特征，决定项目实施和项目管理的各个方面。工程项目的对象系统是由项目的设计任务书、技术设计文件等定义的，并通过项目实施完成。

3. 项目的行为系统

工程项目的行为系统是由实现项目目标，完成任务所必需的工程活动构成的。这些活动之间存在各种各样的逻辑关系，构成一个有序的动态的工作过程。人们通常指的项目就是指项目的行为系统。项目的行为系统包括实现项目目标系统必需的所有工作。它保证项目实施过程程序化、合理化，均衡地利用资源，保证各分部实施和各专业之间有利的、合理的协调。

从项目的可行性研究到项目的实施，一直到项目交付使用的所有活动共同构成了项目的行为系统，它是实现项目目标的具体工作。项目的行为系统包含了所有的具体的行为活动，所以必须对其进行合理的组织协调，以保证项目的顺利进行。项目的行为系统也是抽象系统，由项目结构图、网络计划、实施计划、资源计划等表示。

4. 项目组织系统

项目组织是由项目的行为主体构成的系统。由于社会化大生产和专业化分工，一个项目的参加单位（或部门）可能有几个、几十个、甚至成百上千个，它们之间通过行政的或合同的关系连接形成一个庞大的组织体系，为了实现共同的项目目标承担着各自的项目任务。项目组织是一个目标明确、开放的、动态的、自我形成的组织系统。通常有以下几个方面：

(1) 项目业主。即项目的投资者或出资者。在项目的实施过程中，业主既要对项目投资和建设方案做出科学的决策，也要履行自己应尽的责任和义务，为项目的实施者创造必要的条件。因此，业主的决策水平、行为的规范性等对项目的建设具有重要的影响。

(2) 项目使用者。使用者对项目的最终评价是衡量工程建设质量的重要依据，而使用者对工程项目使用功能和质量的要求，又会随着社会生产力的发展和经济水平的提高发生变化，这就对建设项目的策划、决策、设计以及施工质量的形成过程提出了更高的要求。

(3) 研究单位。研究单位是建设项目的技术后盾，它们将以强大的研究实力和层出不穷的研究成果，为建设项目提供社会化的，直接或间接的技术支援。无论在项目决策和实施的哪个阶段，项目管理者都必须对此予以充分重视。

(4) 设计单位。它以业主或建设项目法人的建设意图、政府建设法规要求、建设条件作为输入，经过智力的投入，进行建设项目技术、经济方案的综合创作，编制出用以指导建设项目施工活动的设计文件。

(5) 施工单位。是将业主或建设项目法人的建设意图和目标转变成工程目的物的生产经营者，是一个项目实施过程的主要参与者。

(6) 生产厂商。包括建筑材料、构配件、工程用品与设备的生产厂家和供应商，它们为项目实施提供生产要素，其交易过程、产品质量、价格、服务体系等，直接关系到项目的投资、质量和进度目标。

(7) 建设监理单位。我国实行建设监理制，依照国际惯例做法，社会监理单位依法登记注册取得工程监理资质，承接工程监理任务，为项目法人提供高层次项目管理咨询服务，实施业主方的工程项目管理。因此，监理单位的水平和工作质量，对项目建设过程也有重要影响。

(8) 政府主管与质量监督机构。政府主管代表社会公众利益，对建设行为进行法规监督与管理，对建设立项、规划、设计方案进行审查批准。政府主管派出工程质量监督站，实施工程质量监督。在执行建设法规和质量标准方面取得政府主管部门的审查认可，是建设项目管理过程必须遵守的规矩，不能疏忽和违背。

上述几个系统之间又存在着错综复杂的内在联系，它们从各个方面决定着项目的形象。

1.2 工程项目的系统环境分析

1.2.1 工程项目的系统环境的概念及其意义

系统环境通常是指存在于系统以外的物质的、经济的、信息的和人际关系的相关因素的总和。了解工程项目的系统环境是接近工程项目的第一步，不论项目大小或如何复杂，解决项目方案的完善程度依赖于对整个项目环境了解的多少。对环境的不恰当了解将导致工程项目方案的失败。从系统分析的角度看研究环境因素的意义在于：环境发生了变化，将引出新的项目系统分析课题，确定课题的边界要考虑环境因素；进行系统分析的资料，包括内部资料，即项目的自身环境；项目系统的外部约束，如人力、资源、财源、时间等方面的限制，通常来自环境。因此，项目系统环境分析是工程项目实施的一项重要内容。

工程项目的系统环境是指对工程项目有影响的所有外部因素的总和，是由相互作用、相互影响、相互制约和相互依赖的若干部分组合成的、具有一定结构和特定功能的有机整体，它们构成项目的边界条件。而工程项目管理的系统环境涉及国民经济发展计划、城市、乡镇区域规划、房地产市场或产品销售市场、建筑市场、自然环境、社会环境和公共安全、能源和资源、临近建筑等诸多方面。这些环境要素影响着业主方、设计方、施工方、供货方的项目管理。一个项目要取得成功，必须与这些环境相适应。

现代工程项目处在一个迅速变化的环境中。环境的不断变化对工程项目的影响重大，主要表现在以下几方面：

(1) 工程项目的系统环境决定了项目需求以及项目价值。工程项目必须从上层系统，必须从环境的角度来分析问题、解决问题。

(2) 工程项目的系统环境决定着项目的技术方案和实施方案以及它们的优化。项目的实施过程也是项目与环境之间互相作用的过程。项目的实施需要外部环境提供各种资源和条件，受外部环境条件的制约。如果项目没有充分地利用环境条件，或忽视环境的影响，必然会造成实施中的障碍和困难，而且会增加实施费用，导致项目不经济。

(3) 环境是产生风险的根源。在项目实施过程中，环境的不断变化必然会对项目造成干扰，使项目不能按计划实施，偏离目标，造成项目目标的修改，甚至整个项目的失败。所以风险管理的重点之一就是环境的不确定性和环境变化对项目的影响。

由上可见，环境对于项目及项目管理具有决定性的影响。为了充分地利用环境条件，降低环境风险对项目的干扰，项目管理者必须进行全面的环境调查，必须大量地占有资料，在项目的前期策划、设计、计划和控制中研究和把握环境与项目的交互作用。

1.2.2 工程项目系统环境的内容

一切系统都处于一定的环境之中，并与其存在着相互依存的关系，工程项目作为一个系统其一切活动都受到外界环境的影响和制约，项目只有适应环境的变化才具有生命力。环境对项目的影响分为两种：一种是有利的影响，给项目的实施带来方便和发展的机会；另一种是不利的影响，给项目带来风险甚至失败的可能。同样的环境变化，对不同的项目产生不同的影响，这取决于项目的管理者是如何分析环境，利用环境，适应环境，从变化的环境中善于找出潜在的威胁和可能的机会，增强项目实施的主动性，这就需要了解与项目相关的整个环境系统。

工程项目是复杂的，其涉及的内容十分广泛。所以与它相关的环境也是十分复杂的，要分析环境必须了解项目系统环境的构成，工程项目的环境包括直接环境和间接环境。

1. 工程项目的直接环境

直接环境是工程项目市场构成因素，从对项目系统的影响，归纳为以下四方面：

(1) 项目的政策法规环境

工程项目的运行是在一定的政策法规环境下进行的，项目的成败受到它们的直接影响。项目的政策法规环境主要包括：与项目相关的各项政策法规，如：合同法、建筑法、劳动保护法等等，以及国家的土地政策、货币政策、税收政策等。一个国家的法律法规是否完备，执法的严肃性以及办事效率，这些都对工程项目的实施顺利与否有极大的影响。

(2) 市场环境

市场环境是项目实施过程中最直接影响因素，市场对项目或项目产品的需求、市场容量、购买力、人们的市场行为、市场的开发状况等；项目所需的建筑材料、设备、劳动力供求情况及价格水平、能源、交通、通信、生活设施的状况及价格；城市建设水平；物价指数，包括全社会的物价指数、部门产品的物价指数以及专门产品的物价指数；当地建筑市场情况，如竞争的激烈程度、当地建筑企业的专业配套情况、建材和结构构件生产、供应及价格等，这些都将对项目的实施以及项目的经济效益等造成重大的影响。所以在项目实施之前必须对市场环境进行全面深入的调查、分析。

(3) 实施环境

工程项目的实施环境包括项目的相关者的情况以及项目基础设施、场地周围的交通运输等情况。

工程的实施是与每一个相关人员都紧密联系的，项目的直接参加者，项目的合作者，以及项目的竞争对手都是与项目相关联的。他们是项目实施全过程的主要主导力量，直接影响项目的进展与最后成果。管理人员的知识水平，劳动力的培养训练情况，合作者的积极性，竞争对手所采取的措施，这些都是项目实施的直接因素。

场地周围的生活及配套设施，现场及周围可供使用的临时设施，现场周围公用事业状况，如水、电的供应能力、条件及排水条件，现场以及通往现场的运输状况，各种通信条件等，这些对项目的进行虽然不是至关重要的因素，但是他们却影响项目实施的便利性，并且也是节约工期、费用的一个重要方面。

2. 工程项目的间接环境

它是相对直接环境而言的，指与项目发生间接影响的环境因素。属于影响范围更大、涉及面更广的环境因素，有些对项目的影响并不次于直接环境，分析和把握起来难度很大，在实际中直接环境和间接环境有时交织在一起，很难区分的十分清楚。

(1) 自然环境

自然环境是指项目所处的地理位置、地理状况以及项目实施期间的气候条件。地理状况包括有：抗震设防烈度及项目期间地震的可能性；地形地貌状况；地下水位、流速；地质情况等。气候情况包括年平均气温，最高气温，最低气温，高温、严寒持续时间；主导风向及风力，风荷载；雨雪量及持续时间，主要分布季节等。

(2) 政治环境

一个国家总体政治环境对项目的各方面都会造成影响，而由此所造成的风险是难以估计、难以控制的，直接关系到工程项目的成败。一个国家政治局面的稳定性，相关政策，以及政府的办事程序及服务，这些都将严重影响项目的实施及最终的成果。

(3) 经济环境

一个工程项目的实施其主要目的就是为了实现经济价值，整个社会的经济环境必然会对项目的经济性产生很大的影响。主要包括：社会的发展状况，如当地处于一个什么样的发展阶段和发展水平；国家的财政状况，如赤字和通货膨胀情况、国民经济计划的安排、国家重点投资发展的项目、领域、地区、国家的工业布局及经济结构等；国家及社会建设的资金来源，银行的货币供应能力和条件。

(4) 社会环境

主要是指项目所在地的人口、文化、风俗、人们的心理行为、消费观念、当地人们的商业习惯、人口素质，以及人们对项目的要求等。

(5) 技术环境

主要是指国际、国内以及所在地区行业的科研水平；新材料、新设备、新工艺的发展趋势；项目相关的技术标准、规范、技术发展水平、技术能力，解决项目运行和建造问题技术上的可能性等。

(6) 其他环境

除以上五大间接因素外都归结为其他环境，例如：同类工程的资料等等。

1.2.3 工程项目系统环境分析的任务

项目系统环境分析的任务，可以概括为两个方面：首先要确定项目系统与环境的边界。由于项目系统与环境因素关系十分紧密，在确定项目系统的具体环境因素时，常常遇到一定的困难，这就提出了如何明确工程项目系统与环境的边界问题。一般来说，工程项目系统与环境的边界位于项目管理者认为对项目系统不再有影响的地方，但这是不明确的，必须设法明确。而且，也决不能用自然的、组织的以及诸如此类的边界简单地来代替。为了能够确定重点考察的范围，在很多情况下，先是以凭经验得到的边界作为工作前提，而后在详细研究中再对这一边界进行修改。其次是确定环境对工程项目系统的影响程度。系统环境因素范围很广，系统分析人员要根据问题的性质，因时、因地、因条件地加以分析，找出相关环境因素的总体，确定因素的影响范围和各因素间的相关程度并在方案分析中予以考虑。对可以定量分析的环境因素，通常可以约束条件的形式列入项目系统模型之中。对只能定性分析的因素可用估值法评分，尽量使之达到定量或半定量化，或用经验估计修正给定的项目系统目标值。某些环境因素则要在项目系统设计计算中给予考虑。在实际分析中，还可以根据系统问题的特殊性，从大量的环境因素中，确定出那些重要的、必须予以考虑的因素重点加以研究而忽略掉一些次要的因素。

1.2.4 工程项目系统环境分析方法

项目系统环境的分析就是要分析项目所处的环境，以利于项目的决策和实施。在进行环境分析时，由于间接环境涉及范围广，一般不面面俱到的进行调查，往往通过政府机关、有关部门、单位、新闻渠道、专业渠道等各种途径获得的信息予以关注，对一定时期内对项目有突出影响的环境因素应予以特别的关注，仔细分析。对直接环境，由于对项目有直接的影响，要密切注视，是环境分析的重点。环境分析的方法很多，主要有：

(1) 环境调查分析法：首先列出对项目产生影响的各个要素，然后对相近的项目进行调查、总结，分析每个因素的影响程度，预测对本项目会产生的影响。

(2) 环境因素矩阵法：将项目相关的各个环境要素列成矩阵，然后根据相关的权重，对每个要素进行打分，从而分析各个要素对项目的影响。

(3) 环境预测法：德尔菲法、时间序列预测法、回归分析预测法、周期性波动时间序列预测法。

1.3 工程项目管理

1.3.1 工程项目的概念及特征

1. 工程项目的概念

工程项目是投资项目中最重要的一类，是一种将投资行为与建设相结合的投资项目。

工程项目是指投入较大数额的资金，经过决策、实施等一系列程序，在一定的约束条件下以形成固定资产为明确目标的一次性过程。从这个意义上说，工程项目就是指固定资产投资项目，它包括基本建设项目和更新改造项目。基本建设项目一般指在一个总体设计或初步设计范围内，由一个或几个单项工程组成，在经济上进行统一核算，行政上有独立组织形式，实行统一管理的建设工程。更新改造项目是指经批准，具有独立设计文件（或项目建议书）的技术改造项目，或企业、事业单位及主管部门制定的技术改造计划方案中能独立发挥效益的工程。

2. 工程项目的特征

工程项目是最常见的项目类型，是项目管理的重点。工程项目具有如下的特点：

(1) 具有特定的对象

任何项目都应具有具体的对象，项目对象确定了项目最基本的特征，是项目分类的依据，同时它又确定了项目的工作范围、规模及界限。整个项目的实施和管理都是围绕着这个对象进行的。

工程项目的对象通常是有预定要求的工程技术系统。而“预定要求”通常可以用一定的功能要求、实物工程量、质量等指标表达。

工程项目的对象在项目的生命期中经历了由构思到实施、由总体到具体的过程。通常，它在项目前期策划和决策阶段得到确定，在项目的设计和计划阶段被逐渐分解、细化和具体化，并通过项目的施工过程一步步得到实现，在运行中实现价值。

工程项目的对象通常由可行性研究报告、项目任务书、设计图纸、规范、实物模型等定义和说明。在实际工程中必须将工程项目对象与项目本身相区别。工程项目对象是具有一定功能的技术系统，而工程项目是指完成这个对象的任务和工作的总和，是行为系统。混淆两者不仅会产生概念的错误，而且会造成计划和实施控制上的困难。

(2) 具有特定的约束条件

工程项目目标的实现要受到多方面的限制：时间约束，即一个工程项目要有合理的建设工期限制；资源约束，即工程项目要在一定的人、财、物条件下来完成建设任务；质量约束，即工程项目要达到预期的生产能力、技术水平、产品等级或工程使用效益的要求；空间约束，即工程项目要在一定的空间范围内通过科学合理的方法来组织完成。

(3) 一次性特征

任何工程项目作为总体来说是一次性的。它经历前期策划、批准、设计和计划、施工、运行的全过程，最后结束。即使在形式上极为相似的项目，也必然存在差异和区别，例如实施时间不同、环境不同、项目组织不同、风险不同，所以它们之间无法等同，无法代替。

项目的一次性决定了项目管理的一次性。任何项目的一次性特点对项目组织和组织行为的影响尤为显著。

(4) 特殊的组织和法律条件

由于社会化大生产和专业化分工，现代工程项目都有很多个单位和部门参加。要保证项目有秩序、按计划实施，必须建立严密的项目组织。

工程项目组织是一次性的，随项目的确立而产生，随项目结束而消亡。项目参加单位之间主要靠合同作为纽带，建立起组织，同时以经济合同作为分配工作、划分责任权利关系的依据。而项目参加单位之间在项目过程中的协调主要通过合同和项目管理规范实现。项目组织是多变的、不稳定的。

(5) 管理的复杂性

由于工程项目的内容繁复，致使其管理工作也十分复杂。工程项目在实施过程的不同阶段存在许多结合部，这些是工程项目管理的薄弱环节，使得参与工程项目建设的各个有关单位之间的沟通、协调困难重重，也是工程实施过程中容易出现事故和质量问题的地方。这些都增加了管理工作的复杂性。项目系统是由人参与的复杂系统，个人的差异对项目的影响很大，使项目呈现出很大的复杂性。

(6) 整体性特征

一个项目就是一个整体。工程项目是按照一个总体设计建设的，是可以形成生产能力或使用价值的若干单项工程的总体。在按其需要配置生产要素时，必须追求高的费用效益，做到数量、质量、结构的总体优化。

(7) 寿命周期阶段特征

任何项目都有其寿命周期。不同项目的寿命周期阶段划分不尽一致，我国对基本工程建设项目的管理程序为：长远规划—项目建议书—评估—计划任务书—项目设计—年度计划—设备定货—施工—竣工验收—财务决算和验收报告，归纳起来是可行性研究、设计、施工、交付四个阶段。

1.3.2 工程项目的分类

由于工程项目种类繁多，为了适应科学管理的需要，从不同的角度反映工程项目的性质、行业结构、有关比例关系，国家规定了建设项目的分类标准。

1. 按管理需要划分

按照国家规定，在实际工作中将工程项目划分为基本建设项目和更新改造项目，划分工程项目主要考虑以下几个方面：

(1) 以工程建设的内容、主要目的来划分。一般把以扩大生产能力为主要建设内容和目的的工程项目作为基本建设项目；把以节约、增加产品品种、提高质量、治理“三废”、劳保安全为主要目的的工程建设项目作为更新改造项目。

(2) 以投资来源划分。以利用国家预算内拨款（基本建设基金）、银行基本建设贷款为主的工程项目作为基本建设项目，以利用企业基本折旧基金、企业自有资金和银行技术改造贷款为主的工程项目作为更新改造项目。

(3) 以土建工作量划分。凡是项目土建工作量投资占整个项目投资30%以上的工程项目作为基本建设项目。

(4) 按项目所列的计划划分。这是目前通常的做法，凡列入基本建设计划的项目一律按基本建设项目处理，凡列入更新改造计划的项目按更新改造项目处理。

2. 按建设性质划分

(1) 新建项目。是指根据国民经济和社会发展的近期规划，按照规定的程序立项，从无到有的、“平地起家”的工程建设项目。现有企业、事业和行政单位一般不应有新建项目。有的单位如果有基础薄弱需要再建的项目，其新增加的固定资产价值超过原有全部固定资产价值（原值）三倍以上时，才可算新建项目。

(2) 扩建项目。是指现有企业、事业单位在原有场地或其他地点，为扩大产品的生产能力或增加经济效益而增建的生产车间、独立的生产线或分厂的项目；事业和行政单位在原有业务系统的基础上，扩充规模而进行的新增固定资产投资项目。

(3) 改建项目。是指现有企业、事业单位为调整产品结构、改革生产技术工艺、改善生产条件或生活福利条件，而对原有设施进行技术改造或更新的辅助性生产项目和生活福利设施项目的建设。

(4) 迁建项目。是指原有企业、事业和行政单位，根据自身生产经营和事业发展的要求，按照国家调整生产力布局的经济发展战略的需要或出于环境保护等其他特殊要求，搬迁到异地而建设的项目。

(5) 恢复项目。是指原有企业、事业和行政单位，因自然灾害或战争，使原有固定资产遭受全部或部分报废，需要进行投资重建来恢复生产能力和业务工作条件、生活福利设施等的建设项目。这类项目，不论是按原有规模恢复建设，还是在恢复过程中同时进行扩建，都属于恢复项目，但对尚未建成投产或交付使用的项目，受到破坏后，若仍按原设计重建的，原建设性质不变；如果按新设计重建，则根据新设计内容来确定其性质。

建设项目按其性质分为上述五类，一个建设项目只能有一种性质，在项目按总体设计全部建成以前，其建设性质是始终不变的。

3. 按建设规模划分

为正确反映工程项目的规模，适应对工程项目分级管理的需要，国家规定基本建设项目可分为大型、中型、小型三类；更新项目可分为限额以上项目和限额以下项目两类。不同等级的工程项目，国家规定的审批机关和报建程序也不尽相同。划分项目等级的原则如下：

(1) 按批准的可行性研究报告（初步设计）所确定的总设计能力或投资总额的大小，依据国家颁布的《基本建设项目大中小型划分标准》进行分类。

(2) 凡生产单一产品的项目，一般以产品的设计生产能力划分；生产多种产品的项目，一般按其主要产品的设计生产能力划分；产品分类较多，不易分清主次，难以按产品的设计能力划分时，可按投资总额划分。

(3) 对国家经济和社会发展具有特殊意义的某些项目，虽然设计能力或全部投资不够大中型项目标准，经国家批准已列入大中型计划或国家重点建设工程的项目，也按大中型项目管理。

(4) 更新改造项目一般只按投资额分为限额以上和限额以下项目，不再按生产能力或其他标准划分。

(5) 基本建设项目大、中、小型和更新改造项目限额的具体划分标准，根据各个时期经济发展和实际工作中的需要而有所变化。

(6) 一部分工业、非工业建设项目，在国家统一下达的计划中，不作为大中型项目安排。

4. 按国民经济各行业性质和特点划分

根据工程项目的经济效益、社会效益和市场需求等基本特征，可将工程建设项目划分为竞争性项目、基本性项目和公益性项目三种。

(1) 竞争性项目。主要是指投资效益比较高、竞争性比较强的一般性工程建设项目。这类项目应以企业作为基本投资主体，由企业自主决策、自担投资风险。

(2) 基础性项目。主要是指具有自然垄断性、建设周期长、投资额大而收益低的基础设施和需要政府重点扶持的一部分基础工业项目，以及直接增强国力的符合经济规模的支柱产业项目。对于这类项目，主要应由政府集中必要的财力、物力，通过经济实体进行投资。同时，还应广泛吸引地方、企业参与投资，有时还可吸收外商直接投资。

(3) 公益性项目。主要包括科技、文教、卫生、体育和环保等设施，公、检、法等政权机关以及政府机关、社会团体办公设施，国防建设等。公益性项目的投资主要由政府用财政资金安排。

1.3.3 工程项目管理的概念和特征

1. 工程项目管理的概念

工程项目管理的对象是工程项目，其管理的概念在原理上和其他的管理是相通的，但是由于工程项目的一次性等特征，要求其管理更强调程序性、全面性和科学性。

所谓工程项目管理是指在工程项目的生产周期内，以最优实现项目的目标为目的，按照其内在规律，用系统工程的理论、观点和方法，对工程项目全过程进行有效的规划、协调、监督、控制和总结评价等系统管理活动。

2. 工程项目管理的特征

工程项目管理是在一定约束条件下，以实现工程项目目标为目的，对工程项目实施全过程进行高效率的计划、组织、协调、控制的系统管理活动。

(1) 工程项目管理是一种一次性管理

项目的单件性特征，决定了项目管理的一次性特点。在项目管理过程中一旦出现失误，很难纠正，损失严重。由于工程项目的永久性特征及项目管理的一次性特征，项目管理的一次性成功是关键。所以对项目建设中的每个环节都应进行严密管理，认真选择项目经理，配备项目人员和设置项目机构。

(2) 工程项目管理是一种全过程的综合性管理

工程项目的生命期是一个有机成长过程。项目整个阶段有明显界限，又相互有机衔接，不可间断，这就决定了项目管理是对生命周期全过程的管理，如对项目可行性研究、勘察设计、招标投标、施工等各个阶段全过程的管理。在每个阶段中又包含有进度、质量、成本、安全的管理。因此，项目管理是全过程的综合性管理。

(3) 工程项目管理是一种约束性强的控制管理

工程项目管理的一次性特征，其明确的目标、限定的时间和资源消耗、既定的功能要求和质量标准，决定了约束条件的约束强度比其他管理更高。因此，工程项目管理是强约束管理。这些约束条件是项目的条件，也是不可逾越的限制条件。项目管理的重要特点，在于项目管理者如何在一定时间内，在不超过这些条件的前提下，充分利用这些条件，去完成既定任务，达到预期目标。

工程项目与施工管理和企业管理不同。工程项目的对象是具体的建设项目，施工管理的对象是具体工程项目，虽然都具有一次性特点，但管理范围不同，前者包括建设全过程，后者仅限于施工阶段。而企业管理的对象是整个企业，管理范围涉及企业生产经营活动的各个方面。

1.3.4 工程项目管理的分类

一个工程项目的实施过程，各阶段的任务和实施的主体不同，也就构成工程项目管理的不同类型。概括说大致有以下几种：

1. 工程总承包方的项目管理

在设计施工连贯式总承包的情况下，业主在项目决策后，通过招标选择总承包单位全面负责工程项目的实施过程，直至交付使用功能和质量标准符合合同规定的工程目的物。因此，总承包方的项目管理是贯穿于项目实施全过程的全面的管理。其性质和目的是全面履行工程总承包合同，以实现其企业承建工程的经营方针和目标、取得预期经营效益为动力而进行的建设项目自主管理。

2. 设计方的项目管理

设计单位受业主委托承担建设项目的设计任务，以设计合同所界定的工作目标及其责任义务作为该工程设计管理的对象、内容和条件，通常简称设计项目管理。

3. 施工方的项目管理

施工单位通过工程招标取得工程施工承包合同，并以施工合同所界定的工程范围，组织项目管理，简称施工项目管理。

目前我国建设施工企业实行施工项目管理的基本概念是指：施工企业为履行工程承包合同和落实企业生产经营方针目标，在项目经理负责制的条件下，依靠企业技术和管理的综合实力，对工程施工全过程和各种施工生产要素所进行的计划、组织、指挥、协调和控制的系统管理活动。

4. 业主方的项目管理

业主方的工程项目管理是全过程的，包括项目实施阶段的各个环节，主要有：组织协调、合同管理、信息管理、投资控制、质量控制、进度控制（一协调、二管理、三控制）。

由于工程项目的实施是一次性任务，而业主方由于在技术和管理方面缺乏配套力量和建设经验，自行进行项目管理往往有很大的局限性，因此，项目业主一般可以依靠咨询服务业为其提供项目管理服务，这就是社会建设监理。监理单位受业主的委托，提供全过程监理服务。由于建设监理的性质是属于高层次的咨询服务，因此，可以向前延伸到项目投资决策阶段，包括立项策划和可行性研究等。这就是建设监理和项目管理在时间范围、实施主体和所处地位、任务目标等方面的不同之处。

1.3.5 工程项目管理的重要任务

尽管工程项目的类型众多，特点各异，但工程项目管理的主体任务都是相同的。归纳起来说，就是对一个工程项目，在可行性研究、投资决策的基础上，对建设准备工作、勘察设计、施工直至竣工验收全过程的一系列活动进行规划、协调、监督、控制和总结评价，通过合同管理、组织协调、目标控制、风险管理和信息管理等措施，保证项目质量、投资、进度目标最优的实现。

1. 合同管理

工程建设合同，包括勘察设计合同、施工合同、建设物资采购合同、建设监理合同以及建设项目实施过程中所必需的其他经济合同，都是项目法人和参与项目实施各个主体之间明确责任权利关系的具体法律效力的协议文件，也是运用市场经济体制，组织项目实施的基本手段。从某种意义上说，项目的实施过程，就是工程建设合同的订立和履行的过程，一切合同所赋予的责任权利履行到位之日，就是工程项目完成之时。

工程合同管理，主要是指各类合同的依法订立过程和履行过程的管理，包括合同文本的选择，合同条件的协商、谈判，合同书的签署；合同履行，检查、变更和违约、纠纷的处理；总结评价等。

2. 组织协调

组织协调是项目管理的基本职能，是项目管理技能和艺术，也是实现项目目标必不可少的方法和手段。在项目实施过程中，项目参与单位需要处理和调整众多复杂的业务组织关系，包括项目参与单位内部的协调、项目参与单位之间的协调以及外部环境的协调等。通过有效的组织协调，可以解决工程项目实施的各阶段、不同组织层次、不同专业、不同部门之间的大量结合部存在的复杂关系和矛盾，加强协作与沟通。

3. 目标控制

目标控制是工程项目管理的重要职能，它是项目管理人员在不断变化的动态环境中为保证既定的计划目标实现而采取的一系列检查和调整活动的过程。在项目建设过程中，偏离预定目标的可能性经常存在，只有运用科学方法，有针对性地纠偏，才能实现预期目标。目标控制是系统的、连续的，是项目管理的主要任务。

目标控制主要包括：进度控制、投资（费用）控制、质量控制。进度控制包括方案的科学决策、计划的优化编制和实施有效控制三个方面的任务。投资控制包括编制投资计划、审核投资支出、分析投资变化情况、研究投资减少途径和采取投资控制措施等五项任务。质量控制包括制定各项工作的质量要求及质量事故预防措施，各个方面的质量监督与验收制度，以及各个阶段的质量处理和控制措施三个方面的任务。

4. 风险管理

随着工程项目规模的不断大型化和技术复杂化，业主和建设者面临的风险越来越多。要保证工程项目的投资效益，就必须对项目风险定量分析和系统评价，以提出风险对策，形成一套有效的风险管理程序。

5. 信息管理

信息管理是对有关工程建设项目的各类信息的收集、贮存、加工整理、传递与使用等一系列工作的总称。它是工程项目管理的基础工作，是实现项目目标控制的保证。只有不断提高信息管理水平，才能更好地承担起项目管理的任务。

6. 环境保护

工程项目建设既可以改造环境为人类造福，优秀的设计作品还可以增添社会景观，给人们带来观赏价值。但一个工程建设项目的实施同时也存在着影响甚至恶化环境的种种因素。因此，有必要在工程项目建设中强化环境意识，切实有效地进行环境保护，防止损害自然环境、破坏生态平衡、污染空气和水质、扰动周围建筑物和地下管网等现象的发生，将其作为工程项目管理的重要任务之一。

1.4 监理工程师在工程项目管理中的作用

工程项目的监理制在我国已从试点、推广、逐步转入全面实行。作为建筑市场主体之一的监理单位其业务和人员也不断得到充实与壮大，监理行业正朝着产业化、规范化、国际化方向发展。而且，在全面推行工程项目监理制的同时，对于在工程项目建设过程中起重要作用的监理工程师的作用和地位也得到重视。

1.4.1 工程建筑商品的特殊性决定了监理工程师的特殊地位

一般商品的生产过程与交易过程是分开的，而建筑商品的生产与交易是同时发生的，其生产过程也是不可逆转的；建筑商品生产周期长、资金量大，一个产品一个样，一般不可能是批量生产的；同时，在建筑商品的生产过程中还存在着许多不可预见的因素；当一个建筑商品形成后，它的社会影响很大，影响到附近人们的生活和安全。这些特性决定了项目法人要对建筑商品的建设负有高度的责任，要求对建筑商品的生产进行全过程管理，也要求政府对工程建筑活动进行必要的监督。工程项目建设监理制的实行，正是要求监理工程师参与建筑商品生产过程中的监督和管理。监理工程师肩负着双重义务：

(1) 应用合理的技能，为业主提供与其水平相适应的咨询意见，帮助业主实现合同预定的目标，按照合同中的各项规定公正合理地维护各方的合法权益。

(2) 依据国家批准的工程项目建设文件、有关工程建设的法律、法规和工程监理合同及有关工程建设合同，对工程建设实施监督管理。

1.4.2 监理工程师在工程项目管理“三控”中的作用

工程建设监理是针对工程项目建设社会化、专业化的工程建设监理单位接受业主的委托和授权，根据国家批准的工程项目建设文件、有关工程建设的法律、法规和工程建设监理合同以及其他工程建设合同所进行的旨在实现项目投资目的的微观监督管理。其主要内容是“三控制二管理一协调”，三控制指质量控制、进度控制、投资控制；二管理是指合同管理和信息管理；一协调是指协调项目内、外有关关系。在我国《建设工程监理规范》中指出，总监理工程师是由监理单位法定代表人书面授权，全面负责委托监理合同的履行、主持项目监理机构工作的监理工程师。

1. 质量控制中监理工程师的作用

工程项目质量是国家现行有关法律、法规、技术标准、设计文件及工程合同中对工程的安全、使用、经济、美观等特性的综合要求。对工程项目的质量控制实际上是监理工程师组织参加施工的承包商按合同标准进行建设，并对形成质量的诸因素进行检测、核验，对差异提出调整，纠正措施的监督管理过程。在三大控制中，质量控制是核心。监理工程师必须针对工程项目承包的基本情况，以事前控制（指施工准备工作的质量控制，如施工人员质量控制，工程原材料、构配件质量控制，施工所需机械设备质量控制，施工方法、检测方法质量控制，施工现场、技术管理环境质量控制等）为前提，结合质量的事中控制（事中控制是指施工过程中设计及图纸会审，施工工艺过程的质量控制，中间产品质量控制等）和质量事后控制（事后控制主要是指按相应的质量评定标准对已完成的单项工程、单位工程进行检查、验收、组织联动试车、审核施工单位提交的竣工图、审核施工单位提交的有关工程质量的检查、评定报告及其他技术文件等），主持编制质量控制的依据、质量控制的方法以及质量控制的组织。为了搞好质量控制，监理工程师主要发挥以下作用：

(1) 编制工程项目的监理规划。工程项目的监理规划是监理单位接受业主委托后编制的指导项目监理组织全面开展监理工作的纲领性文件。它的主要作用首先是指导监理单位的项目监理组织全面开展监理工作；其次是工程建设监理主管单位对监理单位实施监督管理的依据；第三是业主确认监理单位是否全面、认真履行工程建设监理合同的主要依据；第四是监理单位重要的存档资料。监理规划必须由项目总监理工程师亲自组织编制，特别是对重要的分部、分项工程要根据实际情况，采取必要的方法设置质量控制点，制订相应的质量控制计划，达到控制质量的目的。总监理工程师应严格要求各专业监理工程师、监理员按照监理规划中质量控制点的设置情况及时到岗、到位，监督、检查承包商实际施工作业情况，检查的主要内容一般为：是否按设计图纸要求施工；是否按照施工组织设计要求的施工方案施工；是否符合现行的施工验收规范及规程；各道工序之间是否进行自检、互检；工程报验单是否签证。现场监理人员要认真负责，一旦发现问题应及时通知承包商现场管理人员及时整改，对不合格的分部、分项工程立即下发停工通知，并要求限期整改，并根据问题的大小、严重程度做出处理意见。

(2) 认真审核施工组织设计。施工组织设计是指导施工准备和组织现场施工的技术经济文件。它的主要内容是一图一表一案，即施工平面图、施工进度计划表以及施工方案。施工方案与工程质量有直接的关系，承包商向监理项目部报送的施工组织设计应由监理工程师认真审查、批准，并提出审查意见。监理工程师审批的原则为：施工组织设计是否符合设计、施工要求，施工方案是否先进、合理，是否符合施工规范的要求；对于施工组织设计中存在的不完善、不具体的部分，应签署意见，并要求修改、补充，对于不合理、不能保证工程质量的方案应指出问题所在，要求对其整改，制定可行的施工方案。

(3) 签发工程变更。工程变更一般指工程的设计变更、技术核定及材料变更。来自设计院及业主方的变更——设计变更，及来自承包商的变更——技术核定都应由监理工程师签发才能生效。来自设计院的设计变更，必须由业主代表签证，监理工程师对变更无疑义时，可签发给承包商执行。若感到有异议，应提醒业主代表予以否决。对业主方未经原设计单位同意而进行的重大变更监理工程师向业主方提出书面报告，讲述变更可能出现的后果。工程变更一般会引起工程费用增大和工期延误及工程质量的变化，原则上要求监理工程师审核确认，以确保工程质量。

工程质量问题是监理单位、建设单位和承包商之间经常扯皮也是各方所关心的重要问题。由于现阶段监理取费较低，监理人员有限，监理工程师应对关键部位和重要分部分项工程部位坚持质量第一。在质量控制中力争做到超前控制，尽量避免出现偏差，保证工程质量，一旦施工中出现质量问题，监理工程师应书面通知承包商，要求记录好事故的部位，分析事故原因，找出事故责任者，提出事故的处理方案，制定今后不再发生类似事故的保证措施。

2. 进度控制中监理工程师的作用

一个工程项目能否在预定的时间内交付使用，直接影响到投资效益的发挥，尤其对生产性或商业性投资来说更是如此，所以说施工阶段的进度控制是一个不容忽视的问题。进度控制中监理工程师的主要作用是：

(1) 严格管理进度计划。实现进度控制的首要前提是要有一个科学、合理的工程项目进度计划。进度计划的作用对监理工程师来说，其意义远远超出了进度控制的需要。工程项目的进度计划根据项目的不同阶段，要有施工总进度计划和作业进度计划（对主要分部工程施工而言）。施工总进度计划是工程建设的纲领性文件。监理工程师要审核此项计划，并报送业主代表审定。三方认可的施工总进度计划即作为进度控制的主要文件指导项目施工。

(2) 控制形象进度的实现。监理工程师要根据施工进度计划，采取组织措施、技术措施、合同措施、经济措施等进行进度控制。组织措施主要有：落实项目监理班子中进度控制部门的人员，具体控制任务和管理职责分工；对影响进度目标实现的干扰和风险因素进行分析；确定进度协调工作制度，如周例会制度。监理工程师在每周一次的工程监理例会上要对进度计划的贯彻、实施进行检查。例会的主要程序是：承包商项目经理报告上周计划完成情况，拖后计划的原因分析并提出纠正措施。报告下一周计划安排，提出需业主完成或总监理工程师解决的问题，以及上周监理工程师指令和纠偏执行情况。技术措施主要是采用先进的施工技术以加快施工进度。合同措施主要有分段发包、提前施工，以及各合同的合同期与进度计划的协调。经济措施主要指保证资金供应。

监理工程师在进度控制中要明确进度计划不变是相对的，而变是绝对的，平衡是相对的，不平衡是绝对的，要针对变化采取对策，定期地、经常地调整进度计划。

3. 投资控制中监理工程师的作用

建设项目施工阶段是建设资金大量使用而项目经济效益尚未实现的阶段，在该阶段进行投资控制具有周期长、内容多、工作量大等特点。在施工阶段监理工程师对投资进行控制的主要作用是：

(1) 把计划总投资额作为工程项目投资控制的总目标值，把计划总投资额分解为单位工程或分部、分项工程的分目标值，严格按照施工进度审批工程进度款，使建设资金得到合理的分配。

(2) 对施工组织设计和施工方案进行认真审查，做好施工组织设计的技术经济分析。施工组织设计和施工方案是承包商有计划、有步骤进行施工准备和组织施工的重要依据，是指导施工的纲领性技术经济文件。监理工程师要结合工程项目的性质、规模、要求工期的长短，考虑各生产要素的优化组合，认真审核施工单位编制的施工组织设计和施工方案，提出改进意见，使之在施工组织设计和施工方案中能体现施工进度安排均衡性原则，作业的高效性原则，保证使施工现场工作不空闲，工序作业不间断。并取得在施工阶段好的投资效益，控制好投资。

(3) 严把计量支付签证关。资金是工程建设的必要条件。在建设单位和施工单位签订的施工合同中，对付款方式都作了明确规定，即业主每月按施工单位在当月实际完成的工程量向施工单位支付月度工程进度款，具体做法是：施工单位每月向监理工程师提交上月实际完成的工程量、付款申请和工程实际达到的形象进度报告，监理工程师接到报告后，在规定时间内进行认真的审核，首先核查已完工程的质量是否符合要求，是否取得分项工程合格证书，再按施工图纸核实确认已完工程数量。监理工程师将工程款支付报告核查完毕，报总监理工程师签署意见后，交业主和施工单位作为工程进度价款的支付依据。

1.4.3 监理工程师在合同和信息管理中的作用

1. 合同管理中监理工程师的作用

工程建设合同管理是对工程建设项目有关的各类合同（主要指工程建设施工合同、工程建设监理合同、工程建设物资采购合同等），从条件的拟定、协商、签署、执行情况的检查和分析等环节进行的科学管理工作，以期通过合同管理实现工程项目“三大控制”的任务要求，维护双方当事人的合法权益。为此，监理工程师必须熟悉合同、研究合同、学习合同；应按合同条款公正地处理纠纷。

2. 信息管理中监理工程师的作用

监理的方法是控制，控制的基础是信息，可见信息在整个工程建设监理工作中的重要作用。工程建设监理离不开工程信息，在实施监理的过程中，监理工程师要不断预测或发现问题，要不断地进行规划、决策、执行和检查，而做好每项工作都离不开相应的信息。规划需要规划信息，决策需要决策信息，执行需要执行信息，检查需要检查信息。监理工程师在监理过程中主要任务是进行目标控制，而控制的基础是信息，任何控制只有在信息的支持下才能有效进行。因此，监理工程师要很好地进行“三个控制”，必须做好信息管理工作。

1.4.4 组织协调中监理工程师的作用

工程项目建设的过程涉及到方方面面，如何协调项目建设与各方面的关系，是经常困扰监理工程师的一个难题。因此要求监理工程师能协调好业主与监理单位，监理单位与承包商的关系以及监理单位和质量监督站的关系。其在组织协调中的主要作用是：

（1）协调好与业主的关系。监理单位和业主的关系是平等的，授权与被授权的关系，同时也是一种有偿的技术服务关系。监理工程师在得到业主的授权后，应定期向业主就工程质量、进度、投资等方面进行书面汇报。尊重业主，既要有热忱服务的精神，又要独立地开展工作，不卑不亢。以监理工作中的业绩赢得业主的信任。对业主的错误做法做到有理有节的处理。以第三方的身份主持处理工程建设中涉及的一系列问题，即不能只维护业主方的利益，变成建设单位的代表，也不能以手中之权串通承包商处处事事和业主过不去，损坏业主的合法利益。

（2）协调好与承包商的关系。监理单位和承包商的关系是平等的，监理与被监理的关系。这种关系在实际工作中是最好相处又属最难相处的。好相处的是有的承包商施工力量很强，质量体系健全，能够和监理单位积极配合，做到严格按规范和设计图纸施工。但也有的承包商施工队伍素质低，技术力量薄弱，质量保证体系不健全，偷工减料，以次充好不严格按规范施工，一味责怪监理“严”，双方成了对立面。总监理工程师针对工程和承包商的实际情况应采取“严、促、帮”，即严——监理过程体现严格；促——督促承包商质保体系的建立并身体力行，真正发挥作用；帮——就施工中出现的困难以及质量缺陷的处理帮助承包商想办法，出主意。即在具体监理过程中采取寓监于帮之中，以理服人，以数据说话，以规范、规程、标准施工图为标准。只有这样才能树立总监理工程师在承包商心目中的威信。

（3）协调好与质量监督站的关系。质量监督站作为政府监督部门，在监督工程质量及工程质量评定方面有着不可替代的作用。因其工作是阶段性的、离散的，而监理工作则是全过程的、连续的，因此，要求监理工程师将工程的实际情况如实地反映给质量监督站，配合他们做好工作。

委托与被委托，监理与被监理关系贯穿于整个监理过程，组织协调工作也将贯穿始终。其中还包括监理工程师对工程质量的协调，进度的协调，以及其他方面的协调。总监理工程师要以较高的技术水平和组织协调能力，最大限度地确保实现工程的质量、工期、投资目标。

监理工作的成败很大程度上取决于监理工程师的素质及所发挥的作用。随着我国建设监理制度的不断完善，工程建设监理的服务范围将不断拓宽，即工程建设监理将由施工阶段监理向设计阶段、招投标阶段全过程的监理发展。因此，监理工程师在各阶段监理过程中必将发挥越来越重要的作用。

1.4.5 具有中国特色的监理工程师的作用

建设监理制的实行，是对计划经济下建设管理体制的改革。它重新构筑了工程项目建设的新管理体制，即工程项目建设由政府建设管理部门、建筑企业的二元管理结构，改为建设单位、监理单位和建筑企业以合同为纽带的三元管理结构，监理单位协助建设单位进行决策，组织工程招标和商签工程合同。并以第三者的身份监督合同的履行，协调双方的义务、权利和责任关系，控制工程质量、工期和投资。因此，在讨论监理工程师的地位与作用的同时，不得不站在有中国特色的建设监理制这种新的工程建设管理体制的高度上去理解。监理工程师除了应履行监理合同中业主所赋予的各项权利与义务，维护业主的合法利益之外，还应遵循建设监理制所赋与的监督建设法规、技术法规实施的职责。在为业主服务的同时，也要及时提醒业主避免损害承包商利益的不规范和不合法行为；在对承包商进行监理的过程中，也要维护承包商正当、合法的利益，也要制止承包商为追求自身利益企图多享受权利、少履行义务等不规范行为，体现了建设监理制下的监理工程师的特殊作用。

2 工程项目策划与决策过程

工程项目的策划与决策是项目的重要前期工作，它们直接决定项目的成败。

2.1 工程项目前期策划

2.1.1 工程项目策划

1. 工程项目策划的含义

工程项目策划是指把项目建设意图转换成定义明确、系统清晰、目标具体且具有策略性运作思路的系统活动过程。具体来说是项目策划人员根据业主总的目标要求，通过对工程项目进行系统分析，对项目活动的整体战略进行运筹规划，以便在项目建设活动的时间、空间、结构、资源多维关系中选择最佳的结合点，并展开项目运作，为保证项目完成后获得满意的经济效益、环境效益和社会效益提供科学的依据。

2. 工程项目策划的分类

工程项目策划可按多种方法进行分类。按项目策划的范围可分为项目总体策划和项目局部策划。项目的总体策划一般指在项目决策阶段所进行的全面策划，局部策划是指对全面策划分解后的一个单项性或专业性问题的策划。按项目建设程序项目策划可分为建设前期项目构思策划和项目实施策划。由于各类策划的对象和性质不同，所以策划的依据、内容和深度要求也不同。

(1) 项目构思策划

工程项目构思策划是在项目决策阶段所进行的总体策划，它的主要任务是提出项目的构思、进行项目的定义和定位，全面构思一个待建工程项目。工程项目的提出，一般是根据国际国内社会经济的发展趋势和当地远近期规划以及提出者经营、生产或生活的需要。因此，项目构思策划必须以国家及当地法律法规和有关方针政策为依据，并结合国际国内社会经济的发展趋势和实际的建设条件进行。项目构思策划的主要内容包括：

1) 项目构思的提出。

2) 项目在社会经济发展中的地位、作用和影响力的策划。

3) 项目性质、用途、建设规模、建设水准的策划。

4) 项目的总体功能、项目系统内部各单项单位工程的构成以及各自的功能和相互关系、项目内部系统与外部系统的协调和配套的策划。

5) 与项目实施及运行相关的重要环节的策划。

(2) 项目实施策划

项目实施策划是指为使构思策划成为现实可能性和可操作性，而提出的带有策略性和指导性的设想。实施策划一般包括以下几种：

1) 项目组织策划。根据国家规定，对大中型工程项目应实行项目法人责任制。这就要求按照现代企业制度的要求设置组织结构，即按照现代企业组织模式组建管理机构和人事安排。这既是项目总体构思策划的内容，也是对项目实施过程产生重要影响的实施策划内容。

2) 项目融资策划。资金是实现工程项目的重要物质基础。工程项目投资大，建设周期长，不确定性大，因此资金的筹措和运用对项目的成败关系重大。建设资金的来源广泛，各种融资手段具有不同的特点和风险因素，项目融资策划就是选择合理的融资方案，以达到控制资金的使用成本，降低项目的投资风险的目的。影响项目融资的因素较多，这就要求项目融资策划有很强的政策性、技巧性和策略性，它取决于项目的性质和项目实施的运作方式。

3) 项目控制策划。项目控制策划是指对项目实施系统及项目全过程的控制策划。包括项目目标体系的确定、控制系统的建立和运行的策划。

4) 项目管理策划。项目管理策划是指对项目实施的任务分解和分项任务组织工作的策划。它主要包括合同结构策划、项目招标策划、项目管理机构设置和运行机制策划、项目组织协调策划、信息管理策划等。项目管理策划应根据项目的规模和复杂程度，分阶段分层次地展开，从总体的概略性策划到局部的实施性、详细性策划逐步进行。项目管理策划重点在提出行动方案和管理界面设计。

3. 工程项目策划的作用

项目策划的主要作用体现在以下几方面：

(1) 明确项目系统的构建框架。工程项目策划的首要任务是根据项目建设意图进行项目的定义和定位，全面构思一个拟建的项目系统。在明确项目的定义和定位的基础上，通过项目系统的功能分析，确定项目系统的组成结构，使其形成完整配套的能力。提出项目系统的构建框架，使项目的基本构想变为具有明确的内容和要求的行动方案，是进行项目决策和实施的基础。

(2) 为项目决策提供保证。根据工程项目的建设程序，工程项目投资决策是建立在项目的可行研究的分析评价的基础上，可行性研究中的项目财务评价、国民经济评价和社会评价的结论是项目投资的重要决策依据。可行性研究的前提是建设方案本身及其所依据的社会经济环境、市场和技术水平，而一个与社会经济环境、市场和先进的技术水平相适应的建设方案的产生并不是由投资者的主观愿望和某些意图的简单构想就能完成，它必须通过专家的认真构思和具体的策划，并进行实施的可能性和可操作性分析，才能使建设方案建立在可运作的基础上。因此，只有经过科学的周密的项目策划，才能为项目的投资决策提供客观的科学的基本保证。

(3) 全面的指导项目管理工作。工程项目策划是根据策划理论和原则，密切结合具体项目的整体特征，为项目的发展和实施管理的全过程进行描述，它不仅把握项目系统总体发展的规律和条件，同时深入到项目系统构成的各个层面，针对项目的各个阶段的发展变化对项目管理方案提出系统的具有可操作性的构想。因此，项目策划可直接成为指导项目实施和项目管理的基本依据。

2.1.2 工程项目前期策划的程序

工程项目前期策划是一个相当复杂的过程，不同性质的项目前期策划的内容不一样，工作步骤也不完全一样，它的大致程序如图 2-1 所示。

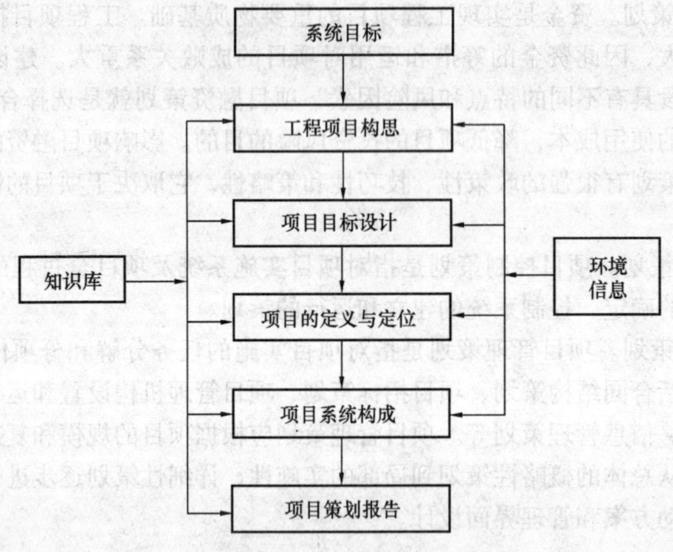

图 2-1 项目策划方案形成示意图

1. 工程项目构思

项目的构思是指对策划整体的抽象描述，是一个成功策划的关键。工程项目构思是一种概念性策划，它是在企业的系统目标的指向下，从现实和经验中得出项目策划的系列前提和假设，在此基础上形成项目大致的策划轮廓，对这些策划的轮廓进行论证和选择才形成项目的构思。策划轮廓不是具体的创意，也不是策划的具体计划，只是一种希望做成某种具体策划的印象。这些策划的印象往往是丰富多彩的，而且很少一开始就完全正确，需要经过反复的论证，才逐步变得清晰、明朗。因此，有了策划的轮廓后，应进行调查研究，收集资料，收集策划线索，并逐步把策划印象清晰化，进行选择，使策划轮廓变成项目构思。

2. 项目目标设计

项目目标是可行性研究的尺度，经过论证和批准后作为项目设计和计划、实施控制的依据，最后作为项目后评估的标准。准确地设定项目目标，是整个策划活动能解决问题、取得效果的必要前提。项目目标设计包括项目总目标体系设定和总目标按项目、项目参与主体、实施阶段等进行分解的子目标设定。在项目前期构思策划阶段的目标设计属于项目总目标的设定。

进行项目总体目标设定，首先应该了解业主的基本情况，正确把握项目业主的发展战略目标。项目业主的发展战略目标是业主根据自身的资源条件、经济实力、社会经济环境所制定的长期发展方向和预期目标，根据这些目标来设定项目目标对业主才有吸引力。

其次，进行环境信息的收集和策划环境的分析。要进行成功的策划，必须有真实、完整的数据资料，为此应进行内外环境的调查。环境调查的方法很多，有询问法、观察法、实验法、统计分析法等。在充分的调查研究的基础上进行策划环境分析。项目策划环境分析就是分析策划项目的约束条件，包括技术约束、资源约束、组织约束、法律约束等环境约束。策划环境分析包括两个方面：①项目外部环境分析。主要是分析与项目有关的各项法律、法规和技术标准上的约束条件，分析和预测项目的社会人文环境、自然环境和项目建设条件等环境条件的现状和变化情况，有利因素与不利因素。社会人文环境包括地域环境、经济结构、投资环境、技术环境、社会文化、人口构成、生活方式、项目工业化与标准化水平等。自然环境包括地理、地质、地形、水源、能源、日照、气候等自然条件。项目建设条件包括城市各项基础设施、道路交通、允许容积率、建筑高度、覆盖率和绿地面积等。一般来说，社会经济因素是决定项目基本性质的基础。②项目内部环境分析。项目内部环境分析是对项目的使用者、项目的功能要求、运营方式和实施条件的分析。

第三，项目目标因素的提出和建立目标系统。目标因素是指目标的构成要素，如经济性目标、时间性目标等，它的提出应尽可能明确，尽可能定量化，可以进行对比分析。在目标因素的基础上进行整合、排序、选择和结构化处理，形成目标系统，并对其进行描述。

3. 项目的定义与定位

项目的定义是描述项目的性质、用途、建设范围和基本内容。项目的定位是描述和分析项目的建设规模、建设水准，项目在社会经济发展中的地位、作用和影响力。项目的定义与定位要注意围绕策划的主题，策划主题是策划工作的中心思想。项目构思只是提出项目策划的概念，是比较抽象的，主题比较具体，是感性的。把握策划主题应使项目目标、明确策划对象的信息个性、满足参与者心理需求三个方面的有机结合。项目目标是策划的宗旨，主题必须服从和服务于项目目标，策划才能做到有的放矢。策划对象的信息个性是指策划对象区别于其他事物的特点。策划的项目具有鲜明的特点，才有生命力，才能引起项目参与者的兴趣。参与者心理需求是指潜藏在心底的欲望和追求，项目策划应满足参与者的心理欲望，才能引起参与者的共鸣，使策划得到顺利的实施。主题开发是项目定义与定位的灵魂，它需要丰满的想象力和创造力。

4. 项目系统构成

将经过定义与定位的项目，在时间、空间、结构、资源多维关系中进行运筹安排，找出实施的最佳结合点，形成项目策划的实施系统。项目系统应能详细描述项目的总体功能、项目系统内部各单项单位工程的构成以及各自的功能和相互关系、项目内部系统与外部系统的协调和配套关系，以及实施方案及其可能性分析。

5. 策划报告

策划报告的拟定是将整个策划工作逻辑化、文件化、资料化和规范化的过程，它的结果是项目策划工作的总结和表述。项目策划报告书不但要有丰满、详实的内容，能够完全表达项目策划人的意图，而且要具有简捷的、生动的、吸引人的表达方式。

2.2 工程项目建议书

2.2.1 工程项目建议书的概念及作用

项目建议书是拟建项目的承办单位（项目法人和其代理人），根据国民经济和社会发展的长远目标、行业和地区规划、国家的技术经济政策以及企业的经营战略目标，结合本地区、本企业的资源状况和物质条件，经过市场调查，分析需求、供给、销售状况，寻找投资机会，构思项目投资概念，并用文字形式对项目的轮廓进行描述，从宏观上就项目建设的必要性和可能性提出预论证的法定文件。

项目建议书的作用是向政府主管部门推荐项目，供主管部门选择。项目建议书可以否决一个项目，但不能肯定一个项目。立项仅说明一个项目有投资的必要性，即可纳入项目前期工作计划，开展项目可行性研究工作。

2.2.2 工程项目建议书的主要内容

各部门、各地区、各行业根据国民经济和社会发展的长远规划、行业规划、地区规划等要求，经过调查、预测、分析，提出项目建议书。工程项目建议书应包括以下主要内容。

(1) 工程项目提出的必要性和依据

说明项目提出的背景，根据与项目有关的长远规划或行业、地区规划资料，说明项目建设的必要性和依据。

(2) 产品方案、拟建规模和建设地点的初步设想

产品的市场预测包括国内外同类产品的生产能力、销售情况分析和预测，产品销售方向和销售价格初步分析等；确定产品的年产量，一次建设规模和分期建设的设想以及对拟建规模经济合理性的评价；产品方案设想包括主要产品和副产品的规模、标准等；建设地点论证是分析项目拟建地点的自然条件和社会条件，建设地点是否符合地区规划的要求。

(3) 资源情况、建设条件、协作关系和引进国别、厂商的初步分析

拟利用资源供应的可能性和可靠性；主要协作条件情况，拟建地点水、电及其他公用设施的供应情况；如果准备引进国外技术，应说明引进国别、与国内技术的差距以及技术来源、技术鉴定和转让等概况以及主要设备来源，如果拟选用国外设备，要说明选择理由、国外厂商的概况等。

(4) 投资估算和资金筹措设想

投资估算中应包括建设期利息，并适当考虑一定时期内的涨价因素影响；资金筹措计划中应说明资金来源。利用外资项目要说明利用外资的可能性以及偿还能力的大体预测。

(5) 项目进度安排

建设前期的工作计划，包括涉外项目的询价、考察、谈判、设计等进度粗略计划以及项目建设所需要的时间等。

(6) 经济效益和社会效益的初步估计

计算项目全部投资的内部收益率、贷款偿还期等指标，进行盈利能力、清偿能力的初步分析以及项目的社会效益和社会影响的初步分析。

2.2.3 工程项目建议书编制应注意的重点

工程项目建议书的编制应注意以下几个方面：

(1) 论证重点。论证的重点放在项目是否符合国家宏观经济政策方面，尤其是是否符合产业政策和产品的结构要求，是否符合生产力布局要求。以减少盲目建设或不必要的重复建设，避免由于项目与宏观经济政策不符而导致的产业结构不合理。

(2) 宏观信息。项目建议书阶段是基本建设程序的最初阶段，此时尚无法获得有关项目本身的详细技术、工程、经济资料和数据，因此，工作依据主要是国家的国民经济和社会发展规划、行业或地区计划、国家产业政策、技术政策、生产力布局状况、自然资源状况等宏观信息。

(3) 估算误差。项目建议书阶段的分析、测算，对数据精度要求较粗，内容相对简单。在没有条件取得可靠资料时，也可以参考同类项目的有关数据或其他经验数据进行推算，如建筑工程量、投资估算、流动资金估算等一般是按单位生产能力或类似工程进行估价。项目建议书阶段的投资估算误差一般在 ±20% 左右。

(4) 最终结论。项目建议书阶段的研究目的是对投资机会进行研究，确定项目设想是否合理。通过市场预测研究项目产出物的市场前景，利用静态分析指标进行经济分析，以便作出对项目的评价。项目建议书的最终结论，可以是项目有前途的肯定性推荐意见，也可以是项目投资机会不成立的否定性意见。但是报审的项目，它的结论应是肯定性的。

2.3 工程项目的可行性研究

2.3.1 可行性研究的概念和作用

1. 可行性研究的概念

项目可行研究是指对某工程项目在做出是否投资的决策之前，先对与该项目相关的技术、经济、社会、环境等所有方面进行调查研究，对项目各种可能的拟建方案认真地进行技术分析论证，研究项目在技术上的先进适用性，在经济上的合理有利性和建设上的可能性，对项目建成后的经济效益、社会效益、环境效益等进行科学地预测和评价，据此提出该项目是否应该投资建设，以及选定最佳投资建设方案等结论性意见，为项目投资决策提供依据。

可行性研究是在工程投资决策之前，运用现代科学技术成果，对工程项目建设方案所进行的系统的科学的综合的研究、分析、论证的一种工作方法。它的目的是保证拟建项目在技术上先进可行、在经济上合理有利。

项目可行性研究工作是项目重要的前期工作之一，通过可行性研究，使项目的投资决策工作建立在科学性和可靠性的基础上，从而实现项目投资决策的科学化，减少或避免投资决策的失误，提高项目的经济、社会效益。

2. 可行性研究的作用

可行性研究的主要作用有：

(1) 作为工程项目投资决策的依据。可行性研究对与工程项目有关的各个方面都进行了调查研究和分析，并论证了工程项目的先进性、合理性、经济性和环境性，以及其他方面的可行性，项目的决策者主要是根据可行性研究的结果来做项目是否应该投资和应该如何投资的决策。

(2) 作为编制设计任务书的依据。可行性研究中具体研究的技术经济数据，多要在设计任务书中明确规定，它是编制设计任务书的根据。

(3) 作为筹集资金和银行申请贷款的依据。银行在接受项目贷款申请后，通过审查工程项目的可行性研究报告，确认了项目的经济效益水平和偿还能力，承担的风险不太大时，才同意贷款。

(4) 作为与有关协作单位签订合同或协议的依据。根据可行性报告和设计任务书，工程项目组织可与有关的协作单位签订项目所需的原材料、能源资源和基础设施等方面协议和合同，引进技术和设备的正式签约。

(5) 作为工程项目建设的基础资料。工程项目的可行性研究报告，是工程项目建设的重要基础资料。项目建设过程中的技术性更改，应认真分析其对项目经济社会指标影响程度。是项目的实施和目标控制的重要依据。

(6) 作为环保部门审查项目对环境影响的依据，并作为向项目所在地的政府和规划部门申请执照的依据。

(7) 作为项目的科研试验、机构设置、职工培训、生产组织的依据。根据批准的可行性研究报告，进行与项目相关的科技试验，设置相宜的组织机构，进行职工培训等生产准备工作。

(8) 作为项目考核的依据。项目正式投产后，应以可行性研究所制定的生产纲要、技术标准及经济社会指标作为项目考核的标准。

2.3.2 可行性研究的阶段和步骤

1. 可行性研究的阶段

可行性研究工作一般可分为投资机会研究、初步可行性研究、详细可行性研究、项目评估和决策阶段投资机会研究等，各阶段的目的、任务、要求以及所需费用和时间各不相同，其研究的深度和可靠程度也不同。

(1) 投资机会研究。机会研究主要是对各种设想的项目和投资机会做出鉴定，并确定有没有必要做进一步的研究。性质比较粗略，主要依靠估计，而不是靠详细的分析。其投资估算误差程度在正负30%，研究费用一般占投资的0.2%~1%。

(2) 在工程项目的规划设想经过机会研究，认为值得进一步研究时，就进入初步可行性研究阶段。初步可行性研究是投资机会研究和详细可行性研究的一个中间阶段，由于详细提出可行性报告，是一项很费钱和费时的工作，所以在它之前要进行初步可行性研究，它的主要任务是：进一步判断投资机会是否有前途；是否有必要进一步进行详细的可行性研究；确定项目中哪些关键性问题需要进行辅助的专题研究。

初步可行性研究的内容与详细可行性研究大致相同，只是工作的深度和要求的精度不一样。初步可行性研究投资估算的误差一般在正负20%，其研究的费用一般占投资的0.25%~1%。

(3) 详细可行研究。详细可行性研究也称为技术经济可行性研究，是工程项目投资决策的基础，为项目投资决策提供技术、经济、社会和环境方面评价依据。它的目的是通过进行深入细致的技术经济分析，进行多方案选优，并提出结论性意见。它的重点是对项目进行财务效益和经济效益评价，经过多方案的比较选择最佳方案，确定项目投资的最终可行性和选择依据标准。

详细可行性研究要求有较高精度，它的投资估算误差要求为正负10%，研究的费用小型项目约占投资的1%~3%，大型项目为0.2%~1.0%。

(4) 项目可行性研究报告的评估。可行性研究报告的评估是投资决策部门组织或委托有资格的工程咨询公司、有关专家对工程项目可行性研究报告进行全面的审核和评估。它的任务是通过分析和判断项目可行性研究报告的正确性、真实性、可靠性和客观性，对可行性报告进行全面的评价，提出项目是否可行，并确定最佳的投资方案，为项目投资的最后决策提供依据。评估报告主要包括：项目概况，主要是说明项目的基本情况，提出综合结论意见；评估意见，是对可行性研究报告的各项内容提出的评估意见及综合结论意见；问题和建议，主要是指出可行性报告中存在或遗留的重大问题，潜在的风险，解决问题的途径和方法，建议有关部门采取的措施和方法，并提出下一步工作的建议。

2. 可行性研究的步骤

工程项目可行性研究可分为以下几个步骤：

(1) 筹划准备。项目建议被批准后，建设单位即可组织或委托有资质的工程咨询公司对拟建项目进行可行性研究。双方应当签订合同协议，协议中应明确规定可行性研究的工作范围、目标、前提条件、进度安排、费用支付方法和协作方式等内容。建设单位应当提供项目建议书和项目有关的背景材料、基本参数等资料，协调、检查监督可行性研究工作。可行性研究的承担单位在接受委托时，应了解委托者的目标、意见和具体要求，收集与项目有关的基础资料、基本参数、技术标准等基准依据。

(2) 调查研究。调查研究包括市场、技术和经济三个方面内容，如市场需求与市场机会、产品选择、需要量、价格与市场竞争；工艺路线与设备选择；原材料、能源动力供应与运输；建厂地区、地点、场址的选择，建设条件与生产条件等。对这些方面都要作深入的调查，全面地收集资料，并进行详细的分析研究和评价。

(3) 方案的制定和选择。这是可行性研究的一个重要步骤，在充分调查研究的基础上制定出技术方案和建设方案，经过分析比较，选出最佳方案。在这个过程中，有时需要进行专题性辅助研究，有时要把不同的方案进行组合，设计成若干个可供选择的方案，这些方案包括产品方案、生产经济规模、工艺流程、设备选型、车间组成、组织机构和人员配备等方案。在这个阶段有关方案选择的重大问题，都要与建设单位进行讨论。

(4) 深入研究。对选出的方案进行详细的研究，重点是在对选定的方案进行财务预测的基础上，进行项目的财务效益分析和国民经济评价。在估算和预测工程项目的总投资、总成本费用、销售税金及附加、销售收入和利润的基础上，进行项目的盈利能力分析、清偿能力分析、费用效益分析和敏感性分析、盈亏分析、风险分析，论证项目在经济上合理有利。

(5) 编制可行性报告。在对工程性能进行了技术经济分析论证后，证明项目建设的必要性、实现条件的可能性、技术上先进可行和经济上合理有利，即可编制可行性研究报告，推荐一个以上的项目建设方案和实施计划，提出结论性意见和重大措施建议供决策单位作为决策依据。可行性报告有它特有的要求和格式，在编制时应注意以下几点：

1) 要准确简明地阐述工程项目的意义、必要性和重要性，突出针对性。

要注意表达的精确性。这是编制可行性报告时应特别注意的问题，在可行性报告中不应采用模糊不清的表达方式，如“基本上能够达到”、“如果这一点可能的话，还是比较有把握的”等。

2) 编写可行性报告应严肃认真。运用语言文字要标准，不使用不规范的字或词。

3) 可行性研究报告要注意内容的系统化和格式的统一。由于工程项目的可行性研究报告是由多种专业人员或多个单位协作完成的，各个单项研究报告又可能由多人编写，因此，应根据工作程序、性质和内容，事前提出各项的具体要求，统一编写的方法和内容安排。

4) 可行性研究报告要注意形式的规范化。参考文献条目要按照国家标准规定的格式书写。

2.3.3 可行性研究报告的内容

工程项目种类繁多，建设要求和建设条件也各不相同，因此项目可行研究的内容也各有侧重。但是，根据可行性研究的实践，各类工程项目研究的基本内容还是相同的，主要包括以下基本内容：

1. 总论

可行性研究报告的总论一般包括：

(1) 工程项目概况。工程项目的名称，主办单位，承担可行性研究的单位，工程项目提出的背景，投资的必要性和经济意义，调查研究的依据、范围、主要过程等。

(2) 研究结果概要。

(3) 存在的问题和建议。

2. 市场需求情况和拟建规模

市场需求预测是工程项目可行性研究的重要环节。通过市场调查和预测，了解市场对项目产品的需求程度和发展趋势，是进行是否投资和投资规模决策的重要条件。

(1) 国内市场近期需求状况，并对未来趋势进行预测。

(2) 国内现有工厂生产能力估计。

(3) 进行产品销售预测、价格分析，分析产品竞争能力、进入国际市场的前景。

(4) 确定拟建工程项目的规模，产品方案的论述和发展方向的技术经济比较和分析。

3. 资源、原材料、燃料及公用设施情况

(1) 经过正式批准的资源储量、品位、成分以及开采、利用条件的评述。

(2) 所需原料、辅助材料、燃料的种类、数量、来源和供应可能，有毒、有害及危险品的种类、数量、质量及其来源和供应的可能性和储运条件。

(3) 所需公用设施的数量、供应方式和条件、外部协作条件。

4. 建厂条件和厂址方案

(1) 建厂的地理位置、气象、水文、地质、地形条件和社会经济现状。

(2) 交通、运输及水、电、气的现状和发展趋势。

(3) 对厂址进行多方案的技术经济分析和比较，提出选择意见。

5. 项目设计方案

(1) 项目的构成范围，单项工程的组成、技术来源和生产方法、主要技术工艺和设备选型方案的比较，引进技术、设备的来源国别，设备的国内外比较与外商合作制造方案设想。

(2) 全厂布置方案的初步选择和土建工程量估算。

(3) 公用辅助设施和厂内外交通运输方式的比较和初步选择。

6. 环境保护

(1) 对项目建设地区的环境状况进行调查，分析拟建项目的“三废”种类、成分和数量，对环境影响的范围和程度。

(2) 治理方案的选择和回收利用情况。

(3) 对环境影响的评价。

7. 生产组织、劳动定员和人员培训

(1) 全厂生产管理体制、机构的设置，对选择的方案的论证。

(2) 劳动定员的配备方案。

(3) 人员培训规划和费用估算。

8. 项目的实施计划和进度要求

实施计划可用甘特图和网络图来表示。

(1) 勘察设计的周期和进度要求。

(2) 设备定货、制造时间要求。

(3) 工程施工进度。

(4) 调试和投产时间。

(5) 整个工程项目的实施方案和总进度的选择方案。

9. 国民经济评价和财务评价

(1) 总投资费用、各项建设支出和流动资金的估算。

(2) 资金来源、筹集方式，各种资金来源所占的比例，资金的数量和筹措成本。

(3) 生产成本的计算：总生产成本、单位生产成本。

(4) 进行财务评价与国民经济评价。

10. 综合评价与结论、建议

(1) 运用各项数据，从技术、经济、社会、财务等各个方面论述工程项目的可行性，推荐一个或几个可行方案。

(2) 存在的问题和建议。

根据我国的规定，在依法必须进行招标的工程建设项目中，按照工程建设项目审批管理规定，凡应报送项目审批部门审批的，必须在报送的项目可行性研究报告中增加有关招标的内容。增加的内容主要是，项目的勘察、设计、施工、监理以及重要设备、材料等采购活动的具体招标范围、拟采用的招标组织形式、招标方式以及其他有关的内容。所增加的招标内容，作为可行性研究报告的附件与可行性研究报告一同报送。

2.4 工程项目的经济评价与决策

工程项目经济评价是可行性研究的有机组成部分和重要内容，是项目或方案抉择的主要依据之一。经济评价的任务是在完成市场需求预测、厂址选择、工艺技术方案选择等可行性研究的基础上，运用定量分析与定性分析相结合、动态分析与静态分析相结合、宏观效益分析与微观效益分析相结合的方法，计算工程项目投入的费用和产出的效益，通过多方案比较，对拟建项目的经济可行性和合理性进行分析论证，做出全面的经济评价。

可行性研究的经济评价包括财务评价、国民经济评价和社会评价三个层次。财务评价是根据国家现行财税制度和现行价格，分析计算拟建项目的投资、费用、盈利状况、清偿能力及外汇效果，以反映项目本身的财务可行性。各投资者可以根据财务评价的结论来决定项目是否值得投资兴建，项目的风险程度如何。国民经济评价是从国民经济的整体角度，运用影子价格、影子工资、影子汇率、社会折现率等经济参数，分析计算项目需要国家付出的代价和对国家的贡献，考察投资的经济合理性和宏观可行性。决策机关可根据国民经济评价的结论，考虑项目的取舍。社会评价是分析工程项目对于实现人类发展目标，包括促进人类文明进步和环境保护所做的贡献与影响的活动。

2.4.1 工程项目财务评价

所有的工程项目均应进行财务评价。对费用收益计算比较简单、建设期和生产期比较短、不涉及进出口的项目，当财务评价的结果能够满足最终决策的需要时，可只进行财务评价，不进行国民经济评价。这时，项目的决策即以项目的财务评价为依据。

1. 财务评价的内容与程序

(1) 工程项目财务分析的内容

1) 财务盈利能力分析。财务盈利能力分析，就是分析和预测工程项目计算期的财务盈利能力和盈利水平。企业是一个自负盈亏的经济实体，盈利水平是它进行项目决策的最基本条件。

2) 清偿能力分析。清偿能力分析主要是考察计算期内各年的财务状况及清偿能力。除资本金外，工程项目一般都借入相当数量的资金，对这部分负债要进行偿还，所以清偿能力分析是财务评价的主要内容之一。清偿能力也是债权人提供贷款的决策依据。

3) 外汇效果分析。外汇效果分析，只要求对涉及外汇收支的项目进行，它是分析考察各年外汇余缺程度，以衡量项目的创汇能力。

4) 风险分析。分析项目的各种不确定因素和随机因素以及它们对项目经济效果的影响程度，以预测项目可能承担风险的大小。

(2) 财务评价的程序

工程项目的财务评价是在项目市场调查研究和技术研究的基础上进行的。它主要是利用有关的基础数据，通过编制财务报表、计算财务评价指标对项目财务进行分析，并做出评价结论。其主要的工作程序如下：

1) 收集、整理基础数据。根据项目的市场研究和技术研究结果、现行价格体系及财税制度进行财务预测和计算，获得财务基础数据。这些数据主要包括：项目投资总额和分年度投资支出额；项目资金的数额、来源方式、以及分年度还本付息数额；产品的总成本、经营成本、单位产品成本等；分年度产品销售数量、销售收入、销售税金和销售利润以及利润的分配数额等。

2) 编制基本财务报表。根据财务预测数据和计算结果，编制各种基本财务报表。

3) 财务评价指标的计算和评价。根据基本财务报表的数据计算各财务评价指标，并与对应的评价标准或基准值进行对比，对项目的各项财务状况作出评价。

4) 进行不确定性分析。基础财务数据是以预测为基础的，具有许多不确定性，需要对这些不确定的因素进行分析，以分析项目可能面临的风险及项目在不确定的情况下的抗风险能力。常用的不确定分析方法有盈亏平衡分析、敏感性分析、概率分析等。

5) 财务评价结论。根据财务评价的结果，做出项目的财务可行性结论。

2. 财务评价中的基本报表

基本报表是进行财务指标计算的基础，常用的基本财务报表有：财务现金流量表、损益表、资金来源与运用表、资产负债表、财务外汇平衡表。

(1) 现金流量表

工程项目的现金流量系统是指将项目计算期内各年的现金流入与现金流出按照各自发生的时间顺序排列，表达为具有时间概念的现金流量系统。现金流量表是用表格形式表现工程项目现金流量系统，用以计算各项静态和动态评价指标，进行项目财务盈利能力分析。按投资计算基础的不同，现金流量表分为全部投资的现金流量表和自有资金现金流量表。

1）全部投资的现金流量表。全部投资的现金流量表中有以下内容：

① 现金流入。现金流入是产品销售收入、回收固定资产余值、回收流动资金三项之和。产品的销售收入根据产品的销售量和销售价格计算。当项目折旧年限与计算期中生产经营期限相同时，固定资产余值即为固定资产残值。流动资金回收在计算期末填列。

② 现金流出。现金流出包括投资、成本、税金。

③ 净现金流量。项目计算期各年的净现金流量，是指各年现金流入和现金流出的代数和，通常现金流入取正号，现金流出取负号。各年累计净现金流量为本年及以前各年净现金流量之和。

④ 所得税前净现金流量。为上述净现金流量加所得税之和。

2）自有资金现金流量表

自有资金流量表是从自有资金角度出发，评价分析自有资金投入的经济效益。它以投资者的出资额作为计算的基础，把借款本金偿还和利息支付作为现金流出，用以计算自有资金财务内部收益率、财务净现值等指标。其表格格式和全部投资现金流量表差别不大，产品销售收入、回收固定资产余值、回收流动资产、产品成本、税金等的计算及来源与全部投资现金流量表的对应各项相同。

(2) 损益表的编制

损益表反映工程项目计算期内各年的利润总额、所得税及税后利润分配情况。它用来计算投资利润率、投资利税率、投资回收期等静态评价指标，说明计算期内各年的盈利及亏损状况。其内容及数据来源如下：

1）产品销售收入、销售税金及附加、总成本费用的各年度数据分别取自相应的辅助报表。

2）利润总额 = 产品销售收入 − 销售税金及附加 − 总成本费用。

3）所得税 = 应纳税所得额 × 所得税税率。

4）税后利润 = 利润总额 − 所得税。

5）税后利润一般在扣除被没收的财物损失，支付各项税收滞纳金、罚款和祢补以前年度亏损后按法定盈余公积金、公益金、向投资者分配利润的顺序分配。应付利润是指向投资者分配的利润。未分配利润是指可供分配利润减去盈余公积金和应付利润的余额。

(3) 资金来源与运用表的编制

资金来源与运用表反映工程项目计算期内各年的资金的盈余或短缺情况，用于选择资金筹措方案，制定适宜的借款及偿还计划，并为编制资产负债表提供依据。

资金来源与运用表能反映项目的资金活动全貌，它的内容包括：资金来源情况，主要是利润总额、折旧费、摊销费、长期借款、流动资金借款、短期借款、自有资金、回收固定资产余值、回收流动资金等；资金运用，主要有固定资产投资、建设期利息、流动资金、所得税、应付利润、长期借款本金偿还、流动资金借款本金偿还、其他短期借款本金偿还、；盈余资金；累计盈余资金。

(4) 资产负债表

资产负债表反映项目计算期内各年末资产、负债和所有者权益的增减变化及对应关系，用以计算资产负债率、流动比率及速动比率，考察项目资产、负债、所有者权益的结构是否合理，进行清偿能力分析。

资产负债表是根据“资产 = 负债 + 所有者权益”这一基本公式，并按照一定的分类标准和顺序把项目在某特定日期的资产、负债与所有者权益以适当编排而成。资产由流动资产、在建工程、固定资产净值、无形资产及递延资产净值四项组成。负债包括流动负债和长期负债。所有者权益包括资本金、资本公积金、累计盈余公积金和累计未分配利润。表格的主要内容包括：流动资金总额、应收账款、存货、现金；累计盈余资金；在建工程；固定资产净值；无形及递延资产净值；应付账款；流动资金借款、其他短期借款、长期借款；资本金；资本公积金；累计盈余公积金；累计未分配利润等。

(5) 财务外汇平衡表

财务外汇平衡表主要适用于有外汇收支的项目，它反映项目计算期内各年外汇余缺程度，用于进行外汇平衡分析。

3. 财务盈利能力分析

财务盈利能力分析是通过计算反映项目盈利能力的评价指标来评价项目的财务盈利能力。财务盈利能力指标按是否考虑货币的时间因素，可分为静态指标和动态指标。不考虑货币的时间因素时称静态指标。

(1) 静态指标

财务盈利能力静态指标主要有：

1) 投资回收期

投资回收期是指以项目的净收益抵偿全部投资（包括固定资产投资和流动资金）所需的时间。它是考察项目在财务上的投资回收能力的重要静态评价指标。投资回收期通常自建设开始年算起，如从投产年算起时，应予以注明。投资回收期（P_t，以年表示）的计算公式为：

$$\sum_{t=1}^{P_t}(CI - CO)_t = 0$$

式中 P_t——静态投资回收期（年）；

CI_t——第 t 年现金流入量；

CO_t——第 t 年现金流出量。

投资回收期可用财务现金流量表（全部投资累计净现金流量）计算求得。计算公式为：

投资回收期 P_t = ［累计净现金流量开始出现正值年数］－1 + ［上年累计净现金流量的绝对值/当年净现金流量］

将项目财务评价求出的投资回收期（P_t）与部门或行业的基准投资回收期（P_c）比较，当 $P_t < P_c$ 时，应认为项目在财务上是可以考虑接受的。

投资回收期计算简单、直观容易理解，但由于没有考虑项目回收资金以后的情况，不能评价项目计算期内的总收益和盈利能力，所以通常不能仅仅根据投资回收期的长短来评价项目的优劣，而应结合其他指标来评价。

2) 投资利润率

投资利润率一般是指项目达到设计生产能力后的一个正常生产年份的年利润总额与项目总投资的比率。对生产期内各年的利润总额变化幅度较大的项目，应计算生产期年平均利润总额与总投资的比率。其计算公式为：

投资利润率＝（年利润总额或年平均利润总额/总投资）×100%

年利润总额＝年产品销售收入－年产品销售税金及附加－年总成本费用

总投资＝固定资产投资＋投资方向调节税＋建设期利息＋流动资金

投资利润率可根据损益表中的有关计算得到。在财务评价中，将项目的投资利润率与行业平均投资利润率对比，来判别项目单位投资盈利能力是否达到本行业的平均水平。

3）投资利税率

投资利税率是指项目达到设计生产能力后的一个正常年份的利税总额或项目生产期内的年平均利税总额与项目总投资的比率。其计算公式为：

投资利税率＝（年利税总额或年平均利税总额/项目总投资）×100%

年利税总额＝年利润总额＋年销售税金及附加

投资利税率可根据损益表计算得出。在进行财务评价时，将投资利税率与行业平均利税率进行比较，以判别单位投资利税水平是否达到本行业的平均水平。

4）资本金利润率

资本金利润率是指项目达到正常生产能力后的一个正常生产年份的年利润总额或项目生产期内年平均利润总额与资本金的比率，它反映投入项目的资本金的盈利能力。其计算公式为：

资本金利润率＝（年利润总额或年平均利润总额/资本金）×100%

资本金利润率应大于或等于行业的平均资本金利润率。

（2）动态指标

财务盈利能力动态指标主要有：

1）财务净现值（*FNPV*）

财务净现值是指按行业的基准收益率或设定的折现率，将项目计算期内各年的净现金流量折现到建设起点的现值之和。它是反映项目在计算期内盈利能力的动态指标。其表达式为：

$$FNPV = \sum_{i=1}^{n}(CI - CO)_t(1 + I_c)^{-t}$$

式中 CI——现金流入量；

CO——现金流出量；

$(CI - CO)_t$——第 t 年的净现金流量；

I_c——财务基准收益率或设定的收益率；

n——计算期。

财务净现值可通过现金流量表计算得到。当财务净现值大于或等于零时，说明项目达到基准收益率水平外还有多余的资金现值，项目是可以考虑接受的。在选择方案时，应选择净现值大的方案，但当各方案投资额不同时，由于净现值不能反映单位投资的效果，还应计算净现值率指标。

财务净现值率是项目财务净现值与全部投资现值的比值，也就是单位投资现值的净现值，它是反映项目效果的相对指标。其计算公式为：

$$FNPVR = FNPV/I_p$$

式中　FNPVR——财务净现值率；

I_p——总投资的现值。

2) 财务内部收益率（FIRR）

财务内部收益率是指项目在计算期内各年净现金流量的现值累计等于零时的折现率。它反映项目所占用资金的盈利率，是考察项目盈利能力的主要动态指标。财务内部收益的计算公式为：

式中 FIRR 表示财务内部收益率，其他符号的含义均与财务净现值计算公式中的符号相同。

财务内部收益率是使项目的现金流入的现值等于项目现金流出的现值的折现率，可以根据这个含义用试算法求得。通过试算，利用以下插值公式计算：

$$FIRR = i_1 + \frac{FNPV(i_1)}{FNPV(i_1) - FNPV(i_2)}(i_2 - i_1)$$

式中　i_1——试算时的低折现率，使财务净现值为正值，且接近于零；

i_2——试算时的高折现率，使财务净现值为负值，且接近于零；

FNPV（i_1）——低折现率时的财务净现值（正值）；

FNPV（i_2）——高折现率时的财务净现值（负值）。

在采用插值公式时，要使 i_1 和 i_2 都要相当接近于零，以保证 i_1 与 i_2 的差值不过大，差值越小，计算的精度越高，通常 i_1 与 i_2 的差值不应大于5%。

在进行财务评价时，将求出的财务内部收益率与行业的基准收益率或设定的收益率（i_c）进行比较，当 $FIRR \geqslant i_c$ 时，认为项目在财务上是可行的。

4. 财务清偿能力分析

项目财务清偿能力分析主要是通过计算借款偿还期、资产负债率、流动比率、速动比率等评价指标，来考察项目计算期内各年的财务状况及偿债能力。

(1) 固定资产投资借款偿还期

固定资产投资借款偿还期，是分析项目清偿能力的主要指标，是在国家财政规定及项目具体财务条件下，以项目投产后可用于还款的资金偿还固定资产投资国内借款本金和建设期利息（不包括已用自有资金支付的建设期利息）所需的时间。其表达式为：

$$\sum_{t=1}^{P_d} R_t - I_d = 0$$

式中　I_d——固定资产投资借款本金和建设期利息之和；

P_d——借款偿还期（建设开始年计算，当从投产年算起时，应注明）；

R_t——第 t 年可于还款的资金，包括利润、折旧、摊销及其他还款资金。

在实际工作中，借款偿还期可由资金来源与运用表和国内借款还本付息计算表直接推算得到，以年表示。其具体推算公式如下：

$$P_d = T - t + \frac{R'_T}{R_T}$$

式中　T——借款后开始出现盈余年份数；

t——开始借款年份数；

R'_T——第 T 年偿还借款额；

R_T——第 T 年可用于还款的资金额。

借款偿还期满足贷款机构的要求期限时，可认为项目是有清偿能力的。

涉及外资的项目，其国外借款部分的还本付息应按相应的借款偿还条件（包括偿还方式及偿还期限）计算。

(2) 资产负债率

资产负债率是负债总额与资产总额之比，是反映项目各年所面临的财务风险程度及偿债能力指标。其计算公式为：

$$资产负债率 = （负债总额/资产总额）\times 100\%$$

资产负债率表明每百元资产有多少需要偿还的债务，也反映债权人发放贷款的安全程度。

(3) 流动比率

流动比率是反映项目各年偿付流动负债能力的指标。它是流动资产总额与流动负债总额的比率。其计算公式为：

$$流动比率 = （流动资产总额/流动负债总额）\times 100\%$$

流动资产比率用以衡量项目流动资产在短期债务到期前可以变为现金用于偿付流动负债的能力，表明项目每百元流动负债有多少资产作为资产支付的保障。

(4) 速动比率

速动比率是流动资产减去存货后的差额（速动资产）与流动资产负债总额之比，是反映项目各年快速偿付流动负债能力的指标。其计算公式为：

$$速动比率 = [（流动资产总额 - 存货）/流动负债总额] \times 100\%$$

流动比率用以衡量项目可以立即用于清偿流动负债的能力，表明项目每百元流动负债有多少速动资产作为支付的保障。

2.4.2 工程项目国民经济评价

国民经济评价是按照资源合理配置的原则，从国家整体考察项目的效益和费用，用货物影子价格、影子工资、影子汇率和社会折现率等经济参数分析、计算项目对国民经济的净贡献，评价项目的经济合理性。

项目的财务评价是国民经济评价的基础，国民经济评价是决定工程项目是否可行的主要依据。项目财务评价和国民经济评价各有其任务和作用，一般以国民经济评价的结论作为项目或方案取舍的主要依据。

对建设期和生产期较短、不涉及进出口平衡的项目，如其财务评价结果能满足最终决策的需要时，可以不做国民经济评价。对国计民生有重大影响的、投资规模较大的重大项目，应做国民经济评价。

1. 国民经济评价的内容和步骤

国民经济评价包括国民经济盈利能力分析、外汇效果分析和外部效果分析等内容。它以经济内部收益率为主要指标，根据项目特点和实际需要，计算经济净现值等指标。对产品出口或替代进口节汇的项目，还要计算经济外汇净现值、经济换汇成本和经济节汇成本等指标。对外部效果可以进行定性分析。

国民经济评价可以直接进行，也可以在财务评价的基础上进行调整得到。在财务评价基础上进行调整的方法简便可行，常常被采用。调整的步骤为：

(1) 效益和费用范围的调整

主要是指剔除已计入财务效益和费用中的转移支付；识别项目的间接效益和间接费用。

(2) 效益和费用数值的调整

1) 固定资产投资的调整。包括剔除属于国民经济内部转移支付的引进设备、材料关税和增值税，并用影子价格、影子运费和贸易费用进行调整；用影子价格调整建筑费用，或通过建筑影子价格工程换算系数直接调整建筑费用；用土地的影子费用替代占用土地的实际费用；剔除涨价预备费；调整其他费用等工作。

2) 流动资金的调整。调整由于流动资金估算的变动引起的流动资金占用量的变动。

3) 经营费用的调整。先用货物的影子价格、影子工资等参数调整费用要素。然后求和得到总的经营费用。

4) 销售收入的调整。先确定项目产出物的影子价格，然后重新计算销售收入。

5) 当项目涉及到外汇借款时，用影子汇率计算外汇借款本金和利息的偿付额。

(3) 编制项目国民经济效益费用流量表，并计算全部投资经济内部收益率和经济净现值指标。对使用国外贷款的项目，还应编制国民经济效益费用流量表（国内投资），并计算国内投资内部收益率和经济净现值指标。

(4) 对产出物出口或替代进口的项目，编制经济外汇流量表、国内资金流量表，计算经济外汇净现值、经济换汇成本和经济节汇成本。

2. 国民经济评价的主要指标

(1) 经济内部收益率（*EIRR*）

经济内部收益率是反映项目对国民经济净贡献的相对指标。它是项目在计算期内的经济净效益流量的现值累计等于零时的折现率。其计算公式为：

$$\sum_{i=1}^{n}(B-C)_t(1+EIRR)^{-t}=0$$

式中 B——效益流入量；

C——费用流出量；

$(B-C)_t$——第 t 年的净效益流量；

n——计算期。

经济内部收益率（*EIRR*）与社会折现率（I_s）相比较，当 *EIRR* 大于等于 I_s时，可认为项目是可以考虑接受的。

(2) 经济净现值（*ENPV*）

经济净现值是反映项目对国民经济所作贡献的绝对指标。它是用社会折现率将项目计算期内各年的净效益折算到建设起点（建设初期）的现值之和。其计算公式为：

$$ENPV = \sum_{t=1}^{n}(B - C)_t(1 + I_s)^{-t}$$

式中 I_s——社会折现率；

其他的符号和经济内部收益率表达式中的符号含义相同。

当经济净现值大于零时，表示国家为拟建项目付出后，除可得到符合社会折现率的补偿外，还可以得到以现值计算的超额社会盈余。所以，当经济净现值大于或等于零的项目，国民经济评价应认为是可以接受的。

(3) 经济外汇净现值（$ENPV_F$）

经济外汇净现值是反映项目实施后对国家外汇收支直接或间接影响的重要指标，它用来衡量项目对国家外汇真正的净贡献或消耗水平。经济外汇净现值可通过经济外汇流量表计算得到。其计算公式为：

$$ENPV_F = \sum_{t=1}^{n}(FI - FO)_t(1 + I_s)^{-t}$$

式中 FI——外汇流入量；

FO——外汇流出量；

$(FI - FO)_t$——第 t 年的净外汇流量；

n——计算期。

(4) 经济换汇成本

经济换汇成本是产品直接出口换取单位外汇需要消耗（投入）的国内资源。它是指用货物的影子价格、影子工资和社会折现率计算的为生产出口产品而投入的国内资源现值（以人民币表示）与生产出口产品的经济外汇现值（通常用美元表示）之比，即换取 1 美元外汇需要投入的人民币金额。其计算公式为：

$$经济换汇成本 = \frac{\sum_{t=1}^{n} DR_t(1 + I_s)^{-t}}{\Sigma(FI' - FO')_t(1 + I_s)^{-t}}$$

式中 DR_t——项目在第 t 年为出口投入的国内资源（包括投资、原材料、工资、其他投入和贸易费用），单位为人民币；

FI'——生产出口产品的外汇流入，单位为美元；

FO'——生产出口产品的外汇流出（包括应由出口产品分摊的固定资产投资和经营费用中的外汇流出），单位为美元；

n——计算期。

经济换汇成本是分析项目的产品出口对国民经济是否真正有益。它的判断标准是影子汇率，当经济换汇成本小于或等于影子汇率时，表明该项目产品出口在经济上是可行的。

(5) 经济节汇成本

经济节汇成本是指产品替代进口节省外汇所需要投入的国内资源。它是用影子价格计算的为生产替代进口产品所投入的国内资源的现值与替代进口产品的经济外汇净现值之比，即节约1美元外汇所需要的人民币金额。

经济节汇成本指标反映项目以产品生产替代进口在经济上是否合理。它的判断标准也是影子汇率，当节汇成本小于或等于影子汇率，表明项目产品替代进口在经济上是可行的，否则从外汇节约的角度看是不合算的。

2.4.3 社会评价

项目社会评价是在分析项目对社会的各种影响的基础上，分析项目的各种影响对社区人民生活的作用，以及当地社区人民对这些影响生产的反应及其对项目的影响和反作用，采取措施促使项目与社会相互适应，相互协调发展，从而保证项目的持续生存与发展，并推动社会的进步。

项目的社会评价和国民经济评价是有区别的，首先是评价的目的不同，社会评价的目的是分析工程项目对人类文明进步以及环境保护的贡献与影响，是从社会的角度衡量项目的优劣。国民经济评价是利用理想的影子价格替代市场价格，从比财务评价更为公正的角度衡量项目的优劣。其次是评价的结果不同，社会评价是对项目的人文环境和自然环境的现实贡献与影响的描述，其结果是将项目的可行性判断纳入更严格、更长远的标准之中。国民经济评价则是一种理想评价，评价的参数通常是理想状态下的参数，其结果是将项目的可行性判断纳入更为理想公正的环境下进行。再次是评价的方法和内容不同，在目前的技术条件下，社会评价由于难以量化的因素较多，只能以定性描述为主，而国民经济评价则以定量描述为主，一般不含定性描述。由于社会评价和国民经济评价是两个不同的范畴，它们的内容也不同，社会评价的内容比国民经济评价的内容更加广泛。

项目社会评价的内容包括项目的环境影响评价和项目与社会相互适应性分析两个方面。

1. 项目的环境影响评价

项目环境影响的评价内容可分为四个方面、三个层次的分析。即项目对社会环境、自然与生态环境、自然资源以及社会经济四个方面的环境评价，对国家、地区、项目三个层次的分析。项目对国家和地区的分析属于宏观分析，项目与社区的相互影响分析属于微观分析。

(1) 社会环境影响分析

这是项目环境影响评价的重点。包括项目对社会政治、安全、人口、文化教育等方面的影响。

(2) 自然与生态环境影响分析

分析评价项目采取环保措施后的环境质量状况，各项污染治理情况，是否因为存在近期或远期的自然与生态环境的影响而导致人民对项目的不满。

(3) 自然资源影响分析

主要是分析评价项目对自然资源合理利用、综合利用、节约使用等政策目标的效用。

(4) 社会经济的影响分析

主要从宏观经济角度分析项目对国家、地区的经济影响。

2. 项目与社会相互适应性分析

对一般项目主要是分析项目与当地社区的相互适应性，对大中型项目还要分析项目与国家、地方发展重点的适应性。主要内容包括：项目是否适应国家、地区发展重点；项目文化与技术的可接受性；项目存在社会风险的程度；受损群众的补偿问题；项目的参与水平，分析社区群众参与的水平；项目承担机构能力适应性；项目的可持续性。

2.4.4 工程项目决策程序

根据我国工程项目建设程序，项目决策主要包括两个工作步骤：

1. 项目建议书的审批

项目建议书是建设某一项目的建议性文件，是对拟建项目的轮廓设想。项目建议书的主要作用是为推荐拟建项目提出说明，论述建设它的必要性，以便供有关部门选择并决定是否有必要进行可行性研究。项目建议书的审批，根据国家的规定，大中型项目由国家发改委审批，投资在2亿人民币以上的重大项目由国家发改委审核以后报国务院审批。小型项目按隶属关系，由各主管部门或省、自治区、直辖市、计划单列市发改委审批，报国家发改委和有关方面备案。

项目建议书批准后，即可进行可行性研究。

2. 可行性研究及项目评估的审批

可行性研究由拟建项目的主管单位组织进行，通常是委托具有资质的咨询单位进行项目评估。按国家的规定，大中型项目先按隶属关系由项目主管部门或省、自治区、直辖市发改委预审，由国家发改委组织专家或委托有资质的咨询单位进行评估；地方小型项目的评估，一般由地方发改委组织专家评估或委托咨询单位进行。

按国家规定，可行性研究报告及项目评估报告的审批权限是，大中型项目由国家发改委审批，其中总投资在2亿人民币以上的重大项目，由国家发改委报国务院审批；小型项目由省、自治区、直辖市发改委审批。

可行性报告与项目评估报告批准后，项目转入实施阶段。

3 工程项目管理体制与承发包模式

工程项目管理体制与经济体制相适应，不同的经济体制具有不同的项目管理体制。项目管理体制对项目的决策、实施和项目的经济社会效益都影响很大。

3.1 工程项目管理体制概述

3.1.1 我国现行的工程项目管理体制

我国现行的工程项目管理体制是在政府有关部门的监督管理之下，由项目业主、承包商、监理单位直接参加的“三方”管理体制，它的组织结构如图 3-1 所示。

这种管理体制的建立，使我国工程项目管理体制与国际惯例更加接近，它比我国传统的管理体制具有许多优点。

1. 现行的工程项目管理体制形成了完整的项目组织系统

长期以来，我国一直采用建设单位自筹自管和工程指挥部两种工程项目管理方式。经过数十年的工程实践，特别是我国进入改革开放的新时期以后，这些传统的工程项目建设管理模式的各种弊端越来越明显地暴露出来。建设单位自筹自管的模式是一种典型的封闭式、小生产的管理模式，它与社会化、专业化的大生产方式相比是十分不相称。这种管理模式使工程项目主体与施工项目管理主体、设计项目管理主体之间在管理水平、技术水平上形成严重的失衡状态，导致了工程项目建设水平难以提高，项目的经济社会效益低下。

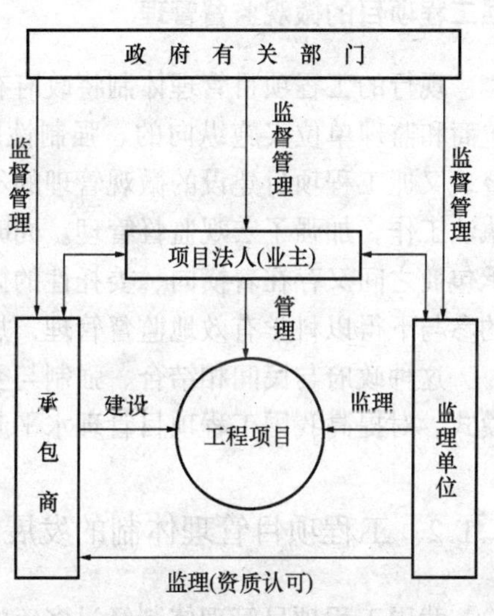

图 3-1 工程项目管理体制结构

工程指挥部模式是高度集中的计划经济的产物。在市场经济条件下，存在许多弊端。首先，它不符合政企分开的原则。它是政府直接组织管理生产的方式在工程项目建设领域的集中表现。其次，它不符合项目管理原则。工程指挥部凌驾于建设单位之上，取代了建设单位的投资管理权，但它既不对投资成本负责，又不对投资的回收负责，导致了工程项目投资决策者不承担任何决策风险。再次，工程指挥部的组织机构往往由来自各单位的临时人员组成，主要负责人多由政府行政部门的领导兼职。这种临时性决定了它的管理水平不高，管理效率低下。

现行的工程管理体制，使直接参加项目建设的业主、承包商、监理单位通过承发包关系、委托服务关系和监理与被监理关系有机地联系起来，形成了既有利相互协调又有利于相互约束的完整的工程项目组织系统。这个项目组织系统在政府有关部门的监督管理之下规范地、一体化的运行，必然会产生巨大的组织效应，对顺利完成工程项目建设将起巨大作用。

在现行管理体制下，业主作为项目法人承担项目的策划、资金的筹措、组织建设、生产经营、偿还债务、国有资产保值增值责任。业主可以充分利用市场竞争机制择优选择承包商，并通过签订工程承发包合同与承包商建立承发包关系。承包商在合同和信誉的约束下，依据法律法规、技术标准等实施项目建设。同时业主可以利用委托合同的方式，与监理单位建立委托服务关系，利用监理的协调约束机制，为工程项目的顺利实施提供保证。根据工程建设监理制的规定以及工程承包合同的进一步明确，在监理与承包商之间建立起监理与被监理关系。监理单位依据法律法规、技术标准和工程建设合同对工程项目实施监理。

2. 现行的工程项目管理体制既有利于加强工程项目建设的宏观监督管理又有利于加强工程项目的微观监督管理

现行的工程项目管理体制将政府有关部门摆在宏观监督管理的位置，对项目业主、承包商和监理单位实施纵向的、强制性的宏观监督管理，改变过去既抓工程项目的宏观监督，又抓工程项目建设的微观管理的不切合实际的作法，使他们能集中精力去做好立法和执法工作，加强了宏观监督管理。同时现行的管理体制在直接参加项目建设的监理单位与承包商之间又存在着横向、委托性的微观监督管理，使工程项目建设的全过程在监理单位的参与下得以科学有效地监督管理，加强了工程项目的微观监督管理。

这种政府与民间相结合、强制与委托相结合、宏观与微观相结合的工程项目监督管理模式，对提高我国工程项目管理水平起重要的作用。

3.1.2 工程项目管理体制的发展和完善

我国工程项目管理体制经过多年的改革在体制结构上已经和国际惯例接近，但整个运作体制还需要进行不断的发展和完善，以适应社会经济的发展要求。

首先，要加快发展工程咨询业。在国际上，工程项目管理是以咨询工程师为中心的管理体制。目前我国工程咨询发展尚不完善，从业人员的专业素质有待提高，人才结构有待改善，法律法规体制也不够健全，影响工程项目管理水平的提高。

其次，进一步强化项目法人责任制度。通过现代企业制度改造、项目审批决策程序的改革等措施，使项目法人能够做到对工程项目的筹划、筹资、设计、施工和生产经营负责并承担全部投资风险。在项目建设过程中，项目法人在国家规定的范围内，有权决定投资规模、人事机构、自行决定中标单位、组织工程设计、施工和工程管理，但应对决策和实施管理的失误承担责任。通过改革投资融资体制，使项目法人可以通过市场融资。

再次，严格推行工程合同管理制、工程质量监督制。严格推行工程项目合同管理是我国企业走向国内外市场的重要途径，也是在项目实施中处理好各种关系的基础。我国推行工程合同制已经多年，但在工程实践中存在的主要问题是合同执行不严格，没有真正起到规范甲、乙双方行为的目的。工程项目质量不仅影响项目业主和承包商的利益，还影响到人民的生活质量甚至影响到社会的稳定，它在某种程度上是建筑市场秩序的反映。规范建筑市场，严格推行工程质量监督制对工程项目高质量的实施有重要的意义。

3.2 项目实施的政府监督

政府建设主管部门不直接参与工程项目的建设过程，而是通过法律和行政手段对项目的实施过程和相关活动实施监督管理。由于建筑产品所具有的特殊性，政府机构对工程项目的实施过程的控制和管理比对其他行业的产品生产都严格，它贯穿项目实施的各个阶段。政府对工程项目的监督管理主要在工程项目和建设市场两个方面。

3.2.1 对项目的监督管理

我国政府对项目的监督管理包括对项目的决策阶段和项目的实施阶段的监督管理。按照我国政府机关行政分工的格局，大体上是项目的决策阶段由计划、规划、土地管理、环保、公安（消防）等部门负责；项目实施阶段主要由建设主管部门负责。它们代表国家行使或委托专门机构行使政府职能，依照法律法规、标准等依据，运用审查、许可、检查、监督、强制执行等手段，实现监督管理目标。

1. 建立工程项目建设程序

工程项目建设程序是指一项工程项目从设想、提出到决策，经过设计、施工直至投产使用的整个过程中应当遵循的内在规律和组织制度。工程项目是一次性任务，项目之间千差万别，但它的实施过程有着共同的规律。只有尊重这个客观规律，按照科学的建设程序办事，项目建设才能取得预定的成效和综合的社会效益。

我国现行的工程项目建设程序是随着我国社会主义建设的进行，在不断地总结长期工程项目建设经验的基础上逐步建立、发展起来的。1952 年我国出台了第一个有关建设程序的全国性文件，对基本建设的大致阶段做了规定。在这基础上进行了多次的修改和补充，形成了现行的比较科学的工程项目建设程序。

我国的工程项目建设程序在计划经济中产生，又长期在计划经济中运用和发展，因此计划经济体制的影响至今依然很深。但是，随着经济体制改革的深入，市场经济的因素逐步渗透到工程项目建设程序中，使建设程序更加合理更加科学。现行的工程项目建设程序与计划体制下的建设程序相比最大的变化是以下几点：首先是在项目决策阶段增加了咨询评估制度。也就是在决策阶段增加了项目建议书、可行性研究和评估等系列性工作。我国在 20 世纪 80 年代初首先在利用外资、引进技术项目中采用项目建议书和可行性研究报告的做法，后来要求在所有的项目都实行。它使工程项目的决策更加科学化、民主化。其次是实行了工程建设监理制。工程建设项目监理制的实行，使我国形成了在政府有关部门的监督管理之下，由业主、承包商、监理单位直接参加的“三方”管理体制。监理作为一种协调和约束机制的出现，对我国工程项目管理体制产生深刻的影响。第三是实行工程项目招投标制。工程招投标是在市场经济条件下进行工程建设项目的发包与承包时，所采用的一种交易方式。它的出现，把市场竞争机制引进项目建设中，使工程项目建设活动更具有活力。

2. 工程项目决策阶段监督管理

政府对项目决策阶段的监督管理包括宏观管理和微观管理，在宏观上是确定固定资产投资规模、方向、结构、速度和效果，在微观上则是对工程项目的审定，包括项目建议书和可行性报告的审批等工作。

(1) 工程项目建议书的审批。根据我国现行规定，项目的性质不同，它的建议书的审批程序也不同。如对基本建设项目的建议书的审批规定是，大中型项目由国家发展和改革委员会审批；投资在2亿元以上的重大项目，由国家发展和改革委员会审核后报国务院审批；小型项目按隶属关系，由主管部门或省、自治区、直辖市的发展和改革委员会审批；由地方投资安排建设的院校、医院及其他文教卫生事业的大中型基本建设项目，其项目建议书均不报国家发展和改革委员会审批，由省、自治区、直辖市和计划单列市发展和改革委员会审批，同时抄报国家发展和改革委员会和有关部门备案。

(2) 可行性研究报告的审批。可行性研究报告编制完成后，由投资部门正式报批。根据规定，大中型项目的可行性研究报告，由各主管部、市、自治区或各全国性专业公司负责预审，报国家发展和改革委员会审批或由国家发展和改革委员会委托有关单位审批。重大或特殊项目的可行性研究报告，由国家发展和改革委员会会同有关部门预审，报国务院审批，小型项目的可行性研究报告按隶属关系由各主管部、各省、市、自治区或全国性专业公司审批。

3. 工程项目实施过程的监督管理

政府对项目实施过程的监督管理涉及工程项目实施的各个阶段各个方面。主要有以下几个方面：

(1) 设计文件的审查。我国建设工程管理条例规定，业主应当将施工图纸设计文件报县级以上人民政府建设行政主管部门或者其他有关部门审查。没有经过审查批准的施工设计文件不得使用。

(2) 建筑许可。建筑工程在开工前，业主应当按照国家有关规定向工程所在地县级以上人民政府建设行政主管部门申请领取施工许可证。对国务院建设行政主管确定的限额以下的小型工程和按照国务院规定的权限和程序批准开工报告的建筑工程不需领取施工许可。业主应当在领取施工许可之日起三个月内开工。因故不能开工的，应当向发证机关申请延期；延期以两次为限，每次不超过三个月。在建工程因故中止施工的，业主应当自中止施工起一个月内，向发证机关报告，恢复施工时也应当向发证机关报告；中止施工满一年的工程恢复施工时，业主应当报发证机关核验施工许可证。

(3) 工程质量监督。工程项目质量的好坏，既影响到承发包双方的利益，也影响到国家和社会的公共利益，因此国家实行工程质量监督制度。根据我国工程质量管理条例规定，建设部对全国的建设工程质量实施统一监督管理；国务院铁路、交通、水利等部门按照国务院规定的职责分工，负责对全国的有关专业建设工程质量的监督管理；县级以上地方人民政府建设行政主管部门对本行政区内的建设工程质量实施监督管理，县级以上地方人民政府交通、水利等有关部门在各自的职责范围内，负责对本行政区域内的专业建设工程质量的监督管理。建设工程质量监督管理，可以由建设行政主管部门或者其他有关部门委托的建设工程质量监督机构具体实施。在履行监督检查职责时有权采取以下措施：

1）要求被检查单位提供有关工程质量的文件和资料；

2）进入被检查单位的施工现场进行检查；

3）发现影响工程质量的问题时，责令改正。

工程质量监督的基本程序是，业主在领取施工许可证或者开工报告前，按照国家的有关规定办理工程质量监督手续，提交勘察设计资料等有关文件，监督部门在接到文件后确定该工程的监督员，提出监督计划，并通知业主、勘察设计、施工单位，按照监督计划依法实施监督检查。

(4) 竣工验收管理。业主在接到建设工程竣工报告后，应当组织设计、施工、监理等单位进行竣工验收，验收合格后才可交工使用。业主在竣工验收合格之日起 15 日内，将建设工程竣工报告和规划、公安消防、环保等部门出具的认可或者许可使用文件报建设行政主管部门或者其他有关部门备案。

(5) 安全与环保监督管理。安全与环保是工程项目建设的两个重要主题，它涉及到人民的生活质量和生命财产的大事，是政府对工程项目实施监督管理的重要内容。政府各部门对安全与环保的监督管理贯穿于项目建设的全过程。

3.2.2 对建设市场的监督管理

市场是指商品供求关系的总和，所以建筑市场可以理解为建筑产品供求关系的总和。建筑市场由建筑交易市场体系、生产要素市场体系、信誉体系、法律和监督管理体系组成，它的主体是发包方、承包方和中介服务方，它的客体主要是指各类工程项目。一个成熟的、秩序良好的建筑市场对建设事业的发展具有重大的推动作用，对国家政治经济的稳定也有很大的影响。因此对建筑市场的监督管理是政府部门的一项重要任务。

1. 法律体系和监督管理体系的建立

为了实现对市场调控，必须建立一套完整的法律体系。为了加强对建筑市场的管理，国家和有关部门陆续制定并实施了《建筑法》、《合同法》、《招标投标法》、《反不正当竞争法》、《建设工程质量管理条例》等一系列法律法规，同时建立了一套与我国建筑市场发展相适应的监督管理体系。

信誉体系对市场的运行有很大的影响，政府应该注意引导和鼓励建立一套与我国法律和文化相适应的信誉体系。

2. 市场主体的管理

为了规范业主的行为，我国建立了建设项目法人责任制。对从事工程勘察、设计、施工、监理、造价咨询等单位实行资质认证和审批制度，对它们的人员的素质、管理水平、资金数量、业务能力等资质条件进行认证和审批，确定其所承担的业务范围，并核发相应的资质证书。规定从事建筑活动的专业技术人员必须取得相应的执业资格，并在执业资格证书许可的范围内从事建筑活动。

3. 建筑产品价格管理

价格是市场管理的重要因素，政府部门通过对建筑产品的宏观控制来实现对建筑市场的管理。

4. 工程项目合同管理

工程项目合同管理是政府对建筑市场管理的重要内容之一，主要的工作包括：

(1) 制订和贯彻合同管理的法律法规、管理方法和实施细则；

(2) 指导和督促有关单位按照国家法律、法规、政策订立工程项目的各种合同；

(3) 调解和仲裁工程项目合同的各种纠纷。

3.3 工程项目管理的类型和任务

3.3.1 工程管理的类型

工程项目系统由许多子系统组成，这些子系统由具有不同经营目标的主体实施，各个主体对不同的系统实施管理，这样就出现了不同的项目管理类型。每种类型都是在特定的条件下实现整个项目总目标的一个管理子系统。图 3-2 表示各种项目管理类型的关系。

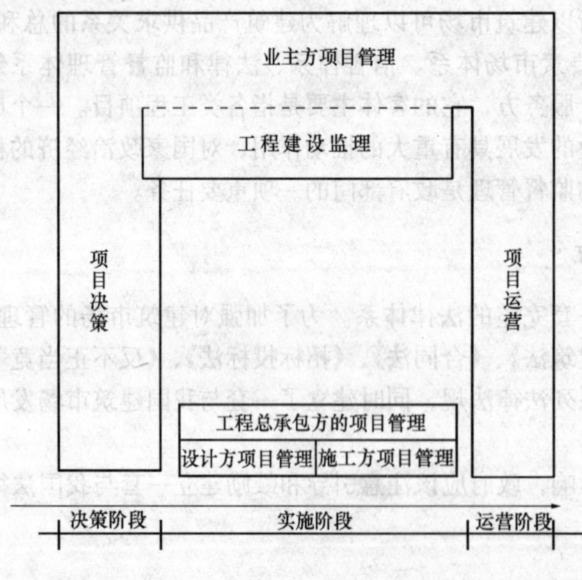

图 3-2 项目管理类型示意图

1. 业主方的项目管理

业主是项目的责任人，他对项目的结果负责，所以业主方的工程项目管理是全过程的，包括项目的决策阶段和实施阶段的各个环节。在实施阶段的主要目标是投资、质量、进度，主要工作是组织协调、合同管理、投资控制、质量控制、进度控制、信息管理。

在市场经济条件下，为了充分利用社会分工与协作条件，提高工程项目的管理效率，项目业主可以把部分的任务和管理权力委托给咨询公司、监理公司、工程管理公司，由这些公司实施对工程项目的管理。由于这些公司具有很强的专业技术力量和工程项目管理经验，可以对工程项目实施有效的管理，有利于实现工程项目目标。目前我国为了加强对工程项目的管理，规定了强制性实施工程项目监理的范围，由监理公司接受项目业主的委托，对工程项目实施监理，取得很好的社会经济综合效益。

2. 设计方的项目管理

设计方的项目管理是指设计单位在接受业主的委托后，以设计合同约定的工作目标以及责任义务作为管理的对象、内容和条件所实施的管理活动。设计项目管理从设计方的角度看，是以履行工程设计合同和实现设计单位经营目标为目的，它在地位、作用和利益追求上与项目业主不一样，但是它是项目设计阶段项目管理的主要内容。项目业主通过与设计方签订合同、通过协调和监督（或委托监理实施），依靠设计方的设计项目管理贯彻业主的建设意图和实施设计阶段的投资、质量和进度控制。设计方通过有效的项目管理实现以最低的成本完成业主满意的设计产品，以实现自己的经营目标。

3. 施工方的项目管理

施工方的项目管理也称为施工项目管理，是指建筑施工企业以施工合同界定的工程范围和要求为内容和条件所进行的项目管理。施工项目管理的周期是指施工项目的生命周期，包括施工投标、签订施工合同、施工准备、施工、交工验收和保修等施工全过程。施工过程包括土建工程施工和设备安装工程施工，最终成果能形成具有使用功能的建筑产品。施工项目管理的总目标是实现企业的经营目标和履行施工合同，具体的目标是施工质量、成本、进度、施工安全和现场标准化。这一目标体系既是企业经营目标的体现，也和工程项目的总目标密切联系。项目业主在施工阶段通过合同以及对施工工程的监督来实施对项目的管理是业主方的项目管理，不属于施工项目管理。

施工项目管理的主体是以施工项目经理为首的项目经理部，管理的客体是具体的施工对象、施工活动以及相关的生产要素。它的主要内容包括：

(1) 组织的建立和协调

根据施工项目的目标、工作内容、组织原则、项目特点和企业具体情况建立一个精干高效的施工项目组织，并根据组织协调原则进行协调，保证组织的有效运行。

(2) 施工项目管理规划

施工规划是对施工项目管理工作做出具体安排的纲领性文件，主要内容有：施工基础规划，是各项规划的基础，包括施工项目概况、施工项目总目标、施工项目组织结构和组织协调、施工布置和施工方案等；施工项目成本规划；施工项目进度规划；施工项目质量规划；施工项目合同管理规划；施工项目信息管理规划；施工项目准备规划等。

(3) 施工项目的目标控制

施工项目的目标控制主要是对施工项目的具体目标实施控制，包括进度目标控制、质量目标控制、成本目标控制、安全目标控制、施工后现场目标控制。

(4) 施工项目合同管理

合同管理好坏直接影响施工项目的技术经济效果和项目目标的实现，因此它是施工项目管理的一项重要内容，包括合同的签订管理、合同的履行管理和档案管理三个环节。

(5) 施工项目的信息管理

施工项目管理是一项复杂的管理活动，必须依靠一个强有力的信息系统来支持。施工项目的信息管理就是建立一个信息系统并使其高效的运行，以保证项目管理系统的有效运行。

4. 工程总承包方的项目管理

是指当工程项目采用设计-施工一体化承包模式时，由工程总承包公司根据承包合同的工作范围和要求对工程的设计、施工阶段进行一体化管理。总承包方的项目管理贯穿于项目实施的全过程，包括设计阶段和施工阶段的全面管理。工程总承包的项目管理在性质上和设计方、施工方的项目管理相同，但是总承包可以依据自身的技术和管理优势，通过对设计和施工方案的一体化优化以及实施中的整体化管理来实施项目管理。

3.3.2 工程项目管理的任务

项目管理种类不同，具体的工作内容也不一样，但是从总的方面归纳，主要包括：项目的前期策划与决策；项目组织的建立与组织协调。

1. 项目组织的建立

目前我国实现建设项目法人责任制，新建项目在项目建议书被批准后，应及时组建项目法人筹备组，具体负责项目法人的筹建工作。项目法人筹备组应主要由项目的投资方派代表组成。在申报项目可行性研究报告时，须同时提出项目法人的组建方案。在可行性报告批准后，正式成立项目法人组织。原有企业负责建设的项目，只设分公司或分厂时，原有的企业法人就是项目法人。项目法人的组织形式是，国有独资公司设董事会；国有控股或参股的有限责任公司、股份有限公司设立股东会、董事会和监事会。由董事会负责聘请项目总经理，负责项目的实施。在项目建设期间至少应有一名董事常驻现场。项目管理要充分发挥咨询、监理、会计师和律师事务所等各类社会中介组织的作用。

承包方的组织在签订合同后正式组建。

2. 组织协调

工程项目组织协调是项目管理的重要职能，是实现项目目标必不可少的方法和手段。法约尔认为“协调就是联结、联合、调和所有的活动及力量”。比较全面地表述了协调的内容和方法。协调管理在美国项目管理中称为“界面管理”，界面管理是指主动协调相互作用的子系统之间的能量、物质、信息交换以实现系统目标的活动。系统是由若干个相互联系、相互制约的要素有组织、有秩序地组成的具有特定功能和目标的统一体。工程项目系统就是一个由人员、物质、信息等构成的系统。它存在以下界面：

(1) 人员/人员界面。项目组织系统是由各类人员组成。他们每个人的性格、爱好、能力、文化、对未来的期望、以及所在岗位和具有的职权都不一样，当他们在一起工作时，往往会有潜在的人员矛盾或危机。这种人与人之间的间隔，就是人员/人员界面。

(2) 系统/系统界面。项目系统中的各个子系统的功能、目标和要求都不一样，往往会产生相互不协调或相互排斥现象。这种子系统与子系统之间的间隔，就是系统/系统界面。

(3) 系统/环境界面。项目系统是一个开放系统，具有环境适应性，能主动地从外部环境取得必要的能量、物质和信息。在和环境进行能量和信息交流中往往会遇到障碍和阻力。这种系统和环境之间的间隔，就是系统/环境界面。

(4) 人员/系统界面。在项目管理系统中，人总是怀有控制系统的期望，而系统却受到多种因素的影响，甚至受到不可控因素的影响，往往产生和人的控制愿望不一致的现象。这种人员和系统之间的间隔，就是人员/系统界面。

(5) 人员/环境界面。在项目管理系统中，人总是想利用项目的小环境和大环境来实现他们的系统目标，但是环境的变化往往是迅速而复杂，产生和人的愿望不一致的现象。这种人员与环境的间隔，就是人员/环境界面。

(6) 环境/环境界面。项目系统既受到近层小环境的影响，又受到远层大环境的影响。这些环境之间往往产生不一致的现象，这种环境与环境之间的间隔，就是环境/环境界面。

工程项目的组织协调就是在这些界面之间，对所有的活动及力量进行联结、联合、调和的工作。为了顺利实现工程项目的系统目标，必须重视组织协调工作，发挥组织系统的整体功能。

3. 合同管理

工程建设合同、监理委托合同、物资采购合同以及工程项目实施过程所必需的其他经济合同，都是项目参与者之间为了明确责任权利关系的具有法律效力的协议文件。它是在市场经济条件下组织项目实施的基本手段，它将具有不同经营目标的单位联结为一个整体，以实现项目目标。从某种意义上说，项目的实施过程就是合同的订立和履行的过程。

项目的合同管理，主要是指对与项目相关的各类合同的订立和履行过程的管理，包括合同文本的选择、合同条件的协商、合同书的签署、合同的履行、合同变更、违约和纠纷的处理等。由于项目的各个参与者在合同中的地位、责任、利益不同，他们对合同管理的观点和内容也不一样。

(1) 业主方的合同管理主要包括：

1) 合同结构的策划。通过科学合理的合同结构，建立项目内部有效的完整的管理关系。以合同关系确定各参与者的分工与协作关系。

2) 订立前管理。主要是对承包方的资格、资信和履约能力进行调查和审核。

3) 履行管理。项目业主在合同履行过程中，应该严格按照合同规定，履行应尽的义务和行使权利，主要是行使工期控制权、质量检验权、数量验收权、竣工验收权和履行工程支付、竣工结算义务等。

(2) 承包方的合同管理主要包括：

1) 签订管理。承包方的签订管理，主要是对工程项目以及项目发包方的了解，对承包合同的权利义务和合同条件进行分析，对承包合同的可行性进行研究。

2) 履行管理。在对合同进行详细分析的基础上建立一套有效的合同实施保证体系，并采用主动控制和被动控制原理对合同的履行过程实施控制。首先，应组织项目管理人员和各工程小组负责人学习合同条文和合同总体分析结果，使大家熟悉合同中的主要内容、各种规定、各种管理程序，了解承包合同的责任和工程范围，各种行为的法律后果等。使管理人员树立全局观念，避免在执行中的违约行为。其次将各种合同事件的责任分解落实到各工程小组或分包商，并对这些活动实施的技术问题进行解释和说明。通过经济手段来保证合同责任的完成。再次，建立合同管理的工作程序。为了使承包合同管理实现科学化、系统化、规范化，项目管理组织应建立一套完整的合同管理制度。包括协商制度、检查验收制度、行文制度等。

3) 合同索赔管理。索赔是指作为合法的所有者，根据自己的权利提出的有关某一资格、财产、金钱等方面的要求。它是合同和法律赋予损失者的权利，是合同效力的具体体现。做好索赔管理可以落实和调整合同双方经济责权利关系，保证工程合同的实施。

4. 目标控制

控制的一般含义是指掌握被控制对象不使它任意活动或超出规定的范围。控制的科学概念首先是由美国科学家 N. 维纳于 1948 年在《控制论—关于在动物和机器中控制和通讯的科学》一书中正式提出来的。维纳认为，控制论的目的在于创造一种语言和技术，使我们有效的研究一般的控制和通讯问题，同时也能寻找一套恰当的思想和技术，以便通讯和控制问题的各种特殊表现都能借助一定的概念加以分类。

工程项目系统及其外部环境是复杂多变的，项目系统在运行中将出现大量的为管理主体不可控的随机因素，即系统的实际运行轨迹是由预期量和干扰量共同作用而决定的。在工程项目实施过程中，得到的中间结果可能与预期目标不符，甚至相差甚远，因此必须及时调整人力、时间及其他资源，改变实施方法以期达到预期的目标和纳入原计划的轨道。如果这样做还不能奏效，就不得不调整或修改目标。这个过程称为工程项目的控制。

工程项目控制的主要任务有两个方面：一是把计划执行情况与计划目标进行比较，找出差异，对比较的结果进行分析，排除产生差异的原因，使总体目标得以实现。这个过程可归纳为“出现偏差——纠偏——再偏——再纠偏……”。称为被动控制。二是预先找出项目目标的干扰因素，预先控制中间结果对计划目标的偏离，以保证项目目标的实现，称为主动控制。

(1) 被动控制

被动控制是主要的控制形式，它的控制过程如图 3-3 所示。

控制的基本过程由四个阶段组成：

1) 建立标准。控制是依据一定的标准去衡量和掌握实际工作的过程。在工程项目控制中的标准是项目的控制目标，一般用一系列计划指标来反映，如计划工期、质量、投资等。这些目标应根据项目的工作分解结构进行分解，以便于不同阶段的控制。

2) 检查执行状况。标准是衡量工程项目系统运行绩效的依据。检查执行状况就是将工程项目的实际运行状况与标准相比较，以评价工程项目的运行绩效。它的一个重要环节是工程信息的收集，包括工程项目实施的实际状况、内外部环境变化以及对未来事态发展的预测信息等。信息获取的主要途径有两个，一是通过项目的内部报告制度，二是通过管理人员直接的观察、检查。

3) 差异分析。采用标准对工程项目的实施状况进行检查，确定了偏差后，应进一步对产生偏差的原因进行分析，并确定它的影响程度。

4) 纠偏与调整。对于偏离计划的情况要采取措施加以纠正或对计划进行调整。根据

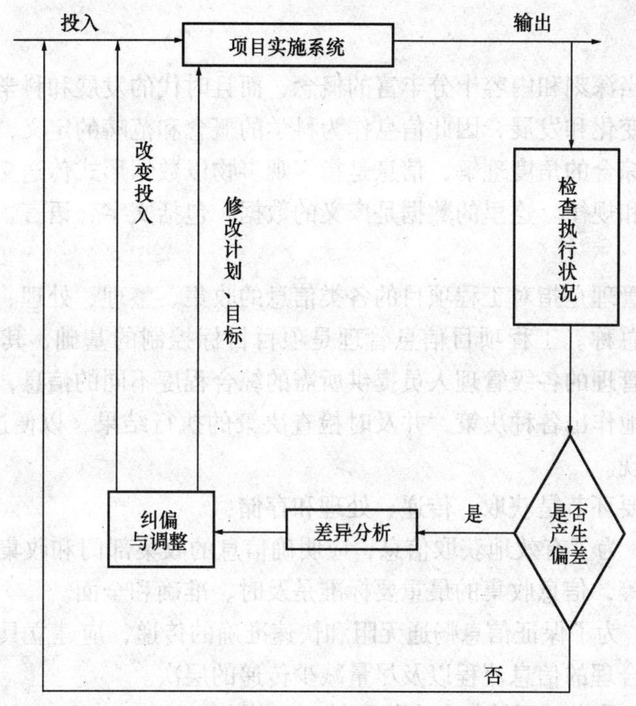

图 3-3　被动控制的控制过程示意图

偏差的程度、产生的原因，采取相应的措施，如增加人力、机械设备、改变施工方法等措施，以保证预定的目标的实现。由于偏差较大或由于条件的限制纠正措施不能奏效时，应对预定的目标进行调整，重新制订新的项目实施方案。

(2) 主动控制

预先对特定条件下的项目干扰因素进行分析，并事前主动地采取预防措施，以尽可能地减少、甚至避免预定目标值与实际值的偏离。这种控制是主动的、积极的，因此称为主动控制。

工程项目的干扰因素一般包括以下几个方面：人的因素、材料因素、机具设备因素、方法因素、地基因素、资金因素、环境因素等。在工程项目实施之前和实施中应加强对各种干扰因素的分析，并做出预先性决策，以实现对工程项目的主动控制。

主动控制是一种前馈式控制，是一种事前控制，是面向未来的控制。被动控制是一种反馈控制，整个控制过程形成反馈闭合回路，但不能把被动控制视为一种消极的控制，它是极其重要的控制方式。在项目实施过程中，只有将主动控制和被动控制紧密结合起来才能进行有效的控制。

5. 风险管理

随着工程项目规模的不断增大和技术的复杂化，以及社会经济政治对工程项目影响的不断加强，项目参加者所面临的风险越来越多，风险的影响因素也越来越复杂。项目参加者必须加强风险管理，避免或减少由于风险所造成的损失，以实现自己的目标。

6. 信息管理

信息是一个相当深刻和内容十分丰富的概念，而且时代的发展和科学的进步，其内涵与外延都在不断的变化和发展，因此信息作为科学的概念和范畴的定义，在科学界尚未取得一致的意见。从综合的角度理解，信息是指客观事物以数据形式传送交换的知识，它反映事物的客观状态和规律。这里的数据是广义的数据，包括文字、语言、数值、图表、图像等表达形式。

工程项目信息管理是指对工程项目的各类信息的收集、整理、处理、存储、传递与使用等一系列工作的总称。工程项目信息管理是项目目标控制的基础，其主要的任务是及时、准确地向项目管理的各级管理人员提供所需的综合程度不同的信息，以便在项目实施过程中能迅速准确地作出各种决策，并及时检查决策的执行结果，以便进行动态的控制，保证项目目标的实现。

信息管理的重要环节是获取、传递、处理和存储：

(1) 信息获取。为了有效地获取信息，应明确信息的收集部门和收集人，信息的收集规格、时间和方式等，信息收集的最重要标准是及时、准确和全面。

(2) 信息传递。为了保证信息畅通无阻和快速准确的传递，应建立具有一定流量的信息通道，明确规定合理的信息流程以及尽量减少传递的层次。

(3) 信息处理。是指对原始信息去粗取精、去伪存真的加工过程，其目的是使信息更加真实、更加有用。

(4) 信息存储。信息的存储应该做到存储量大，能全面存储工程项目信息，并便于查阅，为此应建立存储量大的数据库和知识库。

工程项目信息管理的基础是构建一个以项目管理工作为中心的信息流结构，建立各种信息管理制度和会议制度等。

3.4 工程项目的承发包模式

工程承发包是一种商业行为，交易双方为项目业主和承包商，双方签订承包合同，明确双方各自的权利与义务，承包商为业主完成工程项目的全部或部分项目建设任务，并从项目业主处取得相应的报酬。

工程承发包的方式有多种，适用于不同的情况，项目业主可以根据自己的管理能力和经验、工程项目的具体情况和自己的意愿选择有利于自己的项目管理方式，达到节省投资、缩短工期、确保质量和风险小的目的。

3.4.1 平行承发包模式

平行承发包是指项目业主将工程项目的设计、施工和设备材料采购的任务分解后分别发包给若干个设计、施工单位和材料设备供应商，并分别和各个承包商签订合同。各个承包商之间的关系是平行的，他们在工程实施过程中接受业主或业主委托的监理公司的协调和监督，如图 3-4 所示。

采用这种承发包模式，首先应合理地分解工程项目任务。在进行工程项目分解时应符合我国建筑法关于禁止将建筑工程肢解发包的规定，即不得将应当由一个承包单位完成的建筑工程肢解成若干部分发包给几个承包单位。

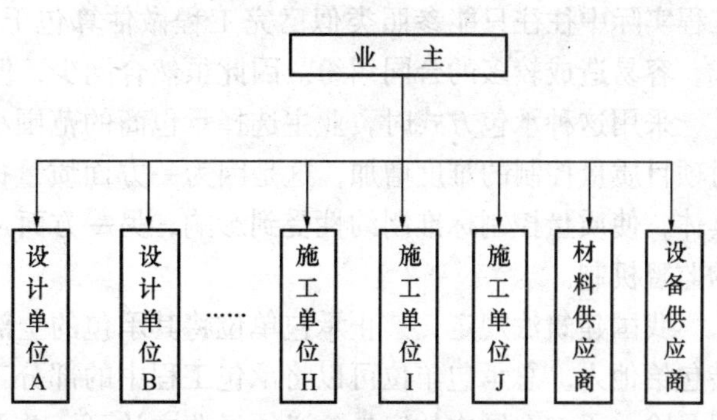

图 3-4　平行承发包模式示意图

采用这种承包模式，由于项目任务经过分解后发包，在设计和施工阶段有可能形成搭接关系，可以缩短整个项目工期。由于项目任务的细分，减少工作的不确定性，从而减少承包商对风险补偿的要求和总包的管理费用，可以节省投资。但是，这种承包模式要求业主分别和承包商签订合同，因此合同数量众多，造成业主方的合同管理困难。由于合同关系多，项目系统内部的界面增多，加上众多的承包商没有统一的指挥和协调单位，导致业主的组织协调、管理工作量增大，要求业主有很强的专业管理能力和管理经验，否则应将各种管理任务委托给监理公司或项目管理公司。

3.4.2　工程项目总承包模式

工程项目总承包模式是指业主在项目立项后，将工程项目的设计、施工、材料和设备采购任务一次性地发包给一个工程项目承包公司，由其负责工程的设计、施工和采购的全部工作，最后向业主交出一个达到使用条件的工程项目。业主和工程承包商签订一份承包合同，称为“交钥匙”、“统包”、或“一揽子”合同。按这种模式发包的工程也称为“交钥匙工程”。如图 3-5所示。

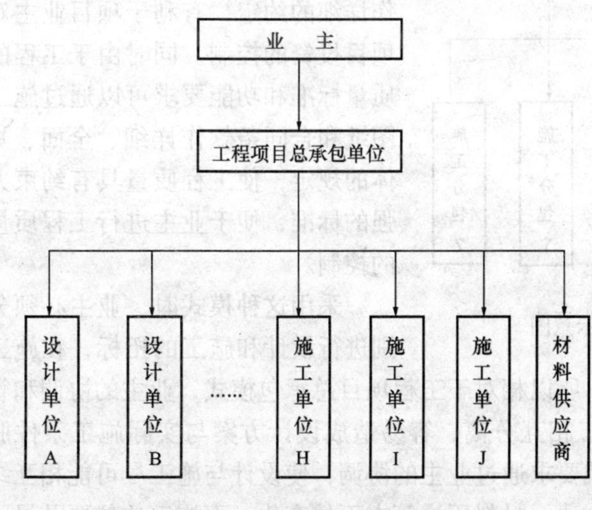

图 3-5　工程项目总承包模式示意图

在这种模式中业主和承包商之间只有一份合同，合同关系单一，业主与承包商之间的界面简单，相当一部分的项目协调与管理工作交给工程项目总承包公司，由总包商统一协调和管理工程的设计和施工，从而减少业主的协调和管理工作量。这种承包模式可以使设计与施工有机结合，有利于承包商的进度和成本控制，但是并不意味着可以降低业主的投资，而且往往相反，由于承包商要进行大量的管理工作而增加管理成本，再加上由于不确定性增加，承包商要求更高的风险补偿费，而导致合同价更高。

这种承发包模式的招标发包工作难度大，合同条款和合同价格都不容易准确确定，在工程实际中往往只能参照类似已完工程做估算包干，或者采用实际成本加比率酬金的方式，容易造成较多的合同纠纷。因此虽然合同少，但并不能减少合同管理的难度。

采用这种承包方式时，业主选择承包商的范围小，因为有此能力的承包商相对较少。对项目质量控制的难度增加，这是因为一方面质量标准和功能要求不易做到全面、准确、具体，使质量控制标准制约性受到影响，另一方面是由于业主方管理的减弱，而缺少外部的监督机制。

我国建筑法规定，禁止承包单位将其承包的全部建筑工程肢解以后以分包的名义分别转包给他人。总承包单位可以将承包工程中的部分工程发包给具有相应资质的分包单位，但是除总承包合同中约定外，必须经业主认可。总承包单位按照总承包合同的约定向业主负责，分包单位按照分包合同的约定对总承包单位负责，总承包单位和分包单位就分包工程对业主承担连带责任。

3.4.3 设计或施工总分包模式

这种模式与工程项目总承包不同，业主将工程项目设计和施工任务分别发包给一个设计总包单位和一个施工分包单位，并分别与设计和施工单位签订承包合同。它是处于工程项目承包和平行承包之间的一种承包模式。如图 3-6 所示。

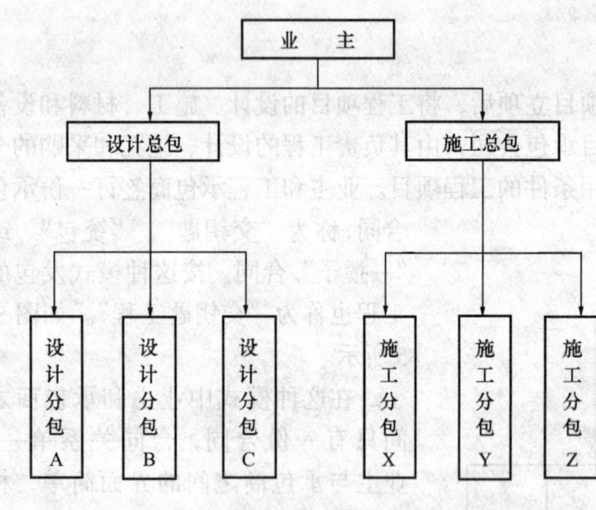

图 3-6　设计、施工总分包模式示意图

由于施工招标是在设计完成后进行，所以工程的造价可以根据施工图、工作量清单和有关的费用计算资料进行比较准确的计算，结算方式和支付条件也可以在合同中作详细的约定，有利于项目业主对项目投资的控制。同时由于工程的质量标准和功能要求可以通过施工图纸和合同条款作详细、全面、具体的规定，使工程质量具有约束力强的标准，便于业主进行工程质量的控制。

采用这种模式时，业主必须分别进行设计和施工的招标，在施工阶段还要进行设计和施工的协调工作，所以相对于工程项目总承包模式，业主的协调和管理工作量增加。这种模式使设计与施工相互分离，容易造成设计方案与实际施工条件脱节，忽视施工的可能性和经济性。这就要求通过业主的协调，使设计与施工尽可能相互结合，设计单位要重视施工技术、施工方法、材料用途等方面的变化，而施工单位要及早了解设计意图，反馈工程信息。在设计与施工分离的情况下，施工单位原则上是按图施工，并保证实际的施工成果与设计所规定的标准、规格和要求一致。由于工程质量具有很强的过程性，这就要求业主派代表到现场或者委托监理工程师对施工的中间和最终成果进行确认。

这种模式是建筑业中广泛采用的一种模式。我国建筑法规定，建筑工程主体结构的施工必须由施工总承包单位自行完成。

3.4.4 联合体承包模式

联合体是指由多家工程承包公司为了承包某项工程而组成的一次性组织机构。联合体的组建一般遵循以下原则：

1. 联合体是一种临时性组织，是为了承包某一工程而成立，工程任务完成后联合体自动解散。

2. 联合体内部签订合同，明确各方的责任、权利和义务，并按各方的投入比重确定其经济利益和风险承担程度。

3. 联合体必须产生联合体代表，明确联合体的总负责人。

4. 用联合体的名义与业主签订承包合同。

5. 联合体的各方对承包合同的履行承担连带责任。有福共享，有难同当。

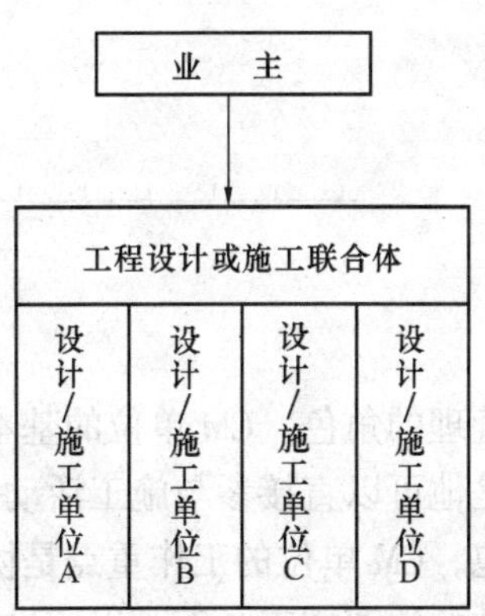

图 3-7　联合体承包模式示意图

联合体承包模式的合同结构如图 3-7 所示。

采用联合体承包时，联合体可以集中各成员的技术、资金、管理和经验等方面的优势，增强了竞争能力也增强了抗风险能力。如果一个成员企业破产，其他成员企业共同补充相应的人力、物力、财力，使工程的进展不受到影响，减少业主的风险。同时这种承包模式的合同关系和工程总承包的模式相似，没有增加业主的协调和管理的工作量，而且联合体的成员之间往往有长期的合作关系，企业的信誉较好，所以这种模式在国际上受到许多业主的欢迎。投标人组成的联合体属于投标人自己的事，是否组成，如何组成完全由投标人自己确定，招标人不能强迫投标人组成联合体共同投标。

3.4.5 CM 模式

CM 是英文 Construction Management 的缩写，是一种特定承发包模式和国际公认的名称。这种承发包模式在美国、加拿大和欧洲等国家得到广泛的应用。

1. CM 模式的含义及其特点

CM 模式是指 CM 单位接受业主的委托，采用“Fast Track”组织方式来协调设计和进行施工管理的一种承发包模式。它具有以下特点：

(1) 采用“Fast Track”生产组织方式。CM 模式的出发点是为了缩短工程建设工期，它的基本思想是通过采用“Fast Track”快速路径法的生产组织方式，即设计一部分，招标一部分，施工一部分的方式，实现设计与施工的充分搭接，以缩短整个建设工期。如图 3-8所示。

(2) 委托 CM 单位。由于管理工作的相对复杂性，业主需要委托一个 CM 单位来承担

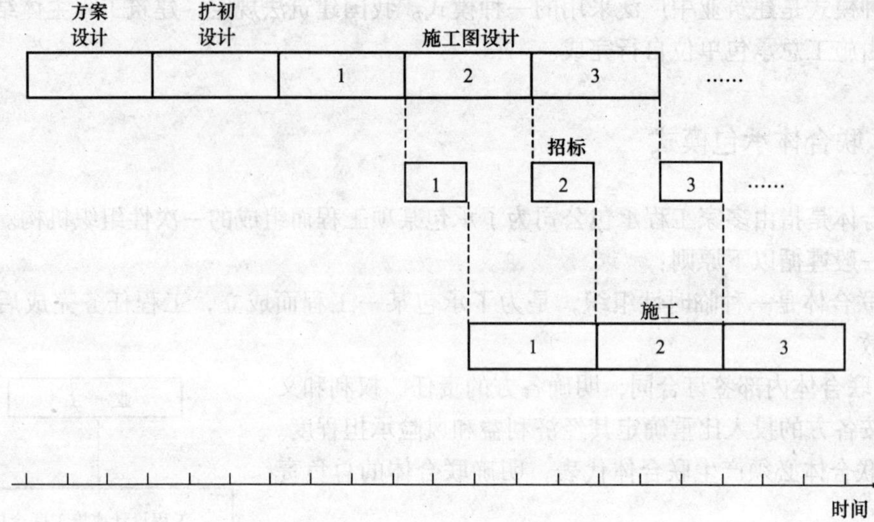

图 3-8 "Fast Track"快速路径法示意图

管理的角色。CM 单位的基本属性是承包商，而不是咨询单位，它与咨询单位的最大不同是他可以直接参与施工活动。但是，它又区别于一般的承包商，CM 承包是一种管理型承包，CM 单位的工作重点是协调设计与施工的关系，他在设计阶段就介入项目，他不是单纯的按图施工，而可以通过合理化建议在一定程度上影响设计。它也不同于仅有技术和管理人员的纯管理型公司，CM 单位一般拥有可以直接从事施工活动的力量。CM 单位被称为 CM 承包商。

(3) 计价方式。由于签约时设计还没有结束，因此 CM 合同价通常既不采用总价合同，也不采用单价合同，而采用成本加利润的方式。CM 单位向业主收取其工作成本，再加上一定比例的利润。CM 单位不赚总包与分包之间的差价，它与分包商的合同价对业主是公开的。

2. CM 模式的类型及其合同结构

按照该模式的合同结构，模式有两种基本类型：非代理型（CM/Non-Agency）和代理型（CM/Agency）。

(1) 非代理型（CM/Non-Agency）

非代理型是指 CM 单位不是以"业主的代理"的身份，而是以承包商的身份工作，也就是说，在业主与单位签约后由 CM 单位直接进行分包的发包，并由 CM 单位直接与分包商签订分包合同。但是由于 CM 合同和承包合同不同，CM 单位并不是真正意义上的承包商。其合同结构如图 3-9 所示。

1）业主与单位签订 CM 合同，而与大部分分包商和供应商没有直接的合同关系，所以对业主来说，合同关系简单，对分包商和供应商的协调和管理量较少。

2）CM 合同与承包合同不同。CM 单位介入项目的时间较早，CM 合同不需要等到施工图纸出来后才签。CM 合同一般采用"成本加利润"的方式，即合同价由工程费用（CM-cost）和利润（CMfee）两个部分组成。工程费用是指 CM 单位在工程中所发生的全部费

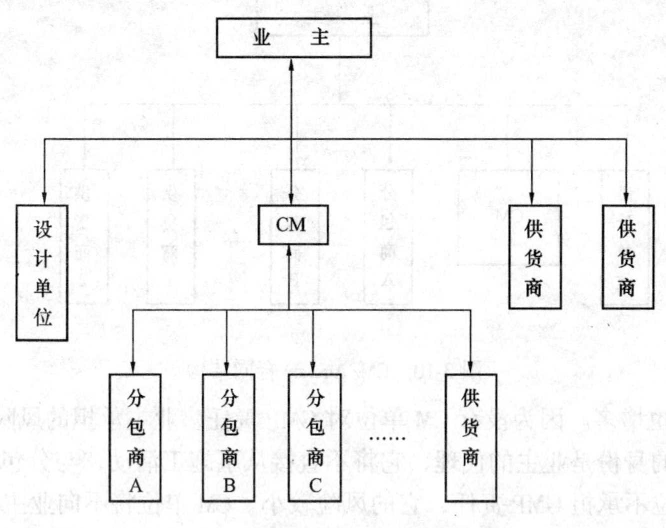

注：→表示合同关系

图 3-9　CM/Non-Agency 合同结构

用，包括：CM 单位的工作成本；分包商、供应商合同价；其他工程费用等。CMfee 是单位向业主收取的作为单位利润的费用，其中包含了业主对单位承担管理工作所具有的风险的补偿。从 CM 合同价的构成可以看出，CMcost 要在 CM 单位与分包商签订合同后才能确定，这也和施工承包合同有很大的差别。

由于 CM 合同价不能预先确定，CM 单位要对工程费用承担 GMP 责任，GMP 是保证最大工程费用（Guaranteed Maximum Price）的英文缩写。所谓 GMP 是 CM 单位向业主保证的最大的合同价，就是通过单位进行的管理工作，保证实际工程的总费用和 CMfee 不超过预先商定的一个目标值。当实际工程成本超过这个目标值时，超过的部分费用由 CM 单位承担，而业主不给予支付，但节省的部分归业主。

3）CM 单位与设计单位之间没有合同关系，但为了实现有效的“Fast Track”方式，以缩短项目工期，必须与设计单位紧密协调与合作。CM 单位可以从施工的可能性和经济性角度向设计者提出合理化建议，以提高设计质量。CM 单位与设计单位的关系有时需要业主进行协调。

4）原则上业主与分包商或供应商之间没有合同关系，但在很多情况下，当业主对某个分包商十分信任，希望在某些分项工程上继续合作，或对某些材料设备方面有可靠的供应渠道，可以得到价格便宜、质量可靠的供货时，业主将保留和这些分包商或供应商签约的权力。但业主过多地保留与分包商或供应商的签约权，将可能对 CM 模式带来不利影响。

(2) 代理型（CM/Agency）

代理型 CM 是指 CM 单位以“业主的代理”的身份参与工作，它不负责进行分包的发包，与分包的合同由业主直接签订，它的合同结构如图 3-10 所示。

代理型 CM 的合同结构具有以下特点：

1）由于业主直接与分包商或供应商签订合同，合同的数量多，因此合同管理量以及

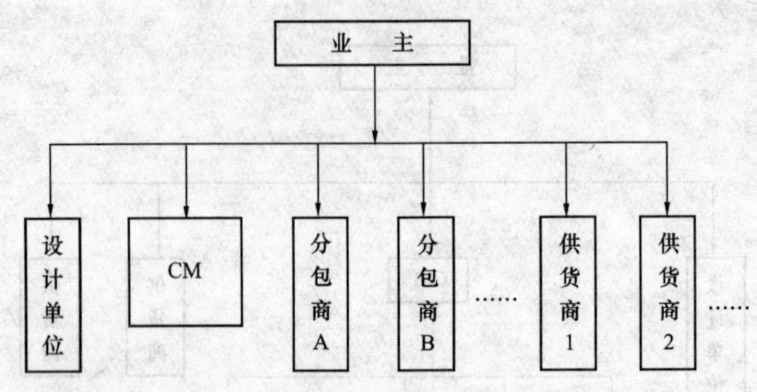

图 3-10　CM/Agency 合同结构

组织协调工作量也增多。因为没有 CM 单位对 GMP 责任，业主承担的风险也会增加。

2) CM 单位的身份是业主的代理，它将不直接从事施工活动，与分包商也没有合同关系，因此 CM 单位不承担 GMP 责任，它的风险较小。CM 单位将不向业主收取 CMfee。

3) CM 单位和非代理型一样，在设计阶段就介入项目，与设计单位的协调关系也相同。CM 单位要协助业主主持施工招标工作，在施工阶段管理和协调各个分包商。

代理型 CM 和非代理型 CM 的最大区别在于 CM 单位是否与分包商签订分包合同。

4　工程项目组织与组织协调

项目组织是实现有效的项目管理的前提和保障。项目组织管理是项目管理的首要职能，其他各项管理职能都要依托组织机构去执行，管理的效果以组织为保障。组织协调应能排除障碍、解决矛盾、保证项目目标的顺利实现。

4.1　工程项目组织概述

4.1.1　组织的含义

“组织”一词可以作为名词来理解也可以作为动词来理解。作为名词时是指组织机构，它原本是生物学中的概念，是指机体中构成器官的单位，是由许多形态和功能相同的细胞按一定的方式结合而成的。这一意义被引伸到社会经济系统中，是指按照一定的宗旨和系统建立起来的集体。我们工作中的组织正是这种意义上的组织，它们是构成整个社会经济系统的基本单位。组织作为动词来理解时，是指一种活动的过程，即安排分散的人或事物使之具有一定的系统性或整体性。在这一过程中，体现了人类对自然的改造。管理学中的组织职能，是上述两种含义的有机结合而产生和起作用的。首先，作为一种机构形式，组织是为了使系统达到它的特定目标，使全体参加者经分工与协作以及设置不同层次的权力和责任制度而构成的一种人的组合。它可以理解为：①它是人们具有共同目标的集合体；②它是人们相互影响的社会心理系统；③它是人们运用知识和技术的技术系统；④它是人们通过某种型式的结构关系而共同工作的集合体。其次，作为一种活动过程，它是指为达到某一目标而协调人群活动的一切工作。作为一种活动的过程，组织的对象是组织内各种可调控的资源。组织活动就是为了实现组织的整体目标而有效配置各种资源的过程。

在此概念的基础上组织理论出现了两个相互联系的研究方向，即组织结构和组织行为。组织结构侧重于组织的静态研究，以建立精干、合理、高效的组织结构为目的；组织行为侧重于组织的动态研究，以建立良好的人际关系保证组织的高效运行为目的。

4.1.2　项目组织的特点

由于项目的特点决定了项目组织和其他组织相比具有许多不同的特点，这些特点对项目的组织设计和运行有很大的影响。

1. 项目组织的一次性

项目过程是一次性任务，为了完成项目目标而建立起来的项目组织也具有一次性。项目结束或相应项目任务完成后，项目组织就解散或重新组成其他项目组织。

2. 项目组织的类型多、结构复杂

由于项目的参与者比较多，他们在项目中的地位和作用不同，而且有着各自不同的经营目标，这些单位对项目进行管理，形成了不同类型的项目管理。不同类型的项目管理，由于组织目标不同，它们的组织形式也不同，但是为了完成项目的共同目标，这些组织形式应该相互适应。

为了有效地实施项目系统，项目的组织系统应该和项目系统相一致，由于项目系统比较复杂，导致项目组织结构的复杂性。在同一项目管理中可能用不同的组织结构形式组成一个复杂的组织结构体系，例如某个项目的监理组织，总体上采用直线制组织形式，而在部分子项目中采用职能制组织形式。项目组织还要和项目参与者的单位组织形式相互适应，这也会增加项目组织的复杂性。

3. 项目组织的变化较大

项目在不同的实施阶段，其工作内容不一样，项目的参与者也不一样，同一参与者，在项目的不同阶段的任务也不一样。因此，项目的组织随着项目的不同实施阶段而变化。

4. 项目组织与企业组织之间关系复杂

在很多的情况下项目组织是企业组建的，它是企业组织的组成部分。企业组织对项目组织影响很大，从企业的经营目标、企业的文化到企业资源、利益的分配都影响到项目组织效率。从管理方面看企业是项目组织的外部环境，项目管理人员来自企业，项目组织解体后，其人员回企业。对于多企业合作进行的项目，虽然项目组织不是由一个企业组建，但是它依附于企业，受到企业的影响。

4.1.3 工程项目组织结构的影响因素

影响工程项目组织的因素可以分为两类，即外部因素和内部因素。

1. 影响项目组织的外部因素

(1) 国际通行的项目管理方法与惯例。工程项目管理在国外受到了极大的重视，项目管理的理论与实践也相对比较先进，随着社会经济交流与合作的开展，在项目管理方面逐渐形成了大家共同认可及遵守的国际惯例。这些国际惯例无论在形式上，还是内容上对我们在确定项目管理组织结构时都将产生相当大的影响。

(2) 国家经济管理环境和与项目相关的管理制度。国家的宏观经济政策以及政府对工程项目实施的监督管理，在项目组织机构的选择与确定时都应予以认真考虑。

(3) 工程项目的投资与融资模式。项目的投资与融资模式是决定工程项目组织结构的重要决定因素。如 BOT（Build Operate Transfer）、PPP（Public-private Partnership）等模式，均具有独特的项目管理组织形式。

(4) 项目的经济合同关系与形式。在确定项目管理的组织形式时要注意项目的经济合同关系，即是总包合同还是分包合同，是合作关系还是委托关系，具体到哪类性质的委托关系；项目的合同形式主要是指在付款方式上是总价合同、单价合同、成本加酬金合同等。这些合同的形式与关系在确定项目组织结构时都是必须考虑的。

2. 影响项目组织的内部因素

(1) 公司内对项目运作的理念与企业文化。公司的理念与文化对项目组织形式的影响表面上看是潜在的与无形的，但是结果却是有形的与远大的。公司的价值观念、员工的敬业程度，团队精神的状况等在项目组织结构的形成过程中发挥着巨大的影响力。

(2) 公司的组织管理模式与制度。透彻分析项目所在公司的管理模式与制度是构建项目组织的重要前提。项目组织结构形式有时实际上是公司的管理模式与制度在某一项目管理中的具体体现。

(3) 项目管理的范围、种类、性质和影响力。不同的项目管理范围、种类、性质和影响力，是在选择和确定项目管理组织形式时必须考虑的重要因素。

(4) 项目内部的资源因素。各种资源尤其是人力资源是项目组织设计的重要约束条件。

4.2 工程项目组织结构设计

1. 组织结构的作用

所谓组织结构是指组织内部各构成部分和各部分间所确立的较为稳定的相互关系和联系方式。组织结构的主要作用有：

(1) 组织结构是一切协调活动的前提和基础。组织结构是促成管理绩效产生的工具，没有组织结构一切协调活动都不可能有效地进行。

(2) 组织结构确定了正式关系与职责的形式，形成了组织的责任体系。组织成员的职责和责任的分派直接与组织结构有关，组织结构规定职位、职责，是责任的分配和确定的基础。管理是以机构和人员职责的分派和确定为基础，对组织成员的评价也是以职责为基础的。责任体系是责、权、利系统的核心。

(3) 组织结构确定了一定的权力系统。组织结构与职权形态之间存在着直接的相互关系。组织结构与职位以及职位间关系的确立密切相关，为职权关系提供了一定的格局。没有组织结构，就没有职权结构，也就没有权力的运用，不能形成权力系统。

(4) 组织结构形成信息沟通体系。信息沟通是组织力形成的重要因素。信息产生在组织的活动中，上级需要下级的信息作为决策的基础，越是高层领导越需要信息，有了充分的信息才能进行有效的决策；下级需要上级的指令、指导性和其他信息来执行行动；同级不同部门之间为了相互协调而需要横向的信息传递。快捷、真实的信息传递是组织活动高效的前提。组织结构形式决定了信息传递的路径和方式，形成组织信息沟通体系。

工程项目管理的组织结构建立是项目管理的重要内容，项目管理的组织结构是项目管理取得成效的前提和保障。

2. 组织结构的构成因素

组织结构由管理层次、管理跨度、管理部门、管理职责四个因素组成。这些因素相互联系、相互制约。在进行组织结构设计时，应考虑这些因素之间的平衡与衔接。

(1) 合理的管理层次

管理层次是指从最高管理者到最低层操作者的等级层次的数量。合理的层次结构是形成合理的权力结构的基础，也是合理分工的重要方面。管理层次多，信息传递就慢，而且会失真。层次越多，所需要的人员和设备就越多，协调的难度越大。

(2) 合理的管理跨度

管理跨度也称管理幅度，是指一个上级管理者能够直接管理的下属的人数。跨度大，管理的人员的接触关系增多，处理人与人之间关系的数量随之增大，他所承担的工作量也增多。法国管理顾问格兰丘纳斯在 1933 年首先提出了通过计算一个管理者所直接涉及的工作关系数来计算他所承担的工作量的模型：

$$C = N(2^{N-1} + N - 1)$$

式中 C——可能存在的工作关系数；

N——管理幅度。

通过这个模型，我们可以发现，管理者所管理的下属人数按算术级数增加时，该管理者所直接涉及的工作关系数则呈几何级数增加。当 $N = 2$ 时，$C = 6$，当 $N = 8$ 时，$C = 1080$。所以跨度太大时，管理者所涉及的关系数太多，所承担的工作量过大，而不能进行有效的管理。

管理跨度与管理层次相互联系、相互制约，二者成反比例关系，即管理跨度越大，则管理层次越少；反之，管理跨度越小，则管理层次越多。合理地确定管理跨度，对正确设置组织等级层次结构具有重要的意义。确定管理跨度的最基本原则是最终使管理人员能有效的领导、协调其下属的活动。确定管理跨度应考虑以下几个影响因素：

1) 管理者所处的层次的高低。一般处于较高管理层次的管理者，应有较小的管理跨度，而处于较低管理层次的管理者可以有较大的管理跨度。

2) 被管理者素质的高低。下属的素质越高，处理上下级关系所需的时间和次数就越少。具有高度责任感、受训良好的下属不但能少费上级管理者的时间，而且接触的次数也少，可以设置较宽的管理跨度。

3) 工作性质。工作性质复杂就应设置较窄的管理跨度，相反，完成简单的工作，则可以设置较宽的管理跨度。因为面对复杂的工作，管理者需要与其下属之间保持经常的接触和联系，一起探讨完成工作的方法和措施，所以只能设置较窄的管理跨度。

4) 管理者的意识。对授权意识较强的管理者，可以设置较宽的管理跨度，这样可以充分发挥下属的积极性，使他们能从工作中得到满足。

5) 组织群体的凝聚力。对具有较强的群体凝聚力的组织，即使设置较宽的管理跨度，也可以满足管理和协调的需要，而群体凝聚力较弱的组织则应设置较窄的管理跨度。

此外，确定管理跨度还应考虑空间因素、组织环境、管理现代化程度以及组织信息传递方式等因素的影响。

(3) 部门的划分

部门的划分是将完成组织目标的总任务划分为许多具体的任务，然后把性质相似或具有密切关系的具体工作合并归类，并建立起负责各类工作的相应管理部门，并将一定的职责和权限赋予相应的单位或部门。部门的划分应满足专业分工与协作的要求。部门划分有多种方法，如按职能划分、按产品划分、按地区划分、按顾客划分、按市场渠道划分等。项目管理组织常用的是按职能划分和按产品划分两种。

1）按职能划分。按职能划分就是按照为实现组织目标所需做的各项工作的性质和作用，把性质相同的或相似的具体工作归并为一个专门的单位负责。如建立计划、财务、技术、劳务、机械设备、材料、合同等部门。按职能划分是一种合乎逻辑并经过时间考验的方法，最能体现专业化分工的原则，因而有利于提高人力的利用效率。但是，按这种方法划分的部门，由于具有相对独立性，容易造成各部门之间的不协调，各部门往往只强调本部门的目标的重要性而忽视组织的整体目标，而且由于协调功能较差，当组织环境变化时，应变能力较差。

2）按产品划分。按产品划分就是以某种产品为中心，将为实现管理目标所需做的一切工作，按是否与该产品有关而进行分类，与同一产品或服务有关的工作都归为一个部门。在这些产品部门下还可以按职能进一步划分职能部门。这种划分方法的优点是，有利于使用专用设备，部门内部的协调也比较容易，管理绩效的评价比较容易，有助于激发各个部门的主动性和创造性。缺点是，由于机构的重叠造成管理资源的浪费；由于部门独立性较强难以做到统一指挥。

(4) 管理职责

职责是责、权、利系统的核心。职责的确定应目标明确，有利于提高效率，而且应便于考核。为了达到这个目标，在明确职责时应坚持专业化的原则，这样有利于提高管理的效率和质量。同时应授予与职责相应的权力和利益，以保证和激励部门完成其职责。

3. 组织结构设计的原则

工程项目的组织结构设计，关系到项目管理的成败，所以项目组织结构的设计应遵循一定的组织原则：

(1) 目的性原则

从“一切为了确保项目目标实现”这一根本目标出发，因目标而设事，因事而设人、设机构、分层次，因事而定岗定责，因责而授权。这是组织设计应遵循的客观规律，颠倒这种规律或离开项目目标，就会导致组织的低效或失败。

(2) 集权与分权统一的原则

集权是指把权力集中在上级领导的手中，而分权是指经过领导的授权，将部分权力分派给下级。在一个健全的组织中不存在绝对的集权，绝对的集权意味着没有下属主管，也不存在绝对的分权，绝对的分权意味着上级领导职位的消失，也就不存在组织了。合理的分权既可以保证指挥的统一，又可以保证下级有相应的权力来完成自己的职责，能发挥下级的主动性和创造性。为了保证项目组织的集权与分权的统一，授权过程应包括确定预期的成果、委派任务、授予实现这些任务所需的职权，以及行使职责使下属实现这些任务。

(3) 专业分工与协作统一的原则

分工就是为了提高项目管理的工作效率，把为实现项目目标所必须做的工作，按照专业化的要求分派给各个部门以及部门中的每个人，明确他们的目标、任务、该干什么和怎样干。分工要严密，每项工作都要有人负责，每个人负责他所熟悉的工作，这样才能提高效率。

分工要求协作，组织中只有分工没有协作，组织就不能有效运行。为了实现分工协作的统一，组织中应明确部门和部门内部的协作关系与配合方法，各种关系的协调应尽量规范化、程序化。

(4) 管理跨度与层次的原则

适当的管理跨度，加上适当的层次划分和适当的授权，是建立高效率组织的基本条件。在建立项目组织时，每一级领导都要保持适当的管理跨度，以便集中精力在职责的范围内实施有效的领导。

(5) 系统化管理的原则

这是由于项目的系统性所决定的。项目是一个开放的系统，是由众多的子系统组成的有机整体，这就要求项目组织也必须是一个完整的组织结构系统，否则就会出现组织和项目系统之间的不匹配，不协调。

(6) 弹性结构原则

现代组织理论特别强调组织结构应具有弹性，以适应环境的变化。所谓弹性结构，是指一个组织的部门结构、人员职责和工作职位都是可以变动的，保证组织结构能进行动态的调整，以适应组织内外部环境的变化。工程项目是一个开放的复杂系统，它以及它所处的环境的变化往往较大，所以弹性结构原则在工程项目组织结构设计中的意义很大，项目组织结构应能满足由于项目以及项目环境的变化而进行动态调整的要求。

(7) 精简高效原则

项目组织结构设计应该把精简高效的原则放在重要的位置。组织结构中的每个部门、每个人和其他的组织要素为了一个统一的目标，组合成最适宜的结构形式，实行最有效的内部协调，使决策和执行简捷而正确，减少重复和扯皮，以提高组织效率。在保证必要职能的履行前提下，尽量简化机构，这也是提高效率的要求。

4. 项目组织结构设计的程序

在设计组织结构时，可按以下的程序进行（见图4-1）：

(1) 确定项目管理目标

项目管理目标是项目组织设立的前提，明确组织目标是组织设计和组织运行的重要环节之一。项目管理目标取决于项目目标，主要是工期、质量、成本三大目标。这些目标应分阶段根据项目特点进行划分和分解。

(2) 确定工作内容

根据管理目标确定为完成目标所必须完成的工作，并对这些工作进行分类和组合，在进行分类和组合时，应以便于目标实现为目的，考虑项目的规模、性质、复杂程度以及组织人员的技术业务水平、组织管理水平等因素。

(3) 选择组织结构形式、确定岗位职责、职权

根据项目的性质、规模、建设阶段的不同，可以选择不同的组织结构形式以适应项目管理的需要。组织结构形式的选择应考虑有利于项目目标的实现，有利于决策和执行，有

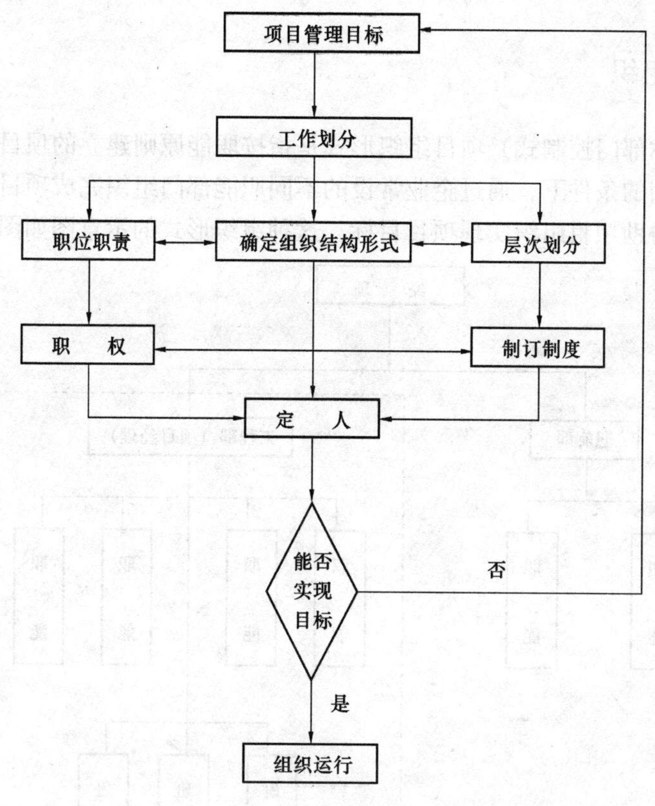

图 4-1 组织结构设置程序示意图

利于信息的沟通。根据组织结构形式和例行性工作确定部门和岗位以及它们的职责，并根据职权一致的原则确定他们的职权。

(4) 设计组织运行的工作程序和信息沟通的方式

以规范化、程序的要求确定各部门的工作程序，规定它们之间的协作关系和信息沟通方式。

(5) 人员配备

按岗位职务的要求和组织原则，选配合适的管理人员，关键是各级部门的主管人员。人员配备是否合理直接关系到组织能否有效运行、组织目标能否实现。根据授权原理将职权授予相应的人员。

4.3 工程项目的组织形式

组织结构形式是组织的模式，是组织各要素相互联结的框架的形式。项目组织形式可按组织结构和项目组织与企业组织联系方式分类。按组织结构分类时，项目组织形式常见的有：直线制、职能制、直线职能制、矩阵制、事业部制等。按项目组织与企业组织联系方式分类时，项目组织的常见形式有：职能式（部门控制式）、纯项目式、矩阵式等。

4.3.1 职能式组织

职能式（也称部门控制式）项目组织形式是指按职能原则建立的项目组织。它是在不打乱企业现行建制的条件下，通过企业常设的不同职能部门组织完成项目。其他部门边发挥各自的职能边协助项目组织实现项目目标。这种组织形式的示意图如图 4-2 所示。

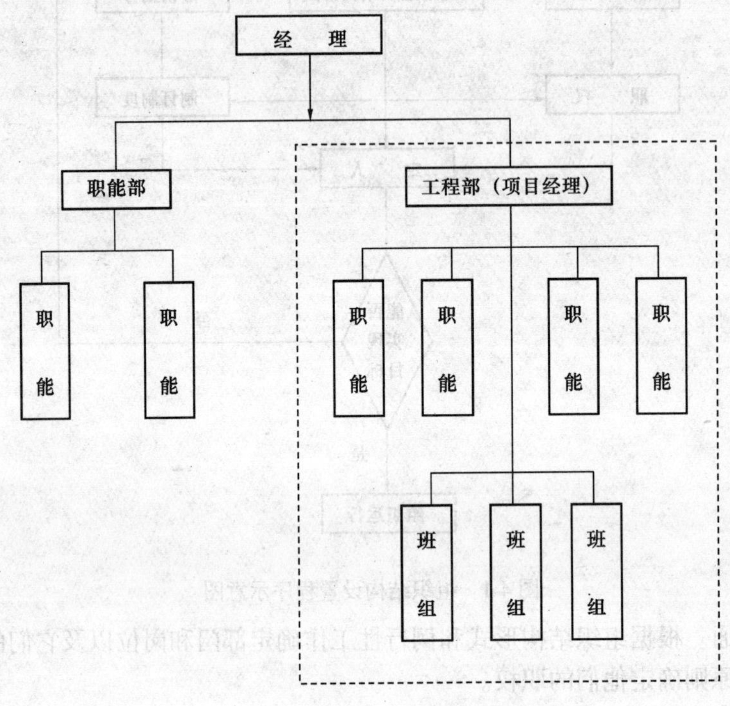

图 4-2 部门控制式项目组织形式

这种组织形式的优点是：由于将项目委托给企业某一部门组织，不需要设立专门的组织机构，所以项目的运转启动时间短；职责明确，职能专一，关系简单，便于协调；由于组织成员有长期的合作关系，人际关系协调容易，可以充分发挥人才的作用；项目经理无需专门的培训就容易进入状态。

其缺点是：不能适应大型复杂项目或涉及多个部门的项目，因而局限性较大；原组织职能和项目工作要求差别较大时，需要较长的熟悉时间；不利于精简机构。

这种组织形式一般适用于小型或单一的、专业性较强、不需要涉及许多部门的项目。

4.3.2 纯项目式组织

这种组织形式也称工作队式组织形式，是指从现有的组织中选拔项目所需要的各种人员，组成项目组织。首先有公司任命项目经理，再由项目经理负责从企业内部招聘或抽调人员组成项目管理班子，然后抽调施工队伍，组成工程队。所有项目组织成员在项目建设期间，中断与原部门组织的领导和被领导关系，原单位负责人只负责业务指导及考察，不得随意干预其工作或调回人员。项目结束后项目组织撤消，所有人员仍回原部门和岗位。其示意图如图 4-3 所示。

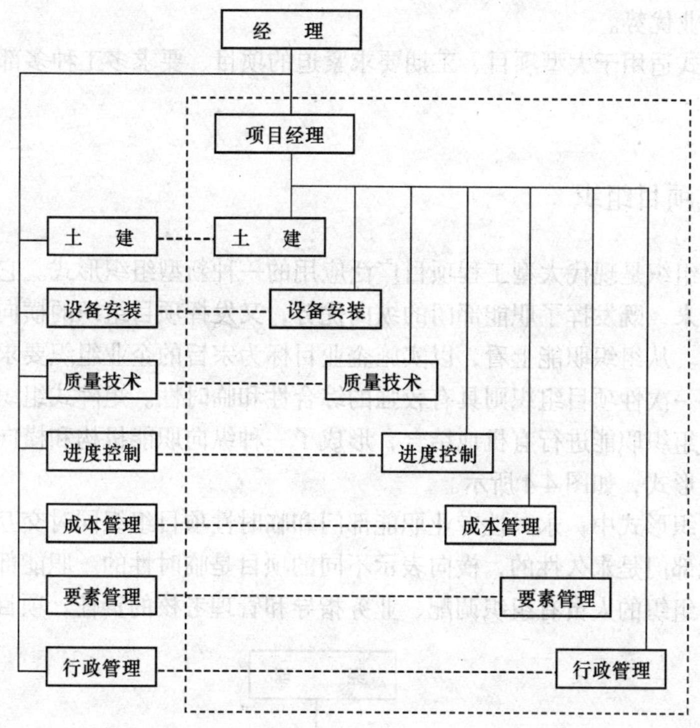

图 4-3　工作队式项目组织形式

1. 这种组织形式的主要优点

(1) 项目经理权利集中，可以及时决策，指挥方便，有利于提高工作效率。

(2) 项目经理从各个部门抽调或招聘的是项目所需要的各类专家，他们在项目管理中可以相互配合、相互学习、取长补短，有利于培养一专多能的人才并充分发挥其作用。

(3) 各种专业人才集中在一起，减少了等待或扯皮的时间，解决问题快，办事效率高。

(4) 由于减少了项目组织与企业职能部门的结合部，使协调关系减少，同时弱化了项目组织与企业组织部门的关系，减少或避免了本位主义和行政干预，有利于项目经理顺利地开展工作。

2. 该组织形式的主要缺点

(1) 各类人员来自不同的部门，具有不同的专业背景，缺乏合作经验，难免配合不当。

(2) 各类人员集聚在一起，但在同一时期内他们的工作量可能有很大的差别，因此很容易造成忙闲不均，从而导致人员的浪费。对专业人才，企业难以在企业内进行调剂，往往导致企业的整体工作效率的降低。

(3) 项目管理人员长期离开原单位，离开他们所熟悉的工作环境，容易生产临时观念和不满情绪，影响积极性的发挥。

(4) 专业职能部门的优势无法发挥，由于同一专业人员分散在不同的项目上，相互交流困难，职能部门无法对他们进行有效的培训和指导，影响各部门的数据、经验和技术积累，难于形成专业优势。

这种组织形式适用于大型项目、工期要求紧迫的项目、要求多工种多部门密切配合的项目。

4.3.3 矩阵式项目组织

矩阵式项目组织是现代大型工程项目广泛应用的一种新型组织形式。它把职能原则和对象原则结合起来，既发挥了职能部门的纵向优势，又发挥项目组织的横向优势，形成了独特的组织形式。从组织职能上看，以实施企业目标为宗旨的企业组织要求专业化分工并且长期稳定，而一次性项目组织则具有较强的综合性和临时性。矩阵式组织形式能将企业组织职能与项目组织职能进行有机地结合，形成了一种纵向职能机构和横向项目机构相互交叉的“矩阵”形式，如图 4-4 所示。

在矩阵式组织形式中，永久性专业职能部门和临时性项目组织同时交互起作用。纵向表示不同的职能部门是永久性的，横向表示不同的项目是临时性的。职能部门的负责人对本部门参与项目组织的人员有组织调配、业务指导和管理考核的责任。项目经理将参加本

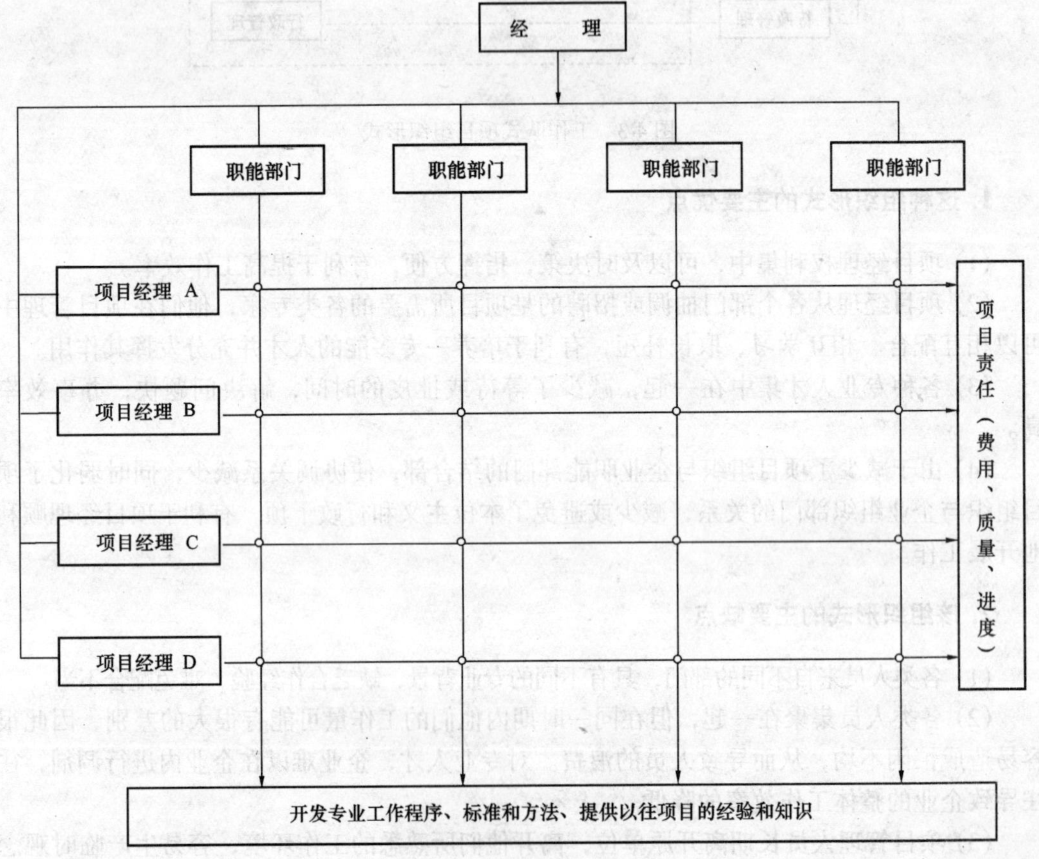

图 4-4　矩阵式组织形式

项目的各种专业人员按项目实施的要求有效地组织协调在一起，为实现项目目标共同配合工作，并对他们负有领导责任。矩阵式组织中的每个成员，都应接受原职能部门负责人和项目经理的双重领导，他们参加项目从某种意义上说只是“借”到项目上，既接受项目经理的领导又接受原职能部门负责人的领导。在一般情况下，部门负责人的控制力大于项目经理的控制力。部门负责人有权根据不同项目的需要和工作强度，将本部门专业人员在项目之间进行适当调配，使专业人员可以同时为几个项目服务，避免某种专业人才在一个项目上闲置而在另一个项目上又奇缺的现象，大大提高人才的利用率。项目经理对参加本项目的专业人员有控制和使用的权力，当感到人力不足或某些成员不得力时，他可以向职能部门请求支持或要求调换，没有人员包袱。在这种体制下，项目经理可以得到多个职能部门的支持，但为了实现这些合作和支持，要求在纵向和横向有良好的沟通与协调配合，从而对整个企业组织和项目组织的管理水平和工作效率提出更高的要求。

1. 矩阵式组织形式的主要优点

(1) 兼有职能部门制和工作队式两种组织形式的优点。它把职能原则和对象原则有机地结合起来，既发挥了纵向职能部门的优势，又发挥了横向项目组织的优势，解决了传统组织模式中企业组织和项目组织相互矛盾的难题，增强企业长期例行性管理和项目一次性管理的统一性。

(2) 能有效的利用人力资源。它可以通过职能部门的协调，将一些项目上闲置的人才及时转到急需项目上去，实现以尽可能少的人力实施多个项目管理的高效率，使有限的人力资源得到最佳的利用。

(3) 有利于人才的全面培养。它既可以使不同知识背景的人在项目组织的合作中相互取长补短，在实践中拓宽知识面，有利于人才的一专多能，又可以充分发挥纵向专业职能集中的优势，使人才的成长有深厚的专业训练基础。

2. 主要的缺点

(1) 双重领导。矩阵式组织中的成员要接受来自横向、纵向领导的双重指令。当双方目标不一致或有矛盾时，会使当事人无所适从。当出现问题时，往往会出现相互推委，无人负责的现象。

(2) 管理要求高，协调较困难。矩阵式组织形式对企业管理和项目管理的水平、领导者的素质、组织机构的办事效率、信息沟通渠道的畅通等均有较高的要求。由于矩阵式组织的复杂性和项目结合部的增加，往往导致信息沟通量的膨胀和沟通渠道的复杂化，致使信息梗阻和信息失真的增加，这就使组织关系协调更困难。

(3) 经常出现项目经理的责任与权力不统一的现象。在一般情况下职能部门对项目组织成员的控制力大于项目经理的控制力，导致项目经理的责任大于权力，工作难以开展。项目组织成员受到职能部门的控制，所以凝聚在项目上的力量减弱，使项目组织的作用发挥受到影响。同时，管理人员同时身兼多职的管理多个项目，难以确定管理项目的前后顺序，有时会顾此失彼。

矩阵式组织形式主要适用于大型复杂项目；公司同时承担多个项目；当公司对人工利用率要求高时的项目。

4.4 工程项目组织协调

项目组织协调是提高项目组织运行效率的重要措施，是项目成功的关键因素之一。从组织系统角度看，项目组织的协调可分为项目组织内部关系协调和组织系统外部的协调，组织系统外部的协调，根据项目组织与外部联系的程度又可分为近外层协调和远外层协调。近外层协调是指项目直接参与者之间的协调，远外层的协调是指项目组织与间接参与者以及其他相关单位的协调。承包商的组织协调范围如图 4-5 所示。

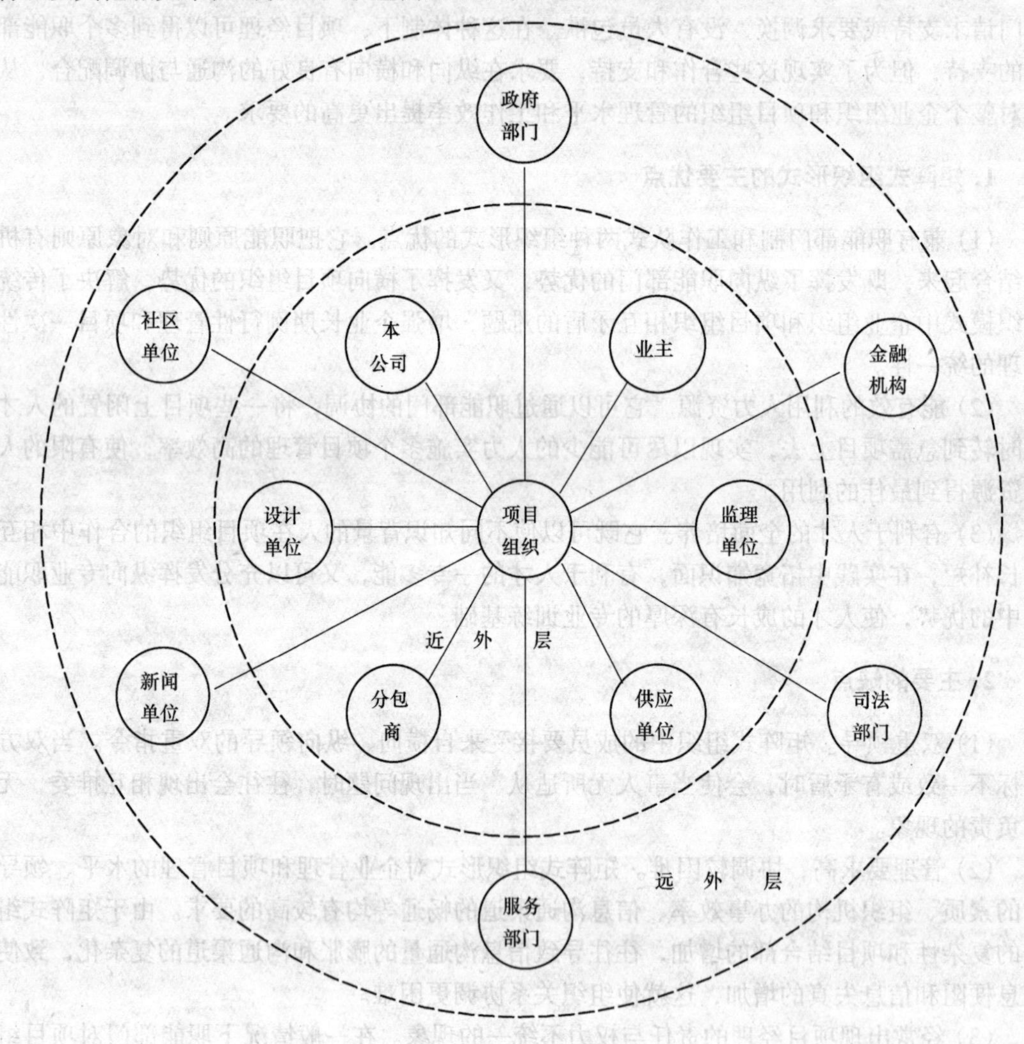

图 4-5 组织协调范围示意图

4.4.1 项目组织内部关系的协调

项目组织关系有多种，项目组织内部关系的协调也有多方面的内容，主要包括，项目组织内部人际关系的协调、项目组织内部组织关系的协调、项目组织内部需求关系的协调等。

1. 项目组织内部人际关系的协调

人是项目组织中最重要最活跃的要素，组织的运行效率，很大程度上取决于人际关系的协调程度。为了顺利地完成工程项目目标，项目经理应该十分注意项目组织内部人际关系的协调。

项目组织内部人际关系协调的内容多而复杂，因此协调的方法也是多种多样的，为了做好项目组织内部人际关系的协调工作，应该注意以下工作：

(1) 正确对待员工，重视人的能力建设。正确对待员工是搞好项目人际关系协调的基础。项目管理者要以新的管理理念来协调项目内部的人际关系，不要把人只看成是项目管理的基本要素之一，这种以“经济人”假设为基础和前提的物本管理，见物不见人，强调的是对人的经济和物质鼓励，把协调工作简单化。在项目管理实践中应既要把人看作“社会人”以人为本，以行为科学的理论指导协调工作，又要把人看成是“能力人”，以能力为本，大力开发人力资源，营造一个能发挥创造能力的环境，充分调动人的创造能力和智力，为实现项目目标服务。

(2) 重视沟通工作。沟通是协调各个体、各个要素，使项目成为一个整体的凝聚剂。每个工程项目都由许多人组成，项目每天的活动也由许许多多的具体工作所构成，由于各个体的地位、利益和能力的不同，他们对项目的目标的理解、所掌握的信息也不同，这就使得各个体的目标有可能偏离项目目标，甚至完全相背，这就需要相互交流意见，统一思想认识，自觉地协调各个体的工作，以保证项目目标的完成。没有沟通就没有协调，也就不可能完成项目目标。

(3) 做好激励工作。激励是协调工作的重要内容。在项目中每个员工都有自己的特性，他们的需求、期望、目标等都各不相同，项目管理者应根据激励理论，针对部下的不同特点采用不同的方法进行激励。在工程项目中常用的方法主要有工作激励、成果激励、批评激励和教育培训激励。工作激励是通过分配恰当的工作来激发员工的内在的工作热情；成果激励是指通过在正确评估工作成果的基础上给员工以合理的奖惩，以保证员工行为的良性循环；批评激励是指通过批评来激发员工改正错误行为的信心和决心；教育培训激励是指思想教育、技术和能力培训等手段，通过提高员工的素质来激发其工作热情。

(4) 及时处理各种冲突。冲突是指由于某种差异而引起的抵触、争执或争斗的对立状态。员工之间由于利益、观点、掌握的信息以及对事件的理解都可能存在差异，有差异就有可能引起冲突。这种冲突在很多情况下有一个过程，项目管理者要及时处理好各种冲突，以减少由于冲突所造成的损失。

2. 项目组织内部组织关系的协调

项目组织是由若干个子系统组成的系统。每个子系统都有自己的目标和任务，并按规定的和自定的方式运行。组织内部关系的协调的目的是，使各个子系统都能从项目组织整体目标出发，理解和履行自己的职责，相互协作和支持，使整个组织系统处于协调有序的状态，以保证组织的运行效率。因此，项目经理应当用很大的精力进行组织关系的协调。

组织关系协调的工作很多，但主要是解决项目组织内部的分工与协作问题，可以从以下几个方面入手：

(1) 合理地设置组织机构和岗位。根据组织设计原则和组织目标，合理地设置组织机构和岗位，既要避免机构重叠，人浮于事，又要防止机构不全、缺人少物的情况出现。

(2) 明确每个机构和岗位的目标职责和合理的授权，建立合理的责权利系统。根据项目组织目标和工作任务来确定机构和岗位的目标职责，并根据职责授权，建立执行、检查、考核和奖惩制度。

(3) 建立规章制度，明确各机构在工作中的相互关系。通过制度明确各个机构和人员的工作关系，规范工作程序和评定标准。

(4) 建立信息沟通制度。信息沟通是消除不协调、达到相互配合的前提，项目组织应该通过组织关系建立正常的信息沟通制度，使项目的信息沟通得到基本保证。项目组织内部信息沟通的方式灵活多样，项目组织既要注意通过制度明确的正式信息沟通，又要注意各种非正式的信息沟通，倡导相互主动信息沟通。

(5) 建立良好的组织文化。

(6) 及时消除工作中的不协调现象。项目系统比较复杂，影响因素多，各种利益关系复杂，在实施过程中不可避免的存在各种不协调现象，这些不协调的现象可能随着项目的进一步展开，诱发各种严重的矛盾或冲突，导致组织的无序。因此，项目经理应该注意及时消除各种不协调现象，防止产生严重的后果。

3. 项目内部需求关系的协调

在工程项目实施过程中，组织内部的各个部门为了完成其任务，在不同的阶段，需要各种不同的资源，如对人员的需求、材料的需求、设备的需求、能源动力的需求、配合力量的需求等。工程项目始终是在有限资源的约束条件下实施，因此搞好项目组织内部需求关系，既可以合理使用各种资源，保证工程项目建设的需要，又可以充分地提高组织内部各部门的积极性，保证组织的运行效率。

大型项目的需求关系复杂，协调工作量大，在实际工作中需要注意以下重点环节：

(1) 计划环节。项目内部需求关系协调的目的是解决各种资源的供求平衡和均衡配置问题，而搞好供求平衡和均衡配置的关键在于计划环节。工程项目的不同实施阶段，组织内部的各个部门对资源的需求不同，为了搞好需求关系的协调，首先应该在项目的总体目标和资源约束条件下，编制各种资源的需求计划，并严格按计划来供应各种资源。各种资源供应计划既是资源的供应依据，也是供求关系是否平衡的评价标准。抓计划环节，要注意计划在期限上的及时性、规格上的明确性、数量上的准确性、质量上的规定性，以充分发挥计划的指导性。

(2) 瓶颈环节。工程项目在实施过程中，项目的内部环境和外部环境千变万化，由于这些变化导致某些环节受到人力、材料、设备、技术等资源的限制或人为的影响而成为影响整个项目实施的瓶颈环节。这些环节是主要矛盾，是对项目全局产生较大影响的关键性环节，协调好这些环节可以为整个项目的需求平衡创造条件。因此，在协调中抓瓶颈环节，就是抓重点和关键。

(3) 调度环节。工程项目的实施需要土建、机械化施工、机电安装、材料供应等各个专业工种的交替进行或配合进行。为了保证各工种能合理衔接、密切配合，就应该注意做好调度工作。通过调度，使各种配合力量及时到位，保证项目的顺利实施。

4.4.2 项目组织近外层关系的协调

不同类型的项目管理，其项目组织与近外层关系协调的工作内容不同，但协调的原理和方法是相似的。下面以承包商的项目组织为例说明项目组织与近外层的关系协调。施工承包商的项目组织的近外层关系协调的主要工作包括：与本公司关系的协调，与业主关系的协调，与监理单位的协调，与设计单位的协调，与供应单位的协调和与分包单位的协调等。

1. 项目组织与本公司关系的协调

项目组织是项目经理受公司的委派，为了完成项目的目标而建立的工作体系。在管理角度看，项目组织是公司内部的一个管理层次，要接受公司的检查、指导和监督、控制。从合同关系看，项目组织往往和公司签订内部承包合同，是平等的合同关系。项目组织与本公司的关系协调的主要工作如下：

(1) 经济核算关系的协调。项目成本核算是项目管理的基本特征之一。项目组织作为公司一个相对独立的核算单位，应根据公司的核算制度、方法、资金有偿使用制度，负责整个工程项目的财务收支和成本核算工作。核算的结果应真实反映项目组织的经营成果。

(2) 材料供应关系协调。公司与项目的材料供应关系常见有三种方式。一是统一供应。工程项目所需的建筑材料、钢木门窗及构配件、机电设备，由项目经理部按工程用料计划与公司材料供应部门签订供需合同，材料供应部门根据合同向项目经理部派出管理机构，实行加工、采购、运输、管理一体化服务。二是项目组织单独供应。由项目组织的材料采购部门根据项目材料需用计划、材料采购计划与材料供应商签订供需合同，由材料供应商直接供料。三是混合供应。项目上需要的材料一部分由公司供应，一部分由项目组织直接向市场采购。

(3) 周转料具供应关系的协调。工程项目所需机械设备及周转性材料，主要由公司供应部门供应，部分机械设备及周转性材料由项目组织向物资租赁市场租赁使用。设备进入项目施工现场后由项目组织统一管理使用。

(4) 预算关系协调。工程项目的预算和结算是公司与项目组织应该密切配合、认真做好的一件重要工作，项目组织的预算人员要和公司预算管理部门分工合作，及时做好预算和结算。

(5) 技术、质量、安全、测试等工作关系的协调。公司对项目组织的管理方式不同，这些工作的协调关系也不同，一般是由公司通过业务管理系统，对项目实施的全过程进行的监控、检查、考核、评比和严格的管理。

(6) 计划统计关系的协调。项目组织的计划统计工作应该纳入公司的计划统计工作体系，项目组织应该根据公司的规定，向公司报送项目的各种统计报表和计划，并接受公司的计划统计部门的指导、检查。

2. 项目组织与业主关系的协调

项目组织和业主对工程承包负有共同履约的责任。项目组织与业主的关系协调，不仅影响到项目的顺利实施，而且影响到公司与业主的长期合作关系。在项目实施过程中，项目组织和业主之间发生多种业务关系，实施阶段不同，这些业务关系的内容也不同，因此项目组织与业主的协调工作内容也不同。

(1) 施工准备阶段的协调

项目经理作为公司在项目上的代表人，应参与工程承包合同的洽谈和签订，熟悉各种洽谈记录和签订过程。在承包合同中应明确相互的权、责、利，业主要保证落实资金、材料、设计、建设场地和外部水、电、路，而项目组织负责落实施工必需的劳动力、材料、机具、技术及场地准备等。项目组织负责编制施工组织设计，并参加业主的施工组织审核会。开工条件落实后应及时提出开工报告。

(2) 施工阶段的协调

施工阶段的主要协调工作有：

1) 材料、设备的交验。项目组织负责提出根据合同规定应由业主提供的材料、设备的供应计划，并根据有关规定对业主提供的材料、设备进行交接验收。供应到现场的各类物资必须在项目组织调配下统一设库、统一保管、统一发料、统一加工、按规定结算。

2) 进度控制。项目组织和业主都希望工程项目能按计划进度实施。双方应密切合作，创造条件保证项目的顺利进行。项目组织应及时向业主提出施工进度计划表、月份施工作业计划、月份施工统计表等，并接受业主的检查、监督。

3) 质量控制。项目组织在进行质量控制时应注意尊重业主对质量的监督权，对重要的隐蔽工程和关键工序，如地槽及基础的质量检查，应请业主代表参加认证并签字，确认合格后方可进入下道工序。项目组织应及时向业主或业主代表提交材料报验单、进场设备报验单、施工放样报验单、隐蔽工程验收通知、工程质量事故报告等材料，以便业主或业主代表进行分析、监督和控制。

4) 合同关系。承包商和业主是平等的合同关系，双方都应真心实意共同履约。项目经理作为承包商在项目上的代表，应注意协调与业主的合同关系。对合同纠纷，首先应协商解决，协商不成才向合同管理机构申请调解、仲裁或法院审判解决。施工期间，一般合同问题切忌诉讼，遇到非常棘手的合同问题，不妨暂时回避，等待时机，另谋良策。只有当对方严重违约而使自己的利益受到重大损失时才采用诉讼手段。

5) 签证问题。在项目的施工过程中，出现工程变更和项目的增减现象是不可避免的。对较大的设计变更和材料代用，应经原设计部门签证，合同双方在根据签证文件办理工程增减，调整施工图预算。国家规定的材料、设备价格的调整等，可请业主或业主代表签证，作为工程结算的依据。

6) 收付进度款。项目组织应根据已完成工程量及收费标准，计算已完工程价值，编制“工程价款结算单”和“已完工程月报表”等送交业主代表办理签证结算。

(3) 交工验收阶段的协调

当全部工程项目或单项工程完工后，双方应按规定及时办理交工验收手续。项目组织应按交工资料清单整理有关交工资料，验收后交业主保管。

3. 项目组织与监理单位的关系协调

监理单位与承包商都属于企业的性质，都是平等的主体。在工程项目建设中，他们之间没有合同关系。监理单位之所以对工程项目建设行为具有监理的身份，一是因为业主的授权，二是因为承包商在承包合同中也事前予以承认。同时，国家建设监理法规也赋予监理单位具有监督建设法规、技术标准实施的职责。监理单位接受业主的委托，对项目组织在施工质量、建设工期和建设资金使用等方面，代表业主实施监督。项目组织必须接受监理单位的监理，并为其开展工作提供方便，按照要求提供完整的原始记录、检测记录、技术及经济资料。

4. 项目组织与设计单位关系的协调

项目组织与设计单位都是具有承包商性质的单位，他们均与业主签订承包合同，但他们之间没有合同关系。虽然他们没有合同关系，但他们是图纸供应关系，设计与施工关系，需要密切配合。为了协调好两者关系，应通过密切接触、相互信任、相互尊重、友好协商的方法。有时也可以利用业主或监理单位的中介作用，做好协调工作。

5. 项目组织与分包商关系的协调

项目组织在处理与分包商的关系时，应注意做好以下几方面工作。首先是选好分包商。为了顺利地实施项目目标，应选择具有相应资质条件的分包商，最好是选择实力较强、信誉好、曾经有过良好合作关系的分包单位。除了总包合同约定的分包外，所选择的分包商，必须经过业主的认可。其次是明确总承包单位与分包单位的责任。总承包单位与分包商应通过分包合同的形式，明确双方的责任、义务和权利。总包单位按照总承包合同的约定对业主负责，分包单位按照分包合同的约定对总承包单位负责，总承包单位和分包单位就分包工程对业主承担连带责任。第三是处理好总承包单位与分包的经济利益。第四是及时解决总分包之间的纠纷。对在项目实施过程中所发生的总分包之间的纠纷应及时解决，双方应本着相互理解的原则依据合同条款协商解决；协商解决不了时，提请主管部门调解；调解不成，可向合同仲裁机关申请仲裁或提出诉讼。

4.4.3 项目组织与远外层关系的协调

项目组织与远外层关系是指项目组织与项目间接参与者和相关单位的关系，一般是非合同关系。有些处于远外层的单位对项目的实施具有一定的甚至是决定性的控制、监督、支持、帮助作用。项目组织与远外层关系协调的目的是得到批准、许可、支持或帮助。协调的方法主要是请示、报告、汇报、送审、取证、宣传、沟通和说明等。项目组织与远外层关系的协调主要包括与政府部门、金融组织、社会团体、新闻单位、社会服务单位等单位的协调。协调这些关系没有固定的模式，协调的内容也不相同，项目组织应按有关法规、公共关系准则、经济联系规定来处理。

5 工程项目进度计划及其控制

5.1 工程项目进度控制概述

5.1.1 工程项目进度控制的概念

工程项目进度控制是指对工程项目建设各阶段的工作内容、工作程序、持续时间和衔接关系根据进度总目标及资源优化配置的原则编制计划并付诸实施，然后在进度计划的实施过程中经常检查实际进度是否按计划要求进行，对出现的偏差情况进行分析，采取补救措施或调整原计划后再付诸实施，如此循环，直到建设工程竣工验收交付使用。

进度计划是进度控制的依据，是实现工程项目工期目标的保证。因此进度控制首先要编制一个完备的进度计划。但进度计划实施过程中由于各种条件的不断变化，需要对进度计划进行不断的监控和调整，以确保最终实现工期目标。

进度控制所采取的措施主要有组织措施、技术措施、合同措施、经济措施和管理措施等。组织措施就是建立进度控制的组织系统，落实各层次的控制人员及其职责分工，建立各种有关进度控制的制度和程序。技术措施就是采用先进的进度计划编制技术和控制方法、手段保证进度控制有效进行。合同措施就是采用有利于进度目标实现的合同模式，通过签订合同明确进度控制责任，加强合同管理，以合同管理为手段保证进度目标的实现。经济措施就是保证进度计划实现所需资金，采取对工期提前给予奖励、对工期延误给予惩罚等措施。管理措施就是通过内部管理提高进度控制水平，通过管理消除或减轻各种因素对进度的影响。

5.1.2 工程项目进度控制原理

工程项目进度控制原理包括以下几点：

(1) 动态控制原理。项目的进行是一个动态的过程。因此进度控制随着项目的进展而不断进行。项目管理人员需要在项目各阶段制定各种层次的进度计划，需要不断监控项目进度并根据实际情况及时进行调整。

(2) 系统原理。项目各实施主体、各阶段、各部分各层次的计划构成了项目的计划系统，它们之间相互联系、相互影响；每一计划的制定和执行过程也是一个完整的系统。因此必须用系统的理论和方法解决进度控制问题。

(3) 封闭循环原理。项目进度控制的全过程是一种循环性的例行活动，其活动包括编制计划、实施计划、检查、比较与分析、确定调整措施、修改计划，形成了一个封闭的循环系统。进度控制过程就是这种封闭的循环系统不断运行的过程。

(4) 信息原理。信息是项目进度控制的依据，因此必须建立信息系统，及时有效地进行信息的传递和反馈。

(5) 弹性原理。工程项目工期长、体积庞大、影响因素多而复杂。因此要求编制计划时必须留有余地，使计划有一定的弹性。

5.2 工程项目进度计划

5.2.1 工程项目进度计划系统

工程项目进度计划是表达工程项目中各项工作、工序开展顺序、开始及完成时间及相互逻辑关系的计划。通过进度计划的编制，使项目实施形成一个有机整体。进度计划是进度控制的依据。为了确保工程项目进度控制目标的实现，参与工程项目建设的各有关单位都要编制进度计划，并且控制这些进度计划的实施。工程项目进度控制计划系统主要包括建设单位的计划系统、监理单位的计划系统、设计单位的计划系统和施工单位的计划系统。

1. 建设单位的计划系统

建设单位编制（也可委托监理单位编制）的进度计划包括工程项目前期工作计划、工程项目建设总进度计划和工程项目年度计划。

(1) 工程项目前期工作计划

工程项目前期工作计划是指对工程项目可行性研究、项目评估及初步设计的工作进度安排，它可使工程项目前期决策阶段各项工作的时间得到控制。工程项目前期工作计划需要在预测的基础上编制，其表式如表 5-1 所示。其中“建设性质”是指新建、改建或扩建；“建设规模”是指生产能力、使用规模或建筑面积等。

工程项目前期工作进度计划 **表 5-1**

项目名称	建设性质	建设规模	可行性研究		项目评估		初步设计	
			进度要求	负责单位 负责人	进度要求	负责单位 负责人	进度要求	负责单位 负责人

(2) 工程项目建设总进度计划

工程项目建设总进度计划是指初步设计被批准后，在编报工程项目年度计划之前，根据初步设计，对工程项目从开始建设（设计、施工准备）至竣工投产（动用）全过程的统一部署。其主要目的是安排各单位工程的建设进度，合理分配年度投资，组织各方面的协作，保证初步设计所确定的各项建设任务的完成。

工程项目建设总进度计划是编报工程建设年度计划的依据，其主要内容包括文字和表格两部分。

1）文字部分。说明工程项目的概况和特点，安排建设总进度的原则和依据，建设投资来源和资金年度安排情况，技术设计、施工图设计、设备交付和施工力量进场时间的安排，道路、供电、供水等方面的协作配合及进度的衔接，计划中存在的主要问题及采取的措施，需要上级及有关部门解决的重大问题等。

2）表格部分。主要有下述四种表格：

①工程项目一览表。工程项目一览表将初步设计中确定的建设内容，按照单位工程归类并编号，明确其建设内容和投资额，以便各部门按统一的口径确定工程项目投资额，并以此为依据对其进行管理。工程项目一览表如表5-2所示。

工程项目一览表 **表5-2**

单位工程名称	工程编号	工程内容	概算额（千元）						备 注
			合计	建筑工程费	安装工程费	设备工程费	工器具购置费	工程建设其他费用	

②工程项目总进度计划。工程项目总进度计划是根据初步设计中确定的建设工期和工艺流程，具体安排单位工程的开工日期和竣工日期。其表式如表5-3所示。

工程项目总进度计划 **表5-3**

工程编号	单位工程名称	工程量		××年				××年				……
		单位	数量	一季	二季	三季	四季	一季	二季	三季	四季	……

③投资计划年度分配表。投资计划年度分配表是根据工程项目总进度计划安排各个年度的投资，以便预测各个年度的投资规模，为筹集建设资金或与银行签订借款合同及制定分年用款计划提供依据。其表式如表5-4所示。

投资计划年度分配表 **表5-4**

工程编号	单位工程名称	投资额	投资分配（万元）					
			××年	××年	××年	××年	××年	……
…… ……								
	合计 其中： 建安工程投资 设备投资 工器具投资 其他投资							

④工程项目进度平衡表。工程项目进度平衡表用来明确各种设计文件交付日期、主要设备交货日期、施工单位进场日期、水电及道路接通日期等，以保证工程建设中各个环节相互衔接，确保工程项目按期投产或交付使用。其表式如表5-5所示。

工程项目进度平衡表 **表5-5**

工程编号	单位工程名称	开工日期	竣工日期	设计进度				设备进度			施工进度			合作配合进度				
				交付日期			设计单位	数量	交货日期	供货单位	进场日期	竣工日期	施工单位	道路通行日期	供电		供水	
				技术设计	施工图	设计单位									数量	日期	数量	日期

在此基础上，可以分别编制综合进度控制计划、设计进度控制计划、采购进度控制计划、施工进度控制计划和验收投产进度计划等。

(3) 工程项目年度计划

工程项目年度计划是依据工程项目建设总进度计划和批准的设计文件进行编制的。该计划既要满足工程项目建设总进度计划的要求，又要与当年可能获得的资金、设备、材料、施工力量相适应。应根据分批配套投产或交付使用的要求，合理安排本年度建设的工程项目。工程项目年度计划主要包括文字和表格两部分内容。

1) 文字部分。说明编制年度计划的依据和原则，建设进度、本年计划投资额及计划建造的建筑面积，施工图、设备、材料、施工力量等建设条件的落实情况，动力资源情况，对外部协作配合项目建设进度的安排或要求，需要上级主管部门协助解决的问题，计划中存在的其他问题，以及为完成计划而采取的各项措施等。

2) 表格部分。主要有下述四种表格。

①年度计划项目表。年度计划项目表将确定年度施工项目的投资额和年末形象进度，并阐明建设条件（图纸、设备、材料、施工力量）的落实情况。其表式如表5-6所示。

年度计划项目表（投资：万元；面积：m^2） **表5-6**

工程编号	单位工程名称	开工日期	竣工日期	投资额	投资来源	年初完成			本年计划							建设条件落实情况			
						投资额	建安投资	设备投资	投资			建筑面积			年末形象进度	施工图	设备	材料	施工力量
									合计	建安	设备	新开工	续建	竣工					

②年度竣工投产交付使用计划表。年度竣工投产交付使用计划表将阐明各单位工程的建筑面积、投资额、新增固定资产、新增生产能力等建筑总规模及本年计划完成情况，并阐明其竣工日期。其表式如表 5-7 所示。

年度竣工投产交付使用计划表（投资：万元；面积：m^2）　　**表 5-7**

工程编号	单位工程名称	总规模				本年计划完成				
		建筑面积	投资	新增固定资产	新增生产能力	竣工日期	建筑面积	投资	新增固定资产	新增生产能力

③年度建设资金平衡表。年度建设资金平衡表的格式如表 5-8 所示。

年度建设资金平衡表（单位：万元）　　**表 5-8**

工程编号	单位工程名称	本年计划投资	动用内部资金	储备资金	本年计划需要资金	资金来源				
						预算拨款	自筹资金	基建贷款	国外贷款	……

④年度设备平衡表。年度设备平衡表的格式如表 5-9 所示。

年度设备平衡表　　**表 5-9**

工程编号	单位工程名称	设备名称规格	要求到货		利用	自　制		已订货		采购数量
			数量	时间		数量	完成时间	数量	到货时间	

2. 监理单位的计划系统

监理单位除对被监理单位的进度计划进行监控外，自己也应编制有关进度计划，以便更有效地控制建设工程实施进度。

(1) 监理总进度计划

在对建设工程实施全过程监理的情况下，监理总进度计划是依据工程项目可行性研究报告、工程项目前期工作计划和工程项目建设总进度计划编制的，其目的是对建设工程进度控制总目标进行规划，明确建设工程前期准备、设计、施工、动用前准备及项目动用等各个阶段的进度安排。其表式如表 5-10 所示。

监理总进度计划 **表 5-10**

建设阶段	各阶段进度																
	××年				××年				××年				××年				……
	1	2	3	4	1	2	3	4	1	2	3	4	1	2	3	4	
前期准备																	
设计																	
施工																	
动用前准备																	
项目动用																	

（2）监理总进度分解计划

1）按工程进展阶段分解。包括：①设计准备阶段进度计划；②设计阶段进度计划；③施工阶段进度计划；④动用前准备阶段进度计划。

2）按时间分解。包括：①年度进度计划；②季度进度计划；③月度进度计划。

3. 设计单位的计划系统

设计单位的计划系统包括：设计总进度计划、阶段性设计进度计划和设计作业进度计划。

（1）设计总进度计划

设计总进度计划主要用来安排自设计准备开始至施工图设计完成的总设计时间内所包含的各阶段工作的开始时间和完成时间，从而确保设计进度控制总目标的实现。该计划的表式见表 5-11。

设计总进度计划 **表 5-11**

阶段名称	进度（月）															
	1	2	3	4	5	6	7	8	9	10	11	12	13	14	15	16
设计准备																
方案设计																
初步设计																
技术设计																
施工图设计																

（2）阶段性设计进度计划

阶段性设计进度计划包括：设计准备工作进度计划、初步设计（技术设计）工作进度计划和施工图设计工作进度计划。这些计划是用来控制各阶段的设计进度，从而实现阶段性设计进度目标。在编制阶段性设计进度计划时，必须考虑设计总进度计划对各个设计阶段的时间要求。

1）设计准备工作进度计划。设计准备工作进度计划中一般要考虑规划设计条件的确定、设计基础资料的提供及委托设计等工作的时间安排，计划表式见表5-12。表中的项目还可根据需要进一步细化。

设计准备工作进度计划　　表5-12

工作内容	进度（周）														
	2	4	6	8	10	12	14	16	18	20	22	24	26	28	30
确定规划设计条件															
提供设计基础资料															
委托设计															

2）初步设计（技术设计）工作进度计划。初步设计（技术设计）工作进度计划要考虑方案设计、初步设计、技术设计、设计的分析评审、概算的编制、修正概算的编制以及设计文件审批等工作的时间安排，一般按单位工程编制，其表式见表5-13。

××单位工程初步设计（技术设计）工作进度计划　　表5-13

工作内容	进度（周）																	
	1	2	3	4	5	6	7	8	9	10	11	12	13	14	15	16	17	18
方案设计																		
初步设计																		
编制概算																		
技术设计																		
编制修正概算																		
分析评审																		
审批设计																		

3）施工图设计工作进度计划。施工图设计工作进度计划主要考虑各单位工程的设计进度及其搭接关系，其表式见表5-14。

××工程施工图设计工作进度计划　　表5-14

工程名称	建筑规模	设计工日定额（工日）	设计人数	进度（天）									
				1	2	3	4	5	6	7	8	9	10
××工程													
××工程													
××工程													
××工程													
××工程													

(3) 设计作业进度计划

为了控制各专业的设计进度，并作为设计人员承包设计任务的依据，应根据施工图设计工作进度计划、单位工程设计工日定额及所投入的设计人员数，编制设计作业进度计划。其表式见表 5-15。

××工程设计作业进度计划　　表 5-15

工作内容	工日定额	设计人数	进度（天）													
			2	4	6	8	10	12	14	16	18	20	22	24	26	28
工艺设计																
建筑设计																
结构设计																
给排水设计																
通风设计																
电气设计																
审查设计																

4. 施工单位的计划系统

施工单位的计划系统可以按编制对象和时间划分。

(1) 按编制对象划分，包括：

1) 施工准备工作计划。施工准备工作的主要任务是为建设工程的施工创造必要的技术和物资条件，统筹安排施工力量和施工现场。施工准备的工作内容通常包括：技术准备、物资和施工机械准备、劳动组织准备、施工现场准备和施工场外准备。在编制施工总进度计划、单位工程施工进度计划、分部分项工程进度计划时都应该编制施工准备工作计划，以确保各层次计划的落实。其表式见表 5-16。

施工准备工作计划　　表 5-16

序号	施工准备项目	简要内容	负责单位	负责人	开始日期	完成日期	备　注

2) 施工总进度计划。施工总进度计划是根据施工部署中施工方案和工程项目的开展程序，对全工地所有单位工程作出时间上的安排。其目的在于确定各单位工程及全工地性工程的施工期限及开竣工日期，进而确定施工现场劳动力、材料、成品、半成品、施工机械的需要数量和调配情况，以及现场临时设施的数量、水电供应量和能源、交通需求量。因此，科学、合理地编制施工总进度计划，是保证整个建设工程按期交付使用、充分发挥投资效益、降低建设工程成本的重要条件。

3) 单位工程施工进度计划。单位工程施工进度计划是在既定施工方案的基础上，根据规定的工期和各种资源供应条件，遵循各施工过程的合理施工顺序，对单位工程中的各施工过程作出时间和空间上的安排，并以此为依据，确定施工作业所必需的劳动力、施工机具和材料供应计划。因此，合理安排单位工程施工进度，是保证在规定工期内完成符合质量要求的工程任务的重要前提。同时，为编制各种资源需要量计划和施工准备工作计划提供依据。

4) 分部分项工程进度计划。分部分项工程进度计划是针对工程量较大或施工技术比较复杂的分部分项工程，在依据工程具体情况所制定的施工方案基础上，对其各施工过程所作出的时间安排。如：大型基础土方工程、复杂的基础加固工程、大体积混凝土工程、大型桩基工程、大面积预制构件吊装工程等，均应编制详细的进度计划，以保证单位工程施工进度计划的顺利实施。

(2) 按时间划分，包括：

1) 年度施工计划。根据施工总进度计划和单位工程施工进度计划编制。

2) 季度施工计划。根据年度施工计划、单位工程施工进度计划和分部分项工程进度计划编制。

3) 月（旬）作业计划。根据季度施工计划、单位工程施工进度计划和分部分项工程进度计划编制。

5.2.2 项目结构分解

1. 项目结构分解的含义和内容

项目结构分解是编制进度计划和进度控制的基础，也是质量控制和成本控制的基础。项目结构分解就是根据项目状况，采用项目分解结构（WBS，Work Breakdown Structure）技术，将一个总体项目分解为若干项工作或活动，直到具体明确为止，并将它们作为项目管理工作的基本对象。对于一个大型复杂的项目，需要有科学的结构分析，才能把项目总目标分解到各项目单元，从而为落实计划、分配责任、进行控制提供基础。

2. 项目分解结构图（WBS）

项目结构分解的工具是项目分解结构图。它是将项目按照其内在结构或实施过程的顺序进行层层分解而形成的树型结构示意图。它可以将项目分解到易于进行控制的项目单元，并能把各项目单元在项目中的地位直观地表示出来。如图 5-1 所示。

项目结构分解既可以按项目的内在结构，又可以按项目的实施顺序进行分解；也可以是两种分解方法的组合。如对于建设工程项目，可以先按项目的实施程序（如勘察阶段、设计阶段、施工阶段等）进行分解，再对每一个阶段按内容、结构进行分解。

WBS 图应包括项目所含的所有工作，不能有遗漏，以保证在计划和实施过程中项目的完整性。

WBS 的编码位数反映了 WBS 图的层次。如 4 个层次的 WBS 图可用 4 位数表示。编码的每一位数字，由左至右表示不同的级别，即第一位代表 0 级，第二位代表 1 级，第三位代表 2 级，……。图 5-2 所示是鲁布革水电站项目的 WBS 图及编码。

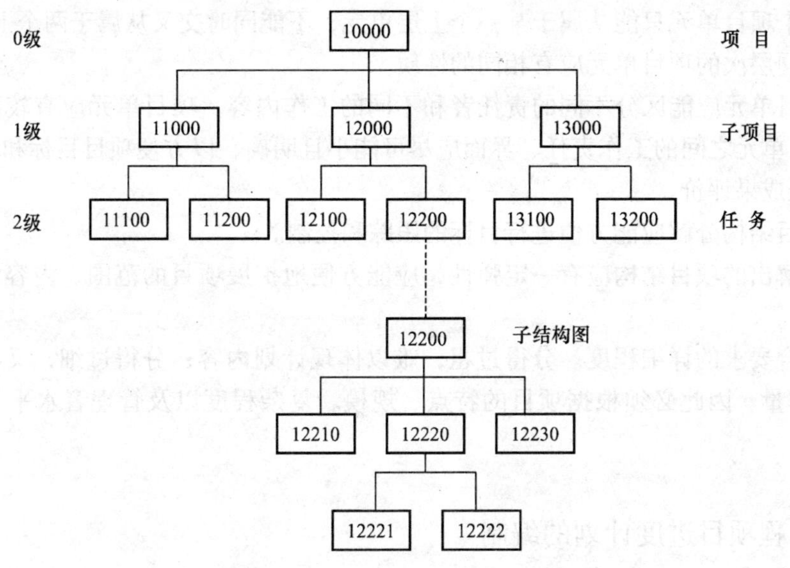

图 5-1 项目分解结构图（WBS）

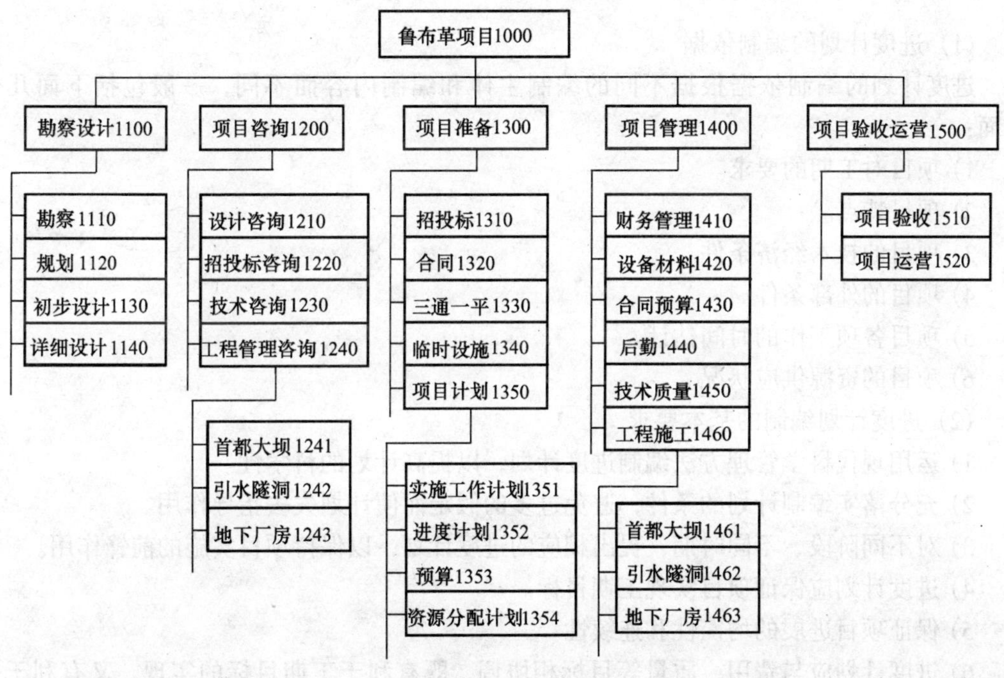

图 5-2 鲁布革水电站项目的 WBS 图

3. 项目结构分解的基本原则

由于不同的项目具有不同的性质、规模和特点，因此项目结构分解没有统一的普遍适用的方法和规则，必须根据项目的特点、项目实施者的需要进行分析。项目结构分解的基本原则有：

1）应在各层次上保持项目内容的完整性，不能遗漏任何必要的组成部分。

2）一个项目单元只能从属于某一个上层单元，不能同时交叉从属于两个上层单元。

3）相同层次的项目单元应有相同的性质。

4）项目单元应能区分不同的责任者和不同的工作内容。项目单元应有较高的整体性和独立性，单元之间的工作责任、界面应尽可能小且明确，以方便项目目标和责任的分解和落实以及成果评价。

5）项目结构分解应能方便进行目标的跟踪和控制。

6）分解出的项目结构应有一定弹性，应能方便地扩展项目的范围、内容和变更项目的结构。

7）符合要求的详细程度。分得过粗，难以体现计划内容；分得过细，又会增加计划制定的工作量。因此必须根据项目的特点、规模、复杂程度以及管理者水平等进行综合考虑。

5.2.3 工程项目进度计划的编制

1. 工程项目进度计划编制依据和基本要求

(1) 进度计划的编制依据

进度计划的编制依据根据不同的编制主体和编制内容而不同，一般包括下面几个方面：

1) 项目对工期的要求。

2) 项目特点。

3) 项目的技术经济条件。

4) 项目的外部条件。

5) 项目各项工作的时间估计。

6) 项目的资源供应状况。

(2) 进度计划编制的基本要求

1) 运用现代科学管理方法编制进度计划，以提高计划的科学性。

2) 充分落实编制计划的条件，避免过多的假定而使计划失去指导作用。

3) 对不同阶段、不同时期，提出相应的进度计划，以保持项目实施的前锋作用。

4) 进度计划应保证项目实现工期目标。

5) 保证项目进展的均衡性和连续性。

6) 进度计划应与费用、质量等目标相协调，既有利于工期目标的实现，又有利于费用、质量、安全等目标的实现。

2. 工程项目进度计划编制形式

工程项目进度计划的编制形式有多种，常用的有横道图和网络图两种表示方法。

(1) 横道图

横道图也称甘特图。如图 5-3 所示。用横道图表示的工程项目进度计划，一般包括两个基本部分，即左侧的工作名称及工作的持续时间等基本数据部分和右侧的横道线部分。

序号	工作名称	持续时间	进度（天）						
			2	4	6	8	10	12	14
1	挖土	4							
2	垫层	2							
3	砖基础	6							
4	地圈梁	4							
5	回填土	2							

图 5-3　某工程基础进度计划

横道图可以明确地表示出各项工作的划分、工作的开始时间和完成时间、工作的持续时间、工作之间的相互搭接关系，以及整个工程项目的开工时间、完工时间和总工期。

横道图表示进度计划的优点是形象、直观，且易于编制和理解，因而长期以来被广泛应用于工程项目进度控制之中。

横道图存在下列缺点：

1）不能明确地反映出各项工作之间错综复杂的相互关系，因而在计划执行过程中，当某些工作的进度由于某种原因提前或拖延时，不便于分析它对其他工作及总工期的影响程度，不利于建设工程进度的动态控制。

2）不能明确地反映出影响工期的关键工作和关键线路。

3）不能直观地反映出工作的机动时间，当实际进度与计划进度不符时难以利用机动时间进行调整。

4）不能反映工程费用与工期之间的关系，因而不便于通过优化以缩短工期和降低工程成本。

5）不能全面反映计划编制人员的编制意图，使计划的编制和实施经常脱节。

（2）网络图

网络图用箭杆和节点来表示活动和相互间的逻辑关系，比较适合用于表示工程项目各工作之间错综复杂的关系。建设工程进度计划用网络图来表示，可以使建设工程进度得到有效控制。网络计划技术可用于工程项目各阶段各层次的各种进度计划的编制和实施过程中的进度控制。

1）网络计划的种类

网络计划可分为确定型和非确定型两类。如果网络计划中各项工作及其持续时间和各工作之间的相互关系都是确定的，就是确定型网络计划，否则属于非确定型网络计划。如计划评审技术（PERT）、图示评审技术（GERT）、风险评审技术（VERT）、决策关键线路法（DN）等均属于非确定型网络计划。在一般情况下，建设工程进度控制主要使用确定型网络计划。

网络计划基本形式有双代号网络计划和单代号网络计划。双代号网络是用两个节点表示某一工作，如图 5-4 中的工作①→②。单代号网络是用一个节点表示某一工作，如图 5-5 所示。

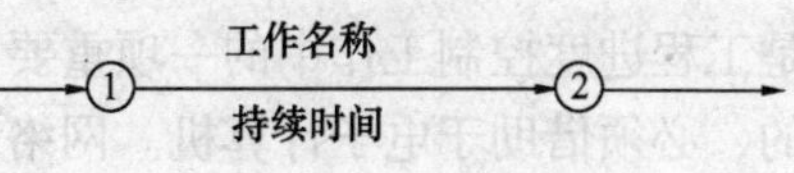

图 5-4　双代号网络表示方法

对于确定型网络计划来说，除了普通的双代号网络计划和单代号网络计划以外，还根

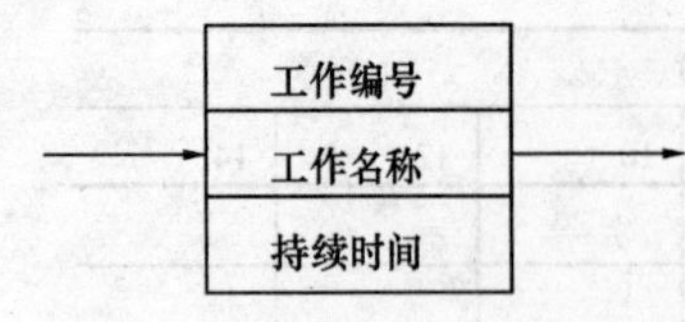

图 5-5　单代号网络表示方法

据工程实际的需要，派生出下列几种网络计划：

①时标网络计划。时标网络计划是以时间坐标为尺度表示工作进度安排的网络计划，其主要特点是计划时间直观明了。

②搭接网络计划。搭接网络计划是可以表示计划中各项工作之间搭接关系的网络计划，其主要特点是计划图形简单。常用的搭接网络计划是单代号搭接网络计划。

③有时限的网络计划。有时限的网络计划是指能够体现由于外界因素的影响而对工作计划时间安排有限制的网络计划。

④多级网络计划。多级网络计划是一个由若干个处于不同层次且相互间有关联的网络计划组成的系统，它主要适用于大中型工程建设项目，用来解决工程进度中的综合平衡问题。

除上述网络计划外，还有用于表示工作之间流水作业关系的流水网络计划和具有多个工期目标的多目标网络计划等。

2）网络计划的特点

利用网络计划控制建设工程进度，可以弥补横道图计划的许多不足。与横道图计划相比，网络计划具有以下主要特点：

①网络计划能够明确表达各项工作之间的逻辑关系。所谓逻辑关系，是指各项工作之间的先后顺序关系。网络计划能够明确地表达各项工作之间的逻辑关系，对于分析各项工作之间的相互影响及处理它们之间的协作关系具有非常重要的意义，同时也是网络计划比横道计划先进的主要特征。

②通过网络计划时间参数的计算，可以找出关键线路和关键工作。在关键线路法（CPM）中，关键线路是指在网络计划中从起点节点开始，沿箭线方向通过一系列箭线与节点，最后到达终点节点为止所形成的通路上所有工作持续时间总和最大的线路。关键线路上各项工作持续时间总和即为网络计划的工期，关键线路上的工作就是关键工作，关键工作的进度将直接影响到网络计划的工期。通过时间参数的计算，能够明确网络计划中的关键线路和关键工作，也就明确了工程进度控制中的工作重点，这对提高建设工程进度控制的效果具有非常重要的意义。

③通过网络计划时间参数的计算，可以明确各项工作的机动时间，又称时差。所谓工作的机动时间，是指在执行进度计划时除完成任务所必需的时间外尚剩余的、可供利用的富余时间。在一般情况下，除关键工作外，其他各项非关键工作均有富余时间。这种富余时间可视为一种潜力，既可以用来支援关键工作，也可以用来优化网络计划，降低单位时间资源需求量。

④网络计划可以利用电子计算机进行计算、优化和调整。对进度计划进行优化和调整是工程进度控制工作中的一项重要内容。如果仅靠手工进行计算、优化和调整是非常困难的，必须借助于电子计算机。网络计划就是这样一种模型，它能使进度控制人员利用电子计算机对工程进度计划进行计算、优化和调整。正是由于网络计划的这一特点，使其成为最有效的进度控制方法，从而受到普遍重视。

当然，网络计划也有其不足之处，比如不像横道计划那么直观明了等，但这可以通过绘制时标网络计划得到弥补。

3. 进度计划编制步骤

不同类型的进度计划，其编制步骤有所不同。当采用网络图编制时，应当包括以下几个必要步骤。

（1）项目描述

项目描述就是对项目总体做一个概要性的说明。是用表格等一定的形式列出项目名称、项目范围、项目目标、交付标准、项目资源估计、项目完成计划等内容，是制作项目计划和绘制工作分解结构图的依据。

网络计划的目标由工程项目的目标所决定，一般可分为以下三类：

1) 时间目标。时间目标也即工期目标，是指建设工程合同中规定的工期或有关主管部门要求的工期。工期目标的确定应以建筑设计周期定额和建筑安装工程工期定额为依据，同时充分考虑类似工程实际进展情况、气候条件以及工程难易程度和建设条件的落实情况等因素。

2) 时间－资源目标。所谓资源，是指在工程建设过程中所需要的劳动力、原材料及施工机具等。在一般情况下，时间－资源目标分为两类：①资源有限，工期最短。②工期固定，资源均衡。

3) 时间－成本目标。时间－成本目标是指以限定的工期寻求最低成本或寻求最低成本时的工期安排。

（2）项目分解

项目提出后，必须进行项目分解，以明确项目所包含的各项工作和活动。项目分解是编制进度计划、进行进度控制的基础。项目分解就是根据项目状况，采用项目分解结构（WBS）技术，将一个总体项目分解为若干项工作或活动，直到具体明确为止。一个项目分解成多少项工作或活动，应根据项目的具体情况以及进度计划的类型和作用确定。如控制性计划的工作可以划分得粗些，实施性计划应划分得细些。

（3）工作描述

在项目分解的基础上，为了更明确地描述项目所包含的各项工作和活动的具体内容和要求，需要对工作或活动进行描述。工作描述作为编制项目计划的依据，同时便于项目实施过程中更清晰地领会各项工作的内容。其结果是工作描述表及项目工作列表。

工作描述表是对工作或任务的具体描述，如表5-17所示。

工作描述表 **表5-17**

工作名称	
工作交付物	
验收标准	
技术条件	
工作描述	
假设条件	
信息来源	
约束条件	
其他	
签名	

工作列表是项目所有工作的汇总，如表5-18所示。

项 目 工 作 列 表　　表5-18

工作代码	工作名称	输入	输出	内容	负责单位	协作单位	相关工作

其中，工作代码是用计算机管理工作时的唯一标识符；输出是指完成该工作后输出的信息，如产品、图样、技术文件等；输入是指完成该工作所要求的前提条件，如设计文件、勘察资料等。

(4) 工作责任分配

根据项目工作分解结构图表和项目组织结构图表对项目的每一项工作分配责任者和落实责任。工作责任分配的结果是形成工作责任分配表。

(5) 工作逻辑关系的确定

分析各项工作之间的逻辑关系时，既要考虑工艺技术过程、施工程序等客观上的逻辑顺序，又要考虑组织安排或资源调配需要所产生的逻辑关系。对施工进度计划而言，分析其工作之间的逻辑关系时，应考虑：①施工工艺的要求；②施工方法和施工机械的要求；③施工组织的要求；④施工质量的要求；⑤当地的气候条件和现场条件；⑥安全技术的要求。分析逻辑关系的主要依据是施工方案、有关资源供应情况和施工经验等。

工作逻辑关系的确定结果是获得项目网络图和工作的详细关系列表。根据已确定的逻辑关系，即可按绘图规则绘制网络图。既可以绘制单代号网络图，也可以绘制双代号网络图。还可根据需要，绘制双代号时标网络计划。工作关系列表的形式如表5-19。

项目工作关系列表　　表5-19

任务编码	任务名称	紧前工作编码	紧后工作编码	持续时间	负责人

(6) 计算工程量或工作量

根据项目分解情况，计算各工作的工程量或工作量，并提出工作要求。

(7) 估计工作持续时间

工作持续时间的估计是编制项目进度计划的一项重要的工作，要求客观正确。如果工作时间估计太短，则会造成被动紧张的局面；太长则会延长工期。工作时间估计要考虑各种资源供应、技术、工艺、现场条件、工作量、工作效率、劳动定额等因素的影响。

(8) 计算网络计划时间参数

网络计划是指在网络图上加注各项工作的时间参数而成的工作进度计划。网络计划时间参数一般包括：工作最早开始时间、工作最早完成时间、工作最迟开始时间、工作最迟完成时间、工作总时差、工作自由时差、节点最早时间、节点最迟时间、相邻两项工作之间的时间间隔、计算工期等。应根据网络计划的类型及其使用要求选算上述时间参数。

(9) 确定关键线路和关键工作

在计算网络计划时间参数的基础上，便可根据有关时间参数确定网络计划中的关键线路和关键工作。

(10) 优化网络计划

当初始网络计划的工期满足所要求的工期及资源需求量能得到满足而无需进行网络优化时，初始网络计划即可作为正式的网络计划。否则，需要对初始网络计划进行优化。

根据所追求的目标不同，网络计划的优化包括工期优化、费用优化和资源优化三种。应根据工程的实际需要选择不同的优化方法。

(11) 编制正式网络计划

根据网络计划的优化结果，便可绘制正式的网络计划，同时编制网络计划说明书。网络计划说明书的内容应包括：编制原则和依据，主要计划指标一览表，各种资源需要量计划，执行计划的关键问题，需要解决的主要问题及其主要措施，其他需要说明的问题。

5.3 工程项目进度控制方法

5.3.1 工程项目进度控制程序

工程项目实施过程中的控制主要是通过对进度计划的监测与调整实现的。其程序如图5-6所示。

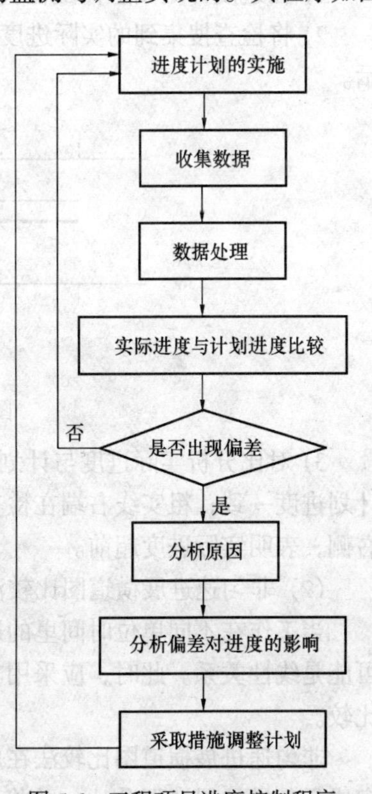

图 5-6 工程项目进度控制程序

5.3.2 实际进度与计划进度比较方法

通过对工程项目的实际进度进行监测，就可以对实际进度与计划进度进行比较分析。这是进度控制的重要环节之一。进行比较分析的方法主要有以下几种。

1. 横道图比较法

横道图比较法是指将项目实施过程中检查实际进度收集到的数据，经加工整理后直接用横道线平行绘于原计划的横道线处，进行实际进度与计划进度的比较。采用横道图比较法，可以形象、直观地反映实际进度与计划进度的比较情况。如图 5-7 所示是一个砖基础工程施工实际进度与计划进度比较图。从图中可以看出，在第 7 天末检查时，挖土已按计划完成；垫层和砖基础均比计划延误 1 天。

根据各项工作的进度偏差，进度控制者可以采取相应的纠偏措施对进度计划进行调整，以确保该工程按期完成。

上述比较方法仅适用于工程项目中的各项工作都是均匀进展的情况，即每项工作在单位时间内完成的任务量都相等的情况。根据工程项目中各项工作的进展是否匀速，可分别采用以下两种方法进行实际进度与计划进度的比较。

工作编号	工作名称	工作时间（天）	进度（天）									
			1	2	3	4	5	6	7	8	9	10
1	挖土	2										
2	垫层	4										
3	砖基础	6										
4	回填土	2										

注：细实线表示计划进度，粗实线表示实际进度。

检查日期

图 5-7 某砖基础工程施工实际进度与计划进度比较

（1）匀速进展横道图比较法

匀速进展是指在工程项目中，每项工作在单位时间内完成的任务量都是相等的，即工作的进展速度是均匀的。此时，每项工作累计完成的任务量与时间成线性关系。完成的任务量可以用实物工程量、劳动消耗量或费用支出表示。为了便于比较，通常用上述物理量的百分比表示。比较步骤如下：

1）在进度计划图上标出检查日期。

2）将检查搜集到的实际进度数据，按比例用粗实线标于计划进度的下方。如图 5-8 所示。

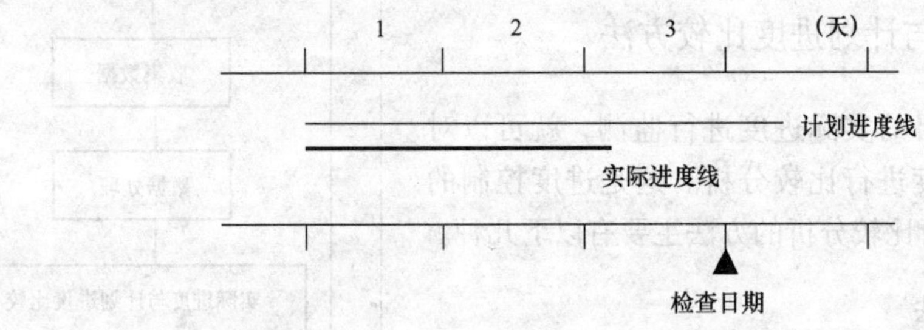

图 5-8 匀速进展横道图比较图

3）对比分析实际进度与计划进度：粗实线右端与检查日期相重合，表明实际进度与计划进度一致；粗实线右端在检查日期左侧，表明实际进度拖后；粗实线右端在检查日期右侧，表明实际进度超前。

（2）非匀速进展横道图比较法

当工作在不同单位时间里的进展速度不相等时，累计完成的任务量与时间的关系就不可能是线性关系。此时，应采用非匀速进展横道图比较法进行工作实际进度与计划进度的比较。

非匀速进展横道图比较法在用粗实线表示工作实际进度的同时，还要标出其对应时刻完成任务量的累计百分比，并将该百分比与其同时刻计划完成任务量的累计百分比相比较，判断工作实际进度与计划进度之间的关系。其步骤如下：

1）在横道线上方标出各主要时间工作的计划完成任务量累计百分比。

2）在横道线下方标出相应时间工作的实际完成任务量累计百分比。

3）用涂黑粗线标出工作的实际进度，从开始之日标起，同时反映出该工作在实施过程中的连续与间断情况。

4）通过比较同一时刻实际完成任务量累计百分比和计划完成任务量累计百分比，判断工作实际进度与计划进度之间的关系：如果同一时刻横道线上下方两个累计百分比相等，表明实际进度与计划进度一致；如果同一时刻横道线上方累计百分比大于横道线下方累计百分比，表明实际进度拖后，拖欠的任务量为二者之差；如果同一时刻横道线上方累计百分比小于横道线下方累计百分比，表明实际进度超前，超前的任务量为二者之差。

图 5-9 表示某工作非匀速进展横道图比较图。从图中可见，检查日期为第 6 天末，按计划应完成 95%，但实际完成 88%，因此实际进度比计划进度拖后 7%。

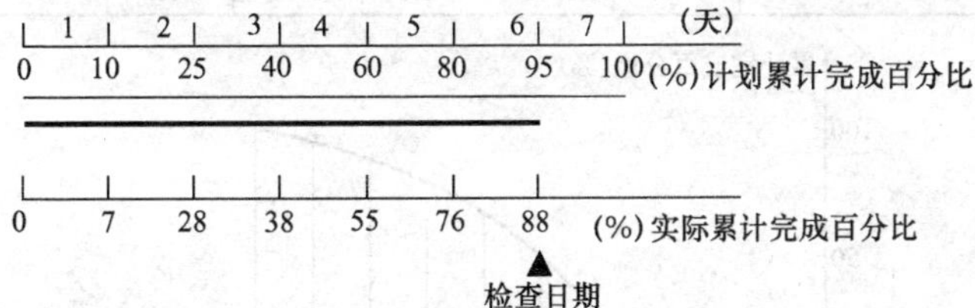

图 5-9 某工作非匀速进展横道图比较图

由于工作进展速度是变化的，因此，在图中的横道线，无论是计划的还是实际的，只能表示工作的开始时间、完成时间和持续时间，并不表示计划完成的任务量和实际完成的任务量。此外，采用非匀速进展横道图比较法，不仅可以进行某一时刻（如检查日期）实际进度与计划进度的比较，而且还能进行某一时间段实际进度与计划进度的比较。从图 5-9 也可以看出，第一天实际完成 7%，计划完成 10%，拖后 3%；第二天实际完成28% - 7% = 21%，计划完成 25% - 10% = 15%，第二天超额完成 6%……。

2. S 形曲线比较法

S 形曲线比较法是以横坐标表示时间，纵坐标表示累计完成任务量，绘制一条按计划时间累计完成任务量的 S 形曲线；然后将工程项目实施过程中各检查时间实际累计完成任务量的 S 形曲线也绘制在同一坐标系中，进行实际进度与计划进度比较。

对大多数工程项目而言，在施工阶段，单位时间投入的资源量或完成的任务量一般是开始和结束时较少，中间阶段较多，如图 5-10（*a*）所示。而随工程进展累计投入的资源量或完成的任务量则呈 S 形变化，如图 5-10（*b*）所示，S 形曲线因此而得名。

（1）S 形曲线绘制方法

S 形曲线可以表示累计完成任务量，也可以表示累计完成百分比。

1）计算每单位时间内计划完成的任务量。

2）计算不同时间累计完成任务量或累计完成任务的百分比。

3）根据累计完成任务量或累计完成任务的百分比绘制 S 形曲线。

表 5-20 为某土方工程完成百分比汇总表。据此可以作出图 5-11 所示的 S 形曲线图。

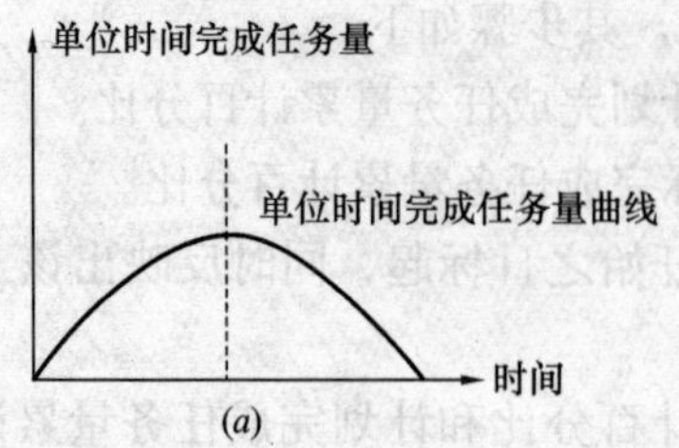

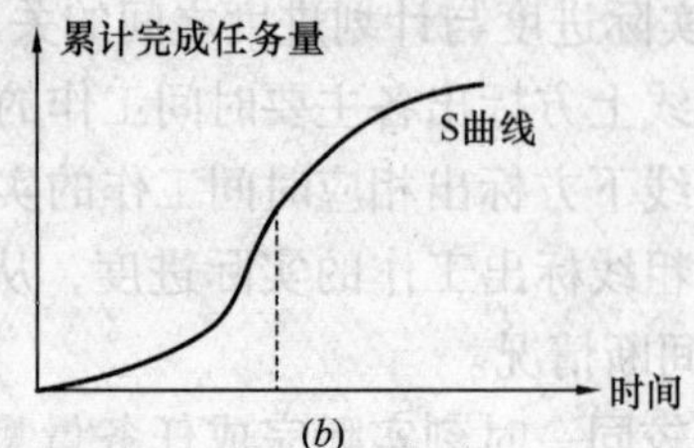

图 5-10　S 形曲线

某土方工程完成百分比汇总表　　　　表 5-20

时间（天）	1	2	3	4	5	6	7	8	9	10
每天完成量（m^3）	200	500	1000	1200	1300	1350	1250	1100	600	200
累计完成量（m^3）	200	700	1700	2900	4200	5550	6800	7900	8500	8700
累计完成百分比（%）	2.3	8.0	19.5	33.3	48.3	63.8	78.2	90.8	97.7	100

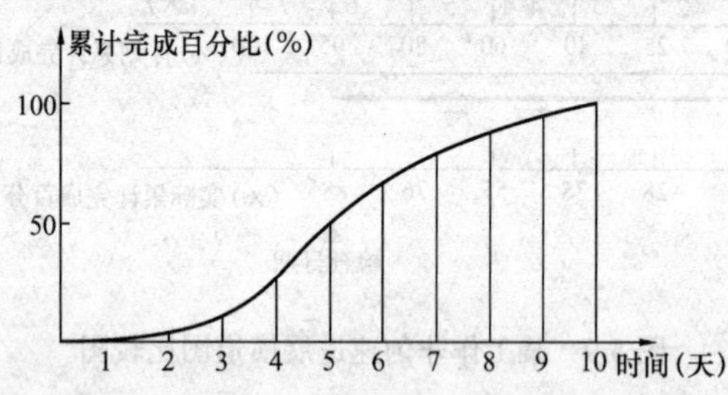

图 5-11　某土方工程 S 形曲线图

（2）S 形曲线比较方法

在工程项目实施过程中，按照规定时间将检查收集到的实际累计完成任务量或百分比绘制在原计划 S 形曲线图上，即可得到实际进度 S 形曲线，如图 5-12 所示。比较两条 S 形曲线，可以获得如下信息：

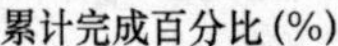

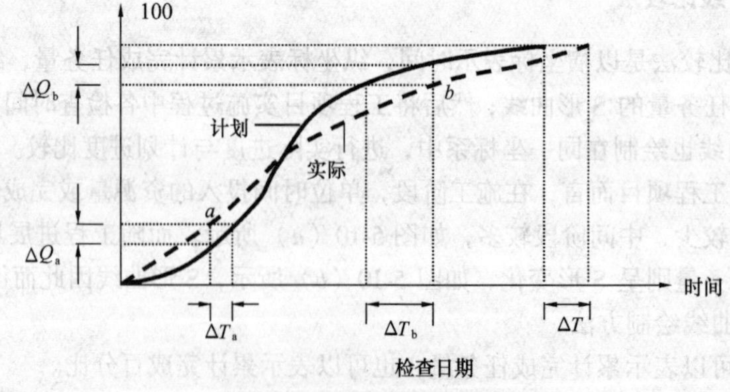

图 5-12　S 形曲线比较图

1）工程项目实际进展状况。如果工程实际进展点落在计划 S 形曲线左侧，表明此时实际进度比计划进度超前，如图 5-12 中的 a 点；如果工程实际进展点落在 S 形计划曲线右侧，表明此时实际进度拖后，如图 5-12 中的 *b* 点；如果工程实际进展点正好落在计划 S 形曲线上，则表示此时实际进度与计划进度一致。

2) 工程项目实际进度与计划进度之间的偏差。如图 5-12 所示，ΔT_a 表示 T_a 时刻实际进度超前的时间；ΔT_b 表示 T_b 时刻实际进度拖后的时间。

3) 工程项目实际任务量与计划任务量之间的偏差。如图 5-12 所示，ΔQ_a 表示 T_a 时刻超额完成的任务量，ΔQ_b 表示 T_b 时刻拖欠的任务量。

4) 后期工程进度预测。如果后期工程按原计划速度进行，如图 5-12 中 b 点后的虚线所示，则可以确定工期拖延预测值 ΔT。

3. 香蕉形曲线比较法

香蕉形曲线是由两条 S 形曲线组合而成的闭合曲线。对于一个工程项目的网络计划来说，如果以其中各项工作的最早开始时间安排进度而绘制 S 形曲线，称为 ES 曲线；如果以其中各项工作的最迟开始时间安排进度而绘制 S 形曲线，称为 LS 曲线。两条 S 曲线具有相同的起点和终点，因此，两条曲线是闭合的。在一般情况下，ES 曲线上的其余各点均落在 LS 曲线的相应点的左侧。由于该闭合曲线形似香蕉，故称为香蕉形曲线，如图 5-13所示。其作图方法与 S 形曲线相同。

用香蕉形曲线比较时，先要根据各项工作实际完成任务量计算出累计完成任务量或百分比，绘出实际进度曲线，如图 5-13 中所示的虚线。当实际进度曲线落在 ES 曲线和 LS 曲线之间，其施工进度满足工期要求；实际曲线在 ES 曲线左边，说明工期超前；实际曲线在 ES 曲线右边，说明工期拖后。因此，项目管理人员可以根据香蕉形曲线对进度实行动态控制。使实际进度控制在 ES 曲线和 LS 曲线之间。

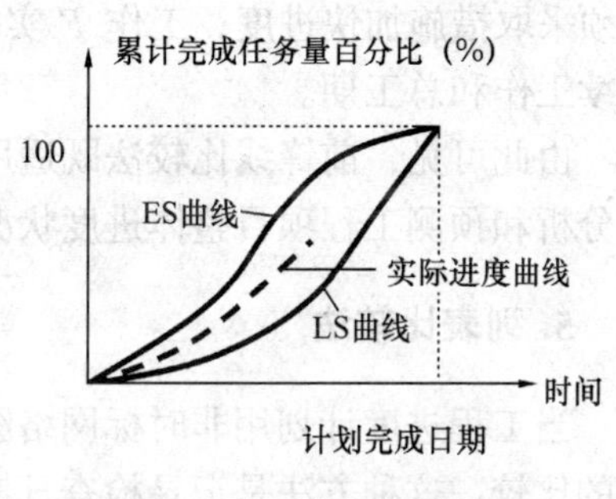

图 5-13　香蕉形曲线

同 S 形曲线一样，香蕉形曲线也可以分析在某一时点任务量完成超前或拖欠情况。分析方法同 S 形曲线。

4. 前峰线比较法

前锋线是实际进度前锋线的简称，是指在原时标网络计划上，从检查时刻的时标点出发，用点划线依此将各项工作实际进度位置点（前锋点）连接而成的折线。前锋线比较法就是通过实际进度前锋线与原进度计划中各工作箭线交点的位置来判断工作实际进度与计划进度的偏差，进而判定该偏差对后续工作及总工期影响程度。

工作实际进度位置点的标定方法有两种：①按该工作已完任务量比例进行标定。假设各项工作均为匀速进展，则时标网络图上箭线的长度与任务量的多少成正比。根据检查时刻该工作已完任务量占其计划完成总任务量的比例，就可以在工作箭线上从左至右按相同的比例标定其实际进度位置点。②按尚需作业时间进行标定。某些工作的持续时间难以按实物工程量来计算，只能凭经验估算，可以先估算出检查时刻到该工作全部完成尚需作业的时间，然后在该工作箭线上从右向左逆向标定其实际进度位置点，如图 5-14 所示。

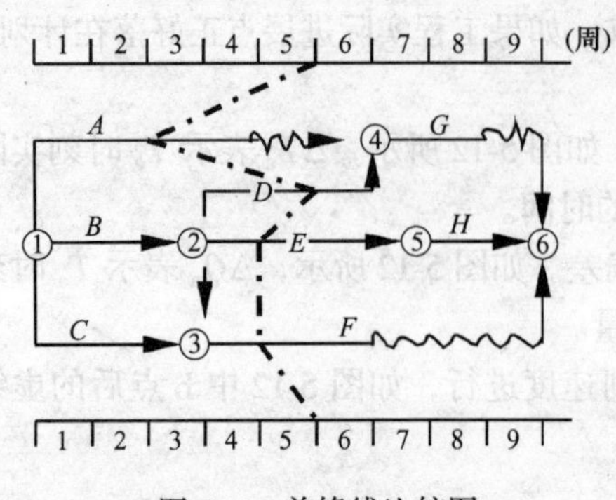

图 5-14　前锋线比较图

利用已绘制的前锋线可作以下分析：

(1) 分析目前进度偏差。前锋线可以直观地反映出检查日期有关工作实际进度与计划进度之间的关系。它们有以下三种情况：

1）工作实际进度位置点落在检查日期的左侧，表明该工作实际进度拖后。

2）工作实际进度位置点与检查日期重合，表明该工作实际进度与计划进度一致。

3）工作实际进度位置点落在检查日期的右侧，表明该工作实际进度超前。

(2) 预测进度偏差对后续工作及总工期的影响。通过实际进度与计划进度的比较确定进度偏差后，还可根据工作的自由时差和总时差预测该进度偏差对后续工作及项目总工期的影响。

从图 5-14 中可以看出：工作 A 实际进度拖后 3 周，由于其本身有 2 周自由时差，因此将影响工作 G 拖后一周，但不影响总工期；工作 D 实际进度与计划进度相符；工作 E 实际进度拖后一周，因其处于关键线路上，将使总工期拖后一周，要使总工期不受影响，必须采取措施加快进度；工作 F 实际进度拖后一周，但其自由时差有 3 周，因此不影响后续工作和总工期。

由此可见，前锋线比较法既适用于工作实际进度与计划进度之间的局部比较，又可用来分析和预测工程项目整体进度状况。

5. 列表比较法

当工程进度计划用非时标网络图表示时，可以采用列表比较法进行实际进度与计划进度的比较。这种方法是记录检查日期应该进行的工作名称及其已经作业的时间，然后列表计算有关时间参数，并根据工作总时差进行实际进度与计划进度比较。其步骤如下：

(1) 对于实际进度检查日期应该进行的工作，根据已经作业的时间，确定其尚需作业时间。

(2) 根据原进度计划计算检查日期应该进行的工作从检查日期到原计划最迟完成时尚余时间。

(3) 计算工作尚有总时差，其值等于工作从检查日期到原计划最迟完成时间尚余时间与该工作尚需作业时间之差。

(4) 比较实际进度与计划进度，可能有以下几种情况：

1) 如果工作尚有总时差与原有总时差相等，说明该工作实际进度与计划进度一致。

2) 如果工作尚有总时差大于原有总时差，说明该工作实际进度超前，超前的时间为二者之差。

3) 如果工作尚有总时差小于原有总时差，且仍为非负值，说明该工作实际进度拖后，拖后的时间为二者之差，但不影响总工期。

4) 如果工作尚有总时差小于原有总时差，且为负值，说明该工作实际进度拖后，拖后的时间为二者之差，此时工作实际进度偏差将影响总工期。

根据图 5-14 的网络计划图在第五周末的检查结果，可以编制出项目进度比较表 5-21。

项目进度检查比较表（周） **表 5-21**

工作代号	工作名称	检查时尚需作业时间	计划最迟完成前尚余时间	原有总时差	尚有总时差	判　断
1-4	*A*	2	2	3	0	拖后 1 周但不影响工期
2-4	*D*	1	2	1	1	正常
2-5	*E*	3	2	0	-1	拖后 1 周且影响工期 1 周
3-6	*F*	2	4	3	2	拖后 1 周但不影响工期

5.3.3　进度调整方法

在工程项目实施过程中，当发现有进度偏差时，需要分析该偏差对后续工作及总工期的影响，从而采取相应的调整措施对原进度计划进行调整，以确保工期目标的顺利实现。如果工作的进度偏差未超过该工作的自由时差，则此进度偏差不影响后续工作，因此，原进度计划可以不作调整。当实际进度偏差影响到后续工作、总工期而需要调整进度计划时，其调整方法主要有两种。

1. 改变某些工作间的逻辑关系

当工程项目实施中产生的进度偏差影响到总工期，且有关工作的逻辑关系允许改变时，可以改变关键线路和超过计划工期的非关键线路上的有关工作之间的逻辑关系，达到缩短工期的目的。例如，将顺序进行的工作改为平行作业、搭接作业以及分段组织流水作业等，都可以有效地缩短工期。

2. 缩短某些工作的持续时间

这种方法是不改变工程项目中各项工作之间的逻辑关系，而通过采取增加资源投入、提高劳动效率等措施来缩短某些工作的持续时间，使工程进度加快，以保证按计划工期完成该工程项目。这些被压缩持续时间的工作是位于关键线路和超过计划工期的非关键线路上的工作。同时，这些工作又是其持续时间可被压缩的工作。这种调整方法通常可以在网络图上直接进行。其调整方法视限制条件及对其后续工作的影响程度的不同而有所区别，一般可分为以下三种情况：

（1）某项工作为关键线路上的工作

关键线路上的工作无时差，其中任一工作持续时间的缩短或延长都会对整个项目工期产生影响。因此，关键工作的调整是工程项目进度调整的重点。有以下两种情况：

1）关键工作的进度较计划进度提前。若仅要求按计划工期执行，则可利用该机会降低资源强度及费用。实现的方法是，选择后续关键工作中资源消耗量大或直接费用高的予以适当延长，延长的时间不应超过已完成的关键工作提前的量。若要求缩短工期，则应将计划的未完成部分作为一个新的计划，重新计算与调整，按新的计划执行，并保证新的关键工作按新计算的时间完成。

2）关键工作的实际进度比计划进度拖后。调整的目标就是采取措施将保证项目近期完成。调整方法主要是缩短后续关键工作的持续时间。

例：某项目网络计划如图5-15所示。计划工期210天，在项目进展到第95天时进行检查。

检查结果是工作4–5以前的工作已全部完成，工作4–5刚开始，即已拖后15天开始。工作4–5是关键工作，其拖后15天将延长项目总工期15天。为使该项目按期完成，则需在工作4–5及其以后各工作中进行调整，调整的原则是满足工期要求，且由此而增加的费用最少。

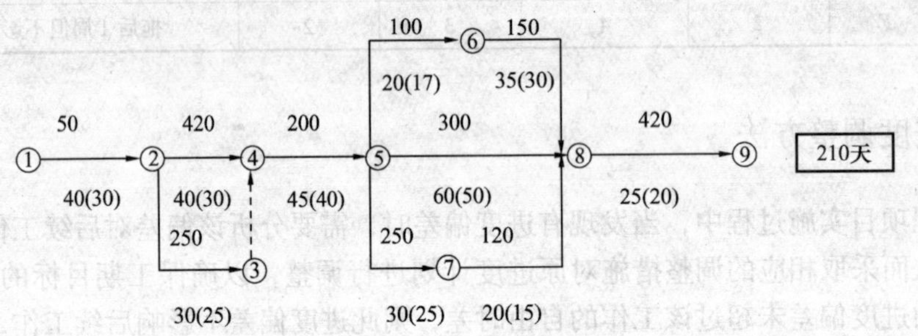

图5-15　某项目网络计划

图5-15中，箭线上方数据是相应工作的费率，即每缩短一天需增加的费用；箭线下方的数据是该工作的正常持续时间，括号内的是该工作的最短持续时间。调整按以下过程进行：

由图5-15可见，尚未进行的关键工作是4–5、5–8、8–9，按费率最低的原则，选择调整对象。

①第一次调整

选择调整对象：三项关键工作，费率最低的工作是4–5，所以，选择4–5工作作为第一次调整对象。

确定调整时间：4–5工作有5天的调整余地，且调整5天也不会改变关键线路。所以可调整5天。

调整结果：总工期缩短了5天，为220天。增加费用为：1000元（5×200元）。工作4–5已不能再缩短了。

②第二次调整

选择调整对象：可调整的关键工作有5–8和8–9，而费率最低者是5–8，即选择5–8工作作为第二次调整对象。

确定调整时间：5–8工作可调整10天，但考虑到与之平行作业的工作，它们的最小总时差是5天，所以只能先压缩5天。

调整结果：总工期缩短了5天，即215天，需增加费用1500元（5×300元）。通过本次调整，关键线路发生了变化，即除了工作5–8和8–9是关键工作外，工作5–6和6–8也变为关键工作。

③第三次调整

选择调整对象：从5–6和6–8工作中选择费率最小的工作与工作5–8同时调整，显然应选择工作5–6和5–8同时调整。

确定调整时间：5－6 工作可压缩 3 天，5－8 工作可压缩 5 天，所以只能压缩 3 天。

调整结果：总工期缩短了 3 天，即 212 天，需增加费用 1200 元（3×100 元＋3×300 元）。通过本次调整，关键线路未发生变化。

④第四次调整

通过三次调整，较计划工期还差 2 天，所以为满足计划工期的要求，还应缩短 2 天。

选择对象：如果工作 5－8 和 6－8 同时压缩，则其费用增加率为 300 元/天＋150 元/天＝450 元/天；若仅压缩工作 8－9，则费率是 420 元/天。所以选择工作 8－9 作为本次调整对象。

确定调整时间：工作 8－9 可以压缩 5 天，但要满足计划工期的要求，只要压缩 2 天即可。调整结果：总工期为 210 天，已满足计划工期的要求。需增加费用 840 元（2×420 元）。

至此为止，总工期压缩了 15 天，增加的总费用为：1000＋1500＋1200＋840＝4540 元。调整后的网络计划如图 5-16 所示。

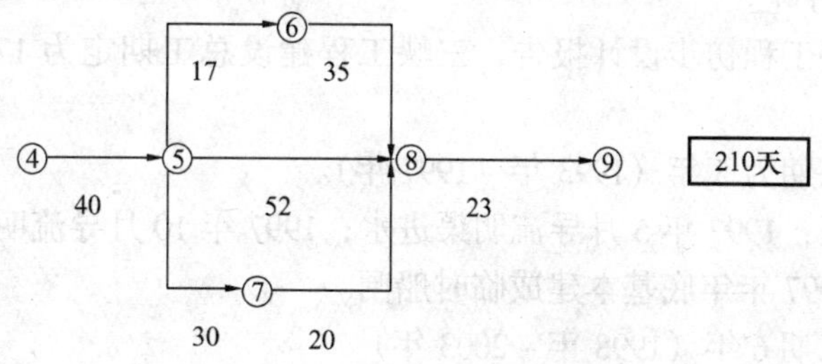

图 5-16 调整后的网络计划

(2) 某项工作进度拖延的时间已超过其自由时差但未超过其总时差

如前所述，此时该工作的实际进度不会影响总工期，而只对其后续工作产生影响。因此，在进行调整前，需要确定其后续工作允许拖延的时间限制，并以此作为进度调整的限制条件。该限制条件的确定常常较复杂，尤其是当后续工作由多个平行的承包单位负责实施时更是如此。后续工作如不能按原计划进行，在时间上产生的任何变化都可能使合同不能正常履行，而导致蒙受损失的一方提出索赔。因此，寻求合理的调整方案，把进度拖延对后续工作的影响减少到最低程度，是项目管理人员的一项重要工作。

(3) 某项工作进度拖延的时间超过其总时差

如果网络计划中某项工作进度拖延的时间超过其总时差，其实际进度将对后续工作和总工期产生影响。此时，关键线路将发生转移，可以按照影响关键线路时的调整方法进行调整。

需要注意的是，网络计划中某项工作进度超前时如何调整进度也必须在综合考虑之后作出合理安排。在工程项目计划阶段所确定的工期目标，往往是综合考虑了各方面因素而确定的合理工期。因此，时间上的任何变化，无论是进度拖延还是超前，都可能造成其他目标的失控。例如，在一个建设工程施工总进度计划中，由于某项工作的进度超前，致使资源的需求发生变化，而打乱了原计划对人、材、物等资源的合理安排，亦将影响资金计划的使用和安排；特别是当多个平行的承包单位进行施工时，由此引起后续工作时间安排的变化，势必给协调工作带来许多麻烦。因此，如果工程项目实施过程中出现进度超前的情况，进度控制人员必须综合分析进度超前对后续工作产生的影响，并同相关单位协商，提出合理的进度调整方案，以确保工期总目标的顺利实现。

5.4 实例分析

5.4.1 工程概况

三峡工程是一个具有防洪、发电、航运等综合效益的巨型水利枢纽工程。枢纽工程主要由大坝、水电站厂房、通航建筑物三部分组成。其中大坝最大坝高 181m；电站厂房共装机 26 台，总装机容量 18200MW；通航建筑物由双线连续五级船闸、垂直升船机、临时船闸及上、下游引航道组成。三峡工程规模宏伟，工程量巨大，其主体工程土石方开挖约 1 亿立方米，土石方填筑 4000 多万立方米，混凝土浇筑 2800 多万立方米，钢筋 46 万吨，金属结构安装约 26 万吨。

根据审定的三峡工程初步设计报告，三峡工程建设总工期定为 17 年，工程分三个阶段实施。其中：

第一阶段工程工期为 5 年（1993 年～1997 年）。

主要控制目标是：1997 年 5 月导流明渠进水；1997 年 10 月导流明渠通航；1997 年 11 月实现大江截流；1997 年年底基本建成临时船闸。

第二阶段工程工期 6 年（1998 年～2003 年）。

主要控制目标是：1998 年 5 月临时船闸通航；1998 年 6 月二期围堰闭气开始抽水；1998 年 9 月形成二期基坑；1999 年 2 月左岸电站厂房及大坝基础开挖结束，并全面开始混凝土浇筑；1999 年 9 月永久船闸完成闸室段开挖，并全面进入混凝土浇筑阶段；2002 年 5 月二期上游基坑进水；2002 年 6 月永久船闸完建开始调试，2002 年 9 月二期下游基坑进水；2002 年 11～12 月三期截流；2003 年 6 月大坝下闸水库开始蓄水，永久船闸通航；2003 年 4 季度第一批机组发电。

第三阶段工程工期 6 年（2004 年～2009 年）。

主要控制目标是：2009 年年底全部机组发电和三峡枢纽工程完建。

5.4.2 进度计划管理

1. 管理特点

针对三峡工程特点、进度计划编制主体及进度计划涉及内容的范围和时段等具体情况，确定三峡工程进度计分三个大层次进行管理，即业主层、监理层和施工承包商层。通常业主在工程进度控制上要比监理更宏观一些，但鉴于三峡工程的特性，三峡工程业主对进度的控制要相对深入和细致。这是因为三峡工程规模大、工期长，参与工程建设的监理和施工承包商多。参与三峡工程建设的任何一家监理和施工承包商所监理的工程项目和施工内容都仅仅是三峡工程一个阶段中的一个方面或一个部分，而且业主在设备、物资供应及标段交接和协调上的介入，形成了进度计划管理的复杂关系。这里面施工承包商在编制分标段进度计划时，受其自身利益及职责范围的限制，除原则上按合同规定实施并保证实现合同确定的阶段目标和工程项目完工时间外，在具体作业安排上、公共资源使用上是不会考虑对其他施工承包商的影响的。也就是说各施工承包商的工程进度计划在监理协调之后，尚不能完全、彻底地解决工程进度计划在空间上、时间上和资源使用上的交叉和冲突矛盾。为满足三峡工程总体进度计划要求，各监理单位控制的工程进度计划还需要协调一次，这个工作自然要由业主来完成，这也就是三峡工程进度计划为什么要分三大层次进行管理的客观原因和进度计划管理的特点。

2. 管理措施

(1) 统一进度计划编制办法。业主根据合同要求制订统一的工程进度计划编制办法，在办法里对工程进度计划编制的原则、内容、编写格式、表达方式、进度计划提交、更新的时间及工程进度计划编制使用的软件等作出统一规定，通过监理转发给各施工承包商，照此执行。

(2) 确定工程进度计划编制原则。三峡工程进度计划编制必须遵守以下原则：

分标段工程进度计划编制必须以工程承包合同、监理发布的有关工程进度计划指令以及国家有关政策、法令和规程规范为依据；分标段工程进度计划的编制必须建立在合理的施工组织设计的基础上，并做到组织、措施及资源落实；分标段工程进度计划应在确保工程施工质量，合理使用资源的前提下，保证工程项目在合同规定工期内完成；工程各项目施工程序要统筹兼顾、衔接合理和干扰少；施工要保持连续、均衡；采用的有关指标既要先进，又要留有余地；分项工程进度计划和分标段进度计划的编制必须服从三峡工程实施阶段的总进度计划要求。

(3) 统一进度计划内容要求。三峡工程进度计划内容主要有两部分，即上一工程进度计划完成情况报告和下一步工程进度计划说明，具体如下：

对上一工程进度计划执行情况进行总结，主要包括以下内容：主体工程完成情况；施工手段形成；施工道路、施工栈桥完成情况；混凝土生产系统建设或运行情况；施工工厂的建设或生产情况；工程质量、工程安全和投资计划等完成情况；边界条件满足情况。

对下一步进度计划需要说明的主要内容有：为完成工程项目所采取的施工方案和施工措施；按要求完成工程项目的进度和工程量；主要物资材料计划耗用量；施工现场各类人员和下一时段劳动力安排计划；物资、设备的定货、交货和使用安排；工程价款结算情况以及下一时段预计完成的工程投资额；其他需要说明的事项；进度计划网络。

(4) 统一进度计划提交、更新的时间。三峡工程进度计划提交时间规定如下：三峡工程分标段总进度计划要求施工承包商，在接到中标通知书的35天内提交，年度进度计划在前一年的12月5日前提交。

三峡工程进度计划更新仅对三峡工程实施阶段的总进度计划和三峡工程分项工程及三峡工程分标段工程总进度计划和年度进度计划进行，并有具体的时间要求。

(5) 统一软件、统一格式。为便于进度计划网络编制主体间的传递、汇总、协调及修改，首先对工程进度计划网络编制使用的软件进行了统一。即三峡工程进度计划网络编制统一使用 Primavera project planner or indows（以下简称 P3）软件。同时业主对 P3 软件中的工作结构分解、作业分类码、作业代码及资源代码作出了统一规定。通过工作结构分解的统一规定对不同进度计划编制内容的粗细作出具体要求，即三峡工程总进度计划中的作业项目划分到分部分项工程。三峡工程分标段进度计划中的作业项目划分到单元工程，甚至到工序。通过作业分类码、作业代码及资源代码的统一规定，实现进度计划的汇总、协调和平衡。

3. 进度控制

(1) 贯彻执行总进度计划

业主对三峡工程进度的控制首先是通过招标文件中的开工、完工时间及阶段目标来实现的；监理则是在上述基础上对工期、阶段目标进一步分解和细化后，编制出三峡工程分标段和分项工程进度计划，以此作为对施工承包商上报的三峡工程分标段工程进度计划的审批依据，确保工程施工按进度计划执行；施工承包商三峡工程分标段工程总进度计划，是在确定了施工方案和施工组织设计后，对招标文件要求的工期、阶段目标进一步分解和细化后编制而成。它提交给监理用来响应和保证业主的进度要求。施工承包商的三峡工程分标段工程年度、季度、月度和周进度计划则是告诉监理和业主，如何具体组织和安排生产，并实现进度计划目标的。这样一个程序可以保证三峡工程总进度计划一开始就可以得到正确的贯彻。

上述过程仅仅是进度控制的开始，还不是进度控制的全部，作为完整的进度控制还需要将进度实际执行情况反馈，然后对原有进度计划进行调整，作出下一步计划，这样周而复始，才可能对进度起到及时、有效地控制。

(2) 控制手段

三峡工程用于工程进度控制的具体手段是：建立严格的进度计划会商和审批制度；对进度计划执行进行考核，并实行奖惩；定期更新进度计划，及时调整偏差；通过进度计划滚动（三峡工程分标段工程年度、季度、月度及周进度计划编制）编制过程的远粗、近细，实现对工程进度计划动态控制；对三峡工程总进度计划中的关键项目进行重点跟踪控制，达到确保工程建设工期的目的；业主根据整个三峡工程实际进度，统一安排而提出的指导性或目标性的年度、季度总进度计划，用于协调整个三峡工程进度。

5.4.3 进度计划编制支持系统

1. 计算机网络建设

为提高工作效率、加强联系并及时互通信息，由业主出资在坝区设计、监理、施工承包商和业主之间建立了计算机局域网，选择 Lotus otes 作为信息交换和应用平台，这些基础建设为进度计划编制和传递提供了强有力的手段。

2. 混凝土施工仿真系统

三峡水利枢纽主要由混凝土建筑物组成，其混凝土工程量巨大，特别是二阶段工程中的混凝土施工更是峰高、量大。在进度计划编制安排混凝土施工作业程序时，靠过去的手工排块方法，很难在短时间内得出一个较优的混凝土施工程序。在编制进度计划时，为了能够及时、高效地得到一个较优的混凝土施工程序，业主与电力公司成都勘测设计研究院，共同研制三峡二阶段工程厂坝混凝土施工仿真系统和永久船闸混凝土仿真系统，用于解决上述问题。目前三峡二阶段工程厂坝混凝土施工仿真系统在进度计划编制过程中已初见成效。

3. 工程进度日报系统

要做好施工进度动态控制并及时调整计划部署，就必须建立传递施工现场施工信息的快速通道。针对这样一个问题，业主组织人力利用 Notes 开发三峡工程日报系统。该系统主要包括实物工程量日完成情况、大型施工设备工作状况、工程施工质量及安全统计结果、物资（主要是水泥和粉煤灰）仓储情况等。利用该系统，业主和监理等有关单位就可及时掌握和了解到工程进展状况。如再通过分析和加工处理，就可为下一步工作提供参考和决策依据。

以上是业主针对三峡工程特点，在三峡工程进度计划管理中所做的一些探索性的工作。目前三峡工程虽已进入第二阶段，但仅仅是开始，三峡工程的进度计划管理体系还需进一步完善和接受工程的实践考验。

（资料来源：白思俊《现代项目管理》）

6 工程项目投资控制

工程项目的投资控制，是建设单位（业主）进行工程项目建设管理的最重要问题之一，其实质是应该使建设项目的实际总投资（包括建筑安装工程费用、设备购置费用和其他费用等），不超过该项目的计划投资限额，即业主所确定的投资目标值。同时要确保资金的合理使用，使资金和资源得到最有效的利用，以期达到最佳投资效益。

工程项目的投资目标是由投资估算、设计概算、承包合同价等随着工程项目建设实践的不断深入而逐步建立起来的，监理工程师在项目管理中要实现控制投资估算、控制设计概算、控制设计预算、控制承包合同价。

6.1 项 目 投 资 估 算

6.1.1 工程建设项目投资估算的作用

工程建设项目投资估算的准确性直接影响到项目的投资决策、基建规模、工程设计方案、投资经济效果，并直接影响到工程建设能否顺利进行。

(1) 项目建议书阶段的投资估算，是项目主管部门审批项目建议书的依据之一，并对项目的规划、规模起参考作用。

(2) 项目可行性研究阶段的投资估算，是项目投资决策的重要依据，也是研究、分析、计算项目投资经济效果的重要条件。当可行性研究报告被批准之后，其投资估算额就作为设计任务中下达的投资限额，即作为建设项目投资的最高限额，不得随意突破。

(3) 项目投资估算对工程设计概算起控制作用，设计概算不得突破批准的投资估算额，并应控制在投资估算额以内。

(4) 项目投资估算可作为项目资金筹措及制订建设贷款计划的依据，建设单位可根据批准的投资估算额进行资金筹措和向银行申请贷款。

(5) 项目投资估算是核算建设项目固定资产投资需要额和编制固定资产投资计划的重要依据。

(6) 项目投资估算是进行工程设计招标，优选设计单位和设计方案的依据。在进行工程设计招标时，投标单位报送的标书中，除了具有设计方案的图纸说明、建设工期等，还包括项目的投资估算和经济性分析，以便衡量设计方案的经济合理性。

(7) 项目投资估算是实行工程限额设计的依据。实行工程限额设计，要求设计者必须在一定的投资额范围内确定设计方案，以便控制项目建设和装饰的标准。

6.1.2 工程建设投资估算的内容

我国现行的建设项目投资构成包括的内容如图 6-1 所示：

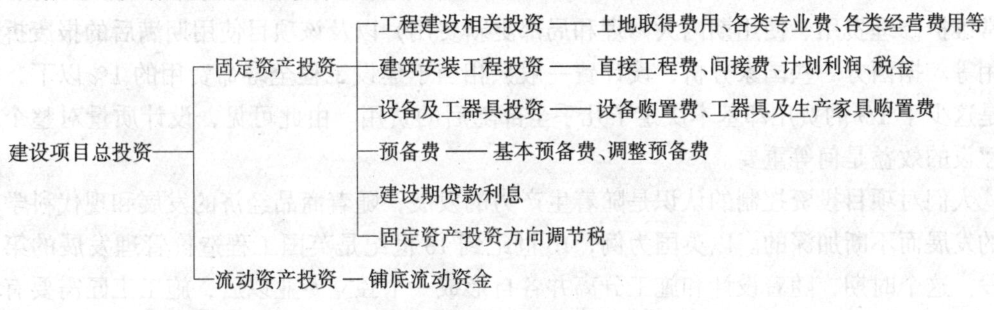

图 6-1 我国现行的建设项目投资构成

6.1.3 投资控制目标的设置

控制是为确保目标的实现而服务的。一个系统若没有目标，就不需要、也无法进行控制。目标的设置应是很严肃的，应有科学的依据。

工程项目建设过程是一个周期长、数量大的生产消费过程，建设者在一定时间内占有的经验知识是有限的，不但常常受着科学条件和技术条件的限制，而且也受着客观过程的发展及其表现程度的限制（客观过程的方面及本质尚未充分暴露），因而不可能在工程项目伊始，就能设置一个科学的、一成不变的投资控制目标，而只能设置一个大致的投资控制目标，这就是投资估算。随着工程建设实践、认识、再实践、再认识，投资控制目标一步步清晰、准确，这就是设计概算、设计预算、承包合同价等。也就是说，建设项目投资控制目标的设置应是随着工程项目建设实践的不断深入而分阶段设置。具体来讲，投资估算应是设计方案选择和进行初步设计的建设项目投资控制目标；设计概算应是进行技术设计和施工图设计的项目投资控制目标；设计预算或建安工程承包合同价则应是施工阶段控制建安工程投资的目标。有机联系的阶段目标相互制约，相互补充，前者控制后者，后者补充前者，共同组成项目投资控制的目标系统。

目标要既有先进性又有实现的可能性，目标水平要能激发执行者的进取心和充分发挥他们的工作能力。若目标水平太低，如对建设项目投资高估冒算，则对建设者缺乏激励性，建设者亦没有发挥潜力的余地，目标形同虚设；若水平太高，如在建设项目立项时投资就留有缺口，建设者一再努力也无法达到，则可能产生灰心情绪，使项目投资控制成为一纸空文。

6.1.4 以设计阶段为重点进行全过程投资控制

项目投资控制贯穿于项目建设的全过程，这一点是没有疑义的，但是必须重点突出。影响项目投资最大的阶段，是约占工程项目建设周期四分之一的技术设计结束前的工作阶段。在初步设计阶段，影响项目投资的可能性为 75% ~ 95%；而在技术设计阶段，影响项目投资的可能性为35%~75%；在施工图设计阶段，影响项目投资的可能性则为5%~35%。很显然，项目投资控制的关键在于施工以前的投资决策和设计阶段，而在项目作出投资决策后，控制项目投资的关键就在于设计。

建设工程全寿命费用包括项目投资和工程交付使用后的经常开支费用（含经营费用、日常维护修理费用、使用期内大修理和局部更新费用）以及该项目使用期满后的报废拆除费用等。据西方一些国家分析，设计费一般只相当于建设工程全寿命费用的1%以下，但正是这少于1%的费用却基本决定了几乎全部随后的费用。由此可见，设计质量对整个工程建设的效益是何等重要。

人们对项目投资控制的认识是随着生产力的发展，随着商品经济的发展和现代科学管理的发展而不断加深的。以英国为例，16世纪到18世纪是英国工程造价管理发展的第一阶段。这个时期，随着设计和施工分离并各自形成一个独立专业以后，施工工匠需要有人帮助他们对已完成的工程量进行测量和估价，以确定应得的报酬。这些人在英国被称为工料测量师，他们是在工程设计和工程完工以后测量工程量和估算项目投资。

在我国，项目投资估算是指在作初步设计之前各工作阶段中的一项工作。在作初步设计之前的投资决策过程可分为项目规划阶段、建议书阶段、初步可行性研究阶段、详细可行性研究阶段、评审阶段。不同阶段所掌握的资料和具备的条件不同，因而投资估算的准确程度不同，所起的作用也不同。我国项目投资估算的阶段划分、精度要求及其作用列于表6-1。

投资估算阶段划分、精度与作用 **表6-1**

投资估算阶段划分	投资估算误差率	投资估算的主要作用
项目规划阶段	≥±30%	(1) 按规划的要求和内容，粗估项目所需投资额 (2) 否定项目或决定是否进行深入研究的依据
项目建议书阶段	±30%以内	(1) 主管部门审批项目建议书的依据 (2) 否定或判断项目是否需要进行下阶段的工作
初步可行性研究阶段	±20%以内	据以确定项目是否进行详细可行性研究
详细可行性研究阶段	±10%以内	(1) 决定项目是否可行 (2) 可据此列入项目年度建设计划

6.1.5 工程建设投资估算的主要依据

估算建设项目投资的主要依据有：

(1) 项目建议书。

(2) 项目建设规模、产品方案。

(3) 工程项目、辅助工程一览表。

(4) 工程设计方案、图纸及主要设备、材料表。

(5) 设备价格、运杂费率，当地材料预算价格。

(6) 同类型建设项目的投资资料。

(7) 有关规定，如对项目建设投资的要求、银行贷款利息率等。

6.1.6 工程项目建设投资估算精度的影响因素

建设项目投资估算是一项很复杂的工作，因为有很多因素会影响项目投资估算的准确性，其主要影响因素有：

(1) 项目投资估算所需资料的可靠程度。如已运行项目的实际投资额、有关单元指标物价浮动指数、项目拟建规模、建筑材料、设备价格等数据和资料的可靠性。

(2) 项目本身的内容和复杂程度。如拟建项目本身比较复杂、内容很多时，那么剖算项目所需投资额时，就容易发生漏项和重复计算的事情。

(3) 项目所在地的自然条件。如建设场地条件、工程地质、水文地质、地震裂度状况和有关数据的可靠性。

(4) 项目所在地的建筑材料供应情况、价格水平、施工协作条件等。

(5) 项目的建设工期和有关建筑材料、设备价格的浮动幅度。

(6) 项目所在地的城市基础设施情况。如给排水、电讯、煤气供应、热力供应、交通、消防等基础设施是否齐备。

(7) 项目设计深度和详细程度。

(8) 项目投资估算人员的经验和水平等。

在实际估算项目投资时，应注意以下几点：

1) 注意不同时间和地区差价的调整。近几年来，各种有关建筑材料等涨价幅度比较大，在使用各项造价指标时，必须注意该项指标的编制年份和地区，对不同年份和地区间发生的差价应作适当地调整。

2) 注明使用外汇购买国外设备、引进技术时的兑换率。进口国外设备、引进国外先进技术的建设项目和涉外建设项目，其建设投资的估算额与外汇兑换率关系密切。

3) 注意留适当的不可预见费。对于建设工期长、工程复杂、新开发的项目，不可预见费所占比例应高一些；而对建设工期短、工程简单、重复建造的项目，不可预见费所占的比例应低一些。

4) 注意项目投资总额的综合平衡。实际进行项目投资估算时，常常会有从局部上对各单位工程的投资估算来看似乎是合理的，但从估算的建设项目所需的总投资额来看显得并不一定适当。因此，必须从总体上衡量工程的性质、项目所包括的内容和建筑标准等，是否与当前同类工程的投资额相称。还可以检查各单位工程的经济指标是否合适，从而再作一次必要的调整，使得整个建设项目所需的投资估算额更为合理。

5) 进行项目投资估算要认真负责、实事求是。进行项目投资估算时，应加强责任感，要认真负责地、实事求是地、科学地进行投资估算。既不可有意高估冒算，造成积压和浪费资金；也不应故意压价少估，而后进行投资追加，打乱项目计划。

6.1.7 工程项目建设投资估算方法

1. 生产规模指数估算法

该法是利用近期已建成的性质相同的建设项目的投资额或其设备投资额，估算拟建建设项目的投资额或设备投资额。其估算公式为：

$$x = y\left(\frac{C_2}{C_1}\right)^n \times C_f$$

式中 x——拟建建设项目的投资额；

y——已知性质相同的建设项目的投资额；

C_2——拟建建设项目的生产规模；

C_1——已知性质相同的建设项目的生产规模；C_1 和 C_2 必须用统一的生产规模指标；

C_f——考虑不同时期、不同地点引起的价格调整系数；

n——生产规模指数，一般取 $0.6 < n < 1.0$。选取 n 值的原则是：当 C_1 和 C_2 相近时，即两个项目生产规模差别不大时，取 n 近似等于 1；当 C_1 和 C_2 差别较大，靠增大设备或装置的尺寸扩大生产规模时，n 取 0.6~0.7；靠增加相同的设备或装置的数量扩大生产规模时，n 取 0.8~0.9。一般 C_2 和 C_1 的比值不宜超过 50 倍，在 10 倍以内效果最好。

2. 分项比例估算法

该法是将建设项目投资分为设备投资、建筑物与构筑物投资、其他投资三部分，先估算设备投资额，然后再按一定比例估算出建筑物与构筑物的投资额及其他投资额，最后将三部分投资额相加就可估算出建设项目总投资。

(1) 设备投资估算

设备投资估算采用设备出厂价加运输费、安装费等，其估算公式是：

$$K_1 = \sum_{i=1}^{n} Q_i \times P_i(1 + L_i)$$

式中 K_1——设备的投资估算值；

Q_i——第 i 种设备所需数量；

P_i——第 i 种设备的出厂价格；

L_i——性质相同的建设项目同类设备的运输、安装费系数；

n——所需设备的种数。

(2) 建筑物与构筑物投资估算

$$K_2 = K_1 \times L_b$$

式中 K_2——建筑物与构筑物的投资估算值；

L_b——性质相同的建设项目中建筑物与构筑物投资占设备投资的比例，露天工程取 0.1~0.2，室内工程取为 0.6~1.0。

(3) 其他投资估算

$$K_3 = K_1 \times L_w$$

式中 K_3——其他投资的估算值；

L_w——为性质相同的建设项目中其他投资占设备投资的比例。

(4) 建设项目总投资额的估算值则为：

$$K = (K_1 + K_2 + K_3) \times (1 + S\%)$$

式中 K——建设项目总投资额估算值;

$S\%$——考虑不可预见因素而设定的费用系数，一般为 10%～15%。

3. 资金周转率法

估算公式为:

$$资金周转率 = \frac{年销售总额}{总投资} = \frac{年产量 \times 单位产品售价}{总投资}$$

$$总投资 = \frac{年产量 \times 单位产品售价}{资金周转率}$$

该法简单易行，节约时间和费用。但投资估算的精度较低。

4. 单位面积综合指标估算法

该法适用于单项工程的投资估算，投资包括土建、给排水、采暖、通风、空调、电气、动力及其各种敷设管道等所需费用。其数学计算公式为:

单项工程投资额 = 建筑面积 × 单位面积造价 × 价格浮动指数 ± 结构和建筑标准部分的价差

5. 单元指标估算法

(1) 工业建设项目单元指标估算法:

项目投资额 = 单元指标 × 生产能力 × 物价浮动指数

(2) 民用建筑单元指标估算法:

项目投资额 = 单元指标 × 民用建筑功能 × 物价浮动指数

单元指标是指每个估算单位的投资额。例如，一般的工业项目按照单位生产能力投资指标单位为：啤酒厂以“元/t”、发电厂以“元/万 kW·h”、饭店以“元/客房间”、医院以“元/病床”、住宅小区或办公楼以“元/m²”等。

单元指标的估算一般都建立在以往工程的经验值或概算指标基础上。为了保证估算值的准确，这些历史资料要尽量采用最近的。

6. 专家咨询法

针对新项目，或对研究开发项目，由于它们很难进行系统说明，或很难确定其所有实施活动的组成，这时可用德尔菲（Delphi）法征询专家意见进行成本估算。这里所指的专家就是从事实际工程估价、成本管理的造价工程师或工程师。征询意见可以采用头脑风暴法或小组讨论法。征询意见时，应尽可能向专家提供有关此工程项目的详细资料，如工程项目目标的初步定义、工程项目的结构分解、相应的工程说明、环境条件等。按项目结构分解的层次引导各专家作出估算，并记录在卡片上再进行收集、归纳、整理。

对各专家给出的估算值应按下述不同情况分别进行处理:

(1) 按最高值和最低值求平均值，或将各个估算值进行加权平均。

(2) 如果各个估算值非常离散，出现大幅度的波动，则可以进一步请估算值最高者和最低者各自陈述理由，作出说明。特别对完成该项目单元的不同假设（估价的依据）必须进行讨论并记录，主持者将假设作一个统一说明，再提请专家进一步作估价。

(3) 如果在上述情况下仍不能达到统一，则可以将各项目单元再继续分解，针对所分解的低一级别的项目单元作估价。一般随着假设状态的统一和项目单元说明的细化，专家的意见会逐渐趋于一致。

6.2 项目成本计划

6.2.1 工程项目成本计划的基本原理

工程项目的成本是工程项目目标的一个重要方面。在工程项目的策划阶段，项目管理者根据项目总目标、项目的总规模、项目解决实际问题的能力、项目使用要求等方面对工程项目进行定义，形成项目的目标系统（包括技术系统目标），从而初步确定了项目的技术系统构成。针对技术系统的各个专业系统进行成本估算，就可估算项目对象系统的成本，从而整个项目对象系统的成本就可初步确定。但工程项目的成本不仅于此，它还应包含为实现该对象系统的所有活动（包括设计/计划、准备、招标、设备采购、验收）的成本。

我国工程项目费用构成主要包含建筑安装工程费用、设备、工器具购置费用、工程建设其他费用三大部分。在项目实施阶段，项目的活动主要包括勘察设计、建设配置保障、建筑工程招投标、设备采购、施工、竣工验收等。实际上，施工的费用构成了建筑安装工程费用；设备采购构成了设备、工器具购置费用；勘察设计、建筑配置保障、建筑工程招投标以及设备导购招投标等，基本构成了工程建设的其他费用。目前我国现行造价制度中，上述费用都是静态的，对实际工程中可能由于时间变化造成费用增加通过设备费和价差预备费来进行调整。但这仍然不能真正考虑时间的影响。

工程项目的成本计划应建立在项目的结构分解以及工程项目的进度计划之上。这是目前国外经常采用的一种成本估算方法。由于项目结构分解（WBS）能对工程项目进行全面的、详细的描述，当这些活动的进度安排已确立，那么各项活动所需资源（人工、各种材料、生产或功能设施、施工设备）相对比较确定，所以，将其最低级别的项目单元的估算成本通过汇总来确定工程项目的总成本是比较准确的。

6.2.2 工程项目成本计划的过程与阶段

在项目的策划以及实施过程中，成本计划有若干个阶段，每个阶段都会产生成本计划。它们分别在项目目标设计、可行性研究、设计和计划、施工过程、最终结算中产生，形成一个不断修改、补充、调整、控制和反馈过程。成本计划工作与项目各阶段的其他管理工作融为一体，是一项专业性很强的技术工作。从总体看，成本计划通常是经过确定项目总成本目标、成本目标逐层分解、项目单元成本估算，再由下而上逐层汇总，并进行对比分析的过程。

1. 在项目的目标设计时提出总投资目标

可行性研究对总投资目标进行进一步分析论证。项目被批准立项后，则该项目的计划总成本确定。这个成本将对项目的功能、规模、使用性能、标准等起决定性的影响；或者说，根据工程项目的自身特性（工业建筑、民用建筑、公路工程、桥梁工程、地铁工程、石油化工工程等)、项目的使用要求、项目的规模、项目的技术水平、设计规范等所确定的项目技术系统设计目标，对各个专业技术子系统进行成本估算，并汇总形成项目技术系统成本，同时分别估算设计和计划的成本，土地使用费、准备工作成本、招标成本、设备采购招标相关费用，最后将各项费用汇总而成工程项目总成本计划。根据项目的规模，对后面几项费用也可通过它们的进一步分解去估算下一级各项目单元后再汇总，这样的估算可能更精确一些。由于其中许多工作不是同一单位、同一专业完成的，各部分费用相对比较独立，具体估算的方法也可能不同，所以各专业技术系统应分开进行估算。通过可行性研究阶段利用价值工程原理进行设计方案、实施战略的选择与确定，这个费用可以得到进一步的调整和确定。当可行性研究经过批准后，其中各专业技术系统的成本将成为各专业限额设计的标准。

这一阶段的工作主要由业主负责。业主可自行组织项目部负责，也可委托咨询公司、设计单位完成。为了使投资估算真正起控制作用，必须维护投资估算的严肃性，要反对故意压低造价，有意漏项，向国家“钓鱼”，或有意抬高造价，向投资者多要钱的做法。

但由于这仅仅是投资估算，设计尚未开始，不可能有准确的成本计划。而且，在项目实施中，如果发生对项目新的期望，工期提前的要求，质量提高和工程范围的扩大，都必然导致成本的提高，实际工程还有许多影响因素，如通货膨胀、地质条件的变化、工程合同模式的不同，承包商的报价受市场竞争程度的影响等都可能导致实际成本产生变化。

所以投资估算的精确度在项目建议书阶段为±30%内，初步可行性研究阶段为±20%以内，详细可行性研究阶段为±10%以内，估算精确度的提高在于工程项目技术系统的进一步确定。

2. 设计阶段的成本计划

有了投资估算基准，设计部门可依此进行限额设计。设计部门按照批准的设计任务书及投资估算控制初步设计，按照批准初步设计总概算控制施工图设计，同时各专业在保证达到使用功能的前提下，按照其专业技术子系统的投资限额控制设计。

当设计部门初步设计或扩大初步设计完成后，工程项目进一步确定，一般还制定相应的实施计划。这时，工程项目的结构分解进一步细化，分解的项目单元因各单位工程及分部工程设计的范围初步确定，可比较可靠地进行估算。工程初步设计阶段的成本计划版本就可形成。将这些估算值通过汇总形成各专业技术子系统的估算，并与其限额相比较，当其小于限额要求时，工程项目的设计规模、设计标准、工程数量就可确定下来，并进一步作施工图设计。在施工图设计阶段，人们对地质报告、设备、材料的供应、协作条件、物资采购供应价格等得到确认，使得施工图设计深度加深，各单位工程的分部分项工作量可精确描述，相应地制定详细的实施计划，工程项目结构分解可在其工作包中对工作的成本进行比较精确的计算。这样就形成了施工图设计阶段的成本计划版本。但由于不能确定具体的实施方案，工程估算一般按常规做法进行，所以施工图设计阶段成本计划与承包商的施工成本计划可能有比较明显的差别。

设计阶段的成本计划是由设计单位通过限额设计作出的，它要求不能突破投资估算所允许的范围，这是业主赋予设计单位的责任。目前我国业主一般聘请造价事务所根据施工图预算做标底，一旦施工图设计阶段的成本计划得到确认，则工程项目的成本计划就相对固定下来。

3. 招投标阶段的成本计划

业主一般通过招标投标选择承包商，承包商根据招标文件和对施工环境的调查了解编制投标报价。由于承包商的管理水平和技术水平的差异，以及招投标市场手段的调节，承包商的投标策略的不同，各承包商的报价一般有比较明显的差额。经过资格审查后，业主往往选择报价较低的承包商，并签订工程承包合同。

承包商的投标报价是根据对材料、设备的市场询价、劳动力的组织、施工方案的确定、进度计划安排、施工准备工作要求等作出的。目前我国是按照建筑工程预算定额及费用定额计算的，其施工方案、工期、质量要求、临时设施等都在定额中作了基本假定。由于预算定额都是一个统一的标准，所以预算价格差别不大。

业主同样采用招标投标方法选择材料、设备供应商，并签订供货合同。合同签订后，承包商及供应商的报价就成为合同价。这就形成了工程项目施工阶段的计划成本。事实上，业主是按施工项目的时间进度来分部支付合同价款的，同时，不同的项目实施进度，其成本计划不同，所以成本计划必然与项目进度计划相关。

承包商或供应商的合同价就成为其各自的成本责任，他们将依此控制其内部成本，并分解落实形成其内部的计划成本。对业主而言，不要因为目前“买方市场”的因素，盲目压低承包商的报价。实际上成本与质量、进度是相对应的。如果承包商由于报价过低失去盈利或保本的可能性，他同样可能失去质量与进度控制的积极性，甚至可能中途退场，这都将对业主的工程项目造成不良影响，甚至严重损害业主的项目战略。目前承包商报价的编制方法，在我国一般采用建筑工程预算定额单价法或实物法编制，而国际工程中承包商首先对建筑资料市场进行咨询和预测，计算各种主要材料的单价、设备单价、人工单价、成品和半成品单价等，然后计算工程量清单中各个项目的单价，并按实计算工程管理费用，再分摊到工程量清单中各个项目中，最后形成其综合单价。具体方法有定额估价法、作业估价法和匡算法。

工程实施中的成本计划，有以下几个方面：

(1) 已完成或已支付成本，即在实际工程上的成本消耗，它表示工程和实际完成的进度。

(2) 追加成本费用。工程常见的工程变更、环境变化、合同条件变化都会导致合同价款的追加。当上述原因是一个有经验的承包商可预料的，则承包商根据合同要求向业主进行索赔，索赔成功后，合同价格则得到追加。

(3) 剩余成本计划。即按当时的环境，要完成余下的工程还需要投入的成本。它实质上是项目前期以后的计划成本值。这样项目管理者可以一直对工程结束前的成本状态、收益状态进行预测和控制。

（4）最终实际成本和清算价格。施工结束后，必须按照统一的成本规则（一般按建筑工程要素）对工程项目的成本状况进行统计分析，储存资料，作为以后工程成本计划的依据。

6.3 项目投资过程控制

投资控制是集建设项目的技术、经济与管理工作于一体的综合性工作，要求既高又全面，因此是贯穿于项目全寿命过程中的约束因素。投资控制的性质决不是单纯的经济工作，投资控制的任务也决不仅是财务部门的事，而是技术、经济与管理的综合。投资控制的时间决不限于施工阶段，应在设计准备、设计、招投标、发包、施工、运营前准备等各个阶段进行投资控制。有人说还没有开工，等开工了就安排人搞投资控制，认为不花钱就不存在投资控制问题，这是一种老观念。投资控制的措施不仅仅指审核概算，控制施工过程的费用，而是指组织、经济、技术、合同方面的措施。投资控制的立足点是一次投资的节约与项目全寿命的经济性分析。在投资控制问题上，要避免只考虑投资控制仅仅是个经济问题、措施上只需要采取经济措施，避免在时间上只考虑施工阶段是否节约及立足于只考虑项目的一次性投资的减少或节约等措施，而是要进行全面考虑。

项目实施过程中，监理工程师在各个阶段投资控制的主要工作可概述如下。

6.3.1 建设前期阶段的投资控制

项目建设前期阶段（决策）投资控制的主要内容是，通过对建设项目在技术、经济和施工上是否可行，进行全面分析、论证和方案比较，确定项目的投资估算数，它是建设项目设计概算的编制依据。这一阶段的具体工作应包括：

（1）在工程项目开始阶段，业主根据项目的使用要求、建设目标、建设规模、技术条件等提出工程项目。这时，监理工程师应会同设计人员、工程人员、造价管理人员共同研究和提出初步投资建议，对拟建项目作出初步的经济评价。应尽早编制相应工程项目的结构分解 WBS，并以 WBS 的各级项目单元为对象进行投资额分项估算。

（2）在可行性研究阶段，项目目标设计已完成，项目已进行定义，并且项目的地址、技术协作条件已经落实。项目组织者可对项目各种拟建方案进行初步投资估算，并论证每一方案在功能上、技术上和财务上的可行性。

（3）在方案建议阶段，应按照不同的设计方案编制估算书，以便业主能确定拟建项目的布局、设计和施工方案。

（4）在初步设计阶段，制订投资分项初步概算，根据概算及工程项目建设计划，制订资金支出初步估算表，以保证投资得到最有效的运用，并可作制定项目投资限额之用。

（5）在施工图设计阶段，根据施工图及预算定额测算的工程量及当时的价格，编制分项施工图预算，并将它们与项目投资限额相比较。

（6）对不同的设计及材料进行成本研究，以保证工程项目在投资限额范围内进行设计。

（7）就工程招标程序及其工程投标报价方面的规定、合同战略（承发包模式、分标模式、合同的计价方式、合同文本形式）进行仔细安排。这是业主在图纸设计完成后，对工程项目投资所能进行的最强有力的控制，这对业主的工程实际支付情况以及承包商的成本控制都具有深刻的影响。

(8) 针对工程项目可能的分标情况，制订招标文件、工程量清单、合同条款、工程量说明书。这些是拟参加投标的承包商进行投标报价的主要依据，因而通过合理制订这些招标文件就可能有效地限制承包商的报价，从而达到控制工程项目投资的目的。

(9) 结合工程的特点，确定科学的评标方法，如经评审的最低投标价法、综合评估法等，评标时主要考虑报价、工期、施工方案、质量保证措施等综合因素。选定中标者后，对其投标报价进行分析，计算管理费率、利润率、用工量、各种材料用量、人工、材料的基价等，通过这些分析，还可把握承包商的投标策略，这些信息为业主、项目组织者或工程师对施工索赔管理提供了强有力的保证。

6.3.2 施工阶段的投资控制

工程项目的施工阶段是工程项目生命周期中的一个重要环节，业主通过招标将工程项目的实施发包给承包商，承包商组织一切实施活动，包括施工项目组织的建立、劳动力的调配与安排及各种资源采购、运输及转换等，按施工图及规范实现工程项目。所以，工程项目中最大的一部分成本实际上是通过承包商的实施活动产生的，而监理工程师在工程项目施工阶段中对投资控制的任务主要是：确定合同的计价方式，确定合同文本及其条款，确定承包商的合同价，控制承包商的实施支付申请，进行索赔管理及工程款的结算。这一阶段的具体工作应包括：

(1) 工程开工后，监理工程师应督促、检查承包商严格执行工程合同。审核承包商提交的申请支付报表，综合评价承包商当月的工程完成情况，如工程量及进度完成情况。特别应注意保留金的扣除及应退还的预付款，以及每月的索赔款。

(2) 定期制订最终成本估计报告书，反映施工中存在的问题及投资的支付情况。

(3) 严格控制设计变更以及由于业主、项目组织者或工程师工作不当而引起的工程变更，控制变更申请程序。变更是造成承包商索赔的主要人为因素，控制好变更，就能减少承包商的索赔，使工程实际支付尽量控制在承包合同价的范围内。

(4) 严格按照合同文件的规定及合同与索赔管理的程序，审核、评估承包商提出的索赔，对承包商不合理的索赔要求进行反击，有时甚至因承包商不能正确履行承包合同而对承包商提出索赔。

(5) 审核承包商工程竣工报告，根据对竣工工程量的核算和对承包商其他支付要求的审核，确定工程竣工报表的支付金额。

(6) 做好项目投资控制执行情况的总结。

6.3.3 工程项目投资控制中的技术与方法

1. 工程项目的投资估算

由于工程项目建设周期长，在工程项目策划阶段项目技术系统尚不能明确，建设者在一定时间内拥有的经验知识有限，常常受科学条件和技术条件的限制，而且受客观过程的发展及其表现程度的限制，因而不可能在工程伊始就设置一个科学的、一成不变的投资控制目标，只能设置一个大致的投资控制目标，这就是投资估算。

工程建设投资估算的准确性直接影响到工程项目的投资决策、基建规模、工程设计方案、投资经济效果，并直接影响到工程项目建设能否顺利进行。

2. 工程项目经济评价

工程项目经济评价，在项目建议书阶段，是审批项目建议书的依据之一；在可行性研究阶段，是项目投资决策的重要依据；在可行性研究报告之后，又作为设计任务中下达的投资限额，它对工程设计概算起控制作用，是进行工程设计招标、优选设计单位和设计方案的依据。

工程建设项目的经济评价是在项目可行性研究中，对拟建项目方案计算期内各种有关技术经济因素和项目投入与产出的有关财务、经济资料数据进行调查、分析、预测，对项目的财务、经济数据进行调查、分析、预测，对项目的财务、经济、社会效益进行计算、评价、分析，比较各项目方案的优劣，从而确立和推荐最佳项目方案。

3. 价值工程

价值工程，又称价值分析，是运用集体的智慧和有组织的活动，着重对产品进行功能分析，使之以最低的总成本，可靠地实现产品的必要功能，从而提高产品价值的一套科学的经济分析方法。

价值工程是把技术与经济结合起来的管理技术，价值工程的运用需要多方面的业务知识和业务数据，也涉及到许多技术部门和经济部门，所以必须按系统工程的要求，把有关部门组织起来，通力合作，才能取得理想的效果。

通过对价值工程的应用，能使产量与质量、质量与成本的矛盾得到完美的解决。对于工程项目，同一建设项目，同一单项、单位工程可以有不同的设计方案，因而会有不同的造价，就可采用价值工程进行方案的选择。价值工程认为，对上位功能进行分析和改善比对下位功能效果要好，对功能领域进行分析和改善比对单个功能效果要好。因此，价值工程既可用于工程项目设计方案的分析选择，也可用于单位工程设计方案的分析选择，还可用于施工方案的选择以及施工项目成本的控制。

4. 限额设计

所谓限额设计，就是按照批准的设计任务书及投资估算控制初步设计，按照批准的初步设计总概算控制施工图设计，同时各专业在保证达到使用功能的前提下，按分配的投资限额控制设计，严格控制技术设计和施工图设计中的不合理变更，保证总投资限额不被突破。限额设计的控制对象是影响工程设计静态投资（或基础价）的项目。

投资分解和工程量控制是实行限额设计的有效途径和主要方法。限额设计是将上一阶段设计审定的投资额和工程量先分解到各专业，然后再分解到各单位工程和分部工程。限额设计的目标体现了设计标准、规模、原则的合理确定及有关概预算基础资料的合理取定，通过层层分解（这种分解最好结合工程项目结构分解 WBS)，实现了对投资限额的控制与管理，同时也实现了设计规模、设计标准、工程数量与概预算指标等各个方面的控制。

限额设计分为纵向控制与横向控制。纵向控制，就是随着不同设计阶段的深入，即从可行性研究、初步勘察、技术设计直到施工图设计，限额设计都必须贯穿到各个阶段，而在每一阶段还必须贯穿于各专业的每道工序。在每个专业、每道工序，都要把限额设计作为重点工作内容，明确限额目标，实行工序管理。各个专业限额的实现，是实现投资控制的保证，要改变和克服各个环节相互脱节的现象。横向控制的主要工作就是健全和加强设计单位对业主以及设计单位内部的经济责任制，而经济责任制的核心是正确处理好责、权、利三者之间的关系。在这三者关系中，责任是核心，必须明确设计单位及其内部各有关人员、各专业科室对限额设计所负的责任，责任的落实越接近个人，效果越明显。为保证设计单位及其设计人员履行责任，应赋予设计单位及其各专业设计人员一定的权力，权力要与责任相一致。同时，为调动责任者履行其责任的积极性，要建立起限额设计的奖惩机制。

5. 工程建设设计概算、施工图预算及标底的编制与审查

(1) 审查设计概算的方法和步骤

1) 全面审查法

全面审查法是指按照全部施工图的要求，结合有关预算定额分项工程中的工程细目，逐一、全部地进行审核的方法。其具体计算方法和审核过程与编制预算的计算方法和编制过程基本相同。全面审查法的优点是全面、细致，所审核过的工程预算质量高，差错比较少；缺点是工作量太大。全面审查法一般适用于一些工程量较小、工艺比较简单、编制工程预算力量较薄弱的设计单位所承包的工程。

2) 重点审查法

抓住工程预算中的重点进行审查的方法，称重点审查法，一般情况下，重点审查法的内容如下：

①选择工程量大或造价较高的项目进行重点审查。

②对补充单价进行重点审查。

③对计取的各项费用的费用标准和计算方法进行重点审查。

重点审查工程预算的方法应灵活掌握。例如，在重点审查中，如发现问题较多，应扩大审查范围；反之，如没有发现问题，或者发现的差错很小，应考虑适当缩小审查范围。

3) 经验审查法

经验审查法是指监理工程师根据以前的实践经验，审查容易发生差错的那些部分工程细目的方法。如土方工程中的平整场地和余土外运，土壤分类等；基础工程中的基础垫层，砌砖、砌石基础，暖沟挡土墙工程，钢筋混凝土组合柱，基础圈梁、室内暖沟盖板等，都是较容易出错的地方，应重点加以审查。

4) 分解对比审查法

把一个单位工程，按直接费与间接费进行分解，然后再把直接费按工种工程和分部工程进行分解，分别与审定的标准图预算进行对比分析的方法，称为分解对比审查法。这种方法是把拟审的预算造价与同类型的定型标准施工图或复用施工图的工程预算造价相比较，如果出入不大，就可以认为本工程预算问题不大，不再审查。如果出入较大，比如超过或少于已审定的标准设计施工图预算造价的1%或3%以上（根据本地区要求），再按分部分项工程进行分解，边分解边对比，哪里出入较大，就进一步审查那一部分工程项目的预算价格。

(2) 审查施工图预算的方法

监理工程师在预算审查中，除了注意审查内容外，还必须采用有效的审查方法，以提高审查质量，加快审查速度。主要审查方法有以下几种：

1）逐项审查法。所谓逐项审查法，又称全面审查法。就是按定额顺序或施工顺序，对各个分项工程中的工程细目从头到尾逐项详细审查的一种方法。其优点是全面、细致，审查质量高、效果好。缺点是工作量大，时间较长。这种方法适合于一些工程量较少、工艺比较简单的工程。

2）用标准预算审查法。用标准预算审查法，就是对于利用标准图纸或通用图纸施工的工程，先集中力量，编制标准预算，以此为标准审查预算的一种方法。按标准设计图纸或通用图纸施工的工程，一般上部结构和作法相同，只是由于现场施工条件或地质情况不同，而在基础部分做局部改变。对这样的工程预算就不需要逐一详细审查，事前可以集中力量编制或全面细审这种标准图纸的预算，作为标准预算。以后凡是用这种标准图纸的工程其工程量都以标准预算为准，对照审查，局部修改的部分单独审查即可。这种方法的优点是时间短，效果好，好定案。其缺点是适用范围小，只能对按标准图纸的工程执行。

3）分组计算审查法。分组计算审查法，就是把预算中有关项目划分若干组，利用同组中一个数据审查分项工程量的一种方法。采用这种方法，首先把若干分部分项工程，按相邻且有一定内在联系项目进行编组。利用同组中分项工程间具有相同或相近计算基数的关系，审查一个分项工程数量，就能判断同组中其他几个分项工程间具有相同或相近计算基数的关系。审查一个分项工程数量，就能判断同组中其他几个分项工程量的准确程度。例如，一般的建筑工程中的底层建筑面积、地面面层、地面垫层、楼面面层、楼面找平层、楼板体积、顶棚抹灰、天棚刷浆及屋面层可编为一组。首先把底层建筑面积、楼（地）面面积求出来，楼面找平层、顶棚抹灰、刷白的面积与楼（地）面面积相同。用地面面积乘垫层厚度，求出垫层的工程量，用楼面的面积乘楼板折算厚度，就可求出楼板的工程量。本组中的其他分项工程的工程量也根据底层建筑面积同样计算。此法特点是审查速度快、工作量小。

4）对比审查法。对比审查法，就是用已建成的工程预算或虽未建成但已审查修正的工程预算对比审查拟建的同类工程预算的一种方法。采用这种方法，一般有以下几种情况：

①新建工程和拟建工程采用同一个施工图，但是基础部分和现场施工条件不同，则相同的部分可采用对比审查法。

②两个工程的设计相同，但是建筑面积不同，两个工程的建筑面积之比与两个工程各分部分项工程量之比基本是一致的。因此，可按分项工程量的比例，审查新建工程各分部分项工程的工程量。或者用两个工程的每平方米建筑面积造价以及每平方米建筑面积的各分部分项工程量进行对比审查。

③两个工程面积相同，但设计图纸不完全相同，则对相同的部分，如厂房中的柱子、

房架、屋面、砖墙等，可进行工程量的对照审查；对不能对比的分部分项工程可按图纸计算。

采用对比审查法，要求对比的两个工程条件相同。

5）筛选法审查。筛选法是统筹法的一种。这种方法的原理同样可用在审查施工图预算上。因为建筑工程虽然有面积的大小和高度的不同，但是它们的各分部分项工程的单位建筑面积的数字变化却不大。因此，把这样的一些分部分项工程加以汇集、优选，找出这些分部分项工程在每单位建筑面积上的工程量、价格、用工的基本数值，归纳为工程量、价格、用工三个单方基本值表，并注明基本值的适用的建筑标准。这些基本值尤如“筛子孔”，用来筛各分部分项工程，筛下去的就不审了。没有筛下去的就意味着此分部分项工程的单位建筑面积数值不在基本值范围之内，那么就要对该分部分项工程详细审查。如果所审查的预算的建筑标准与“基本值”所适用的标准不同，就要对其进行调整。

筛选法的优点是简单易懂，便于掌握，审查速度快，发现问题快。但解决差错问题，尚需继续审查。因此，此法适用于住宅工程或不具备全面审查条件的工程。

6）重点审查法。重点审查法，就是抓住工程预算中的重点进行审核的办法。审查的重点一般是指：工程量大或造价较高的各种工程、补充单位估价、计取的各项费用（计取基础、取费标准等）。重点审查法的优点是重点突出，审查时间短，效果好。

7）利用手册审查法。利用手册审查法，就是指把工程中常用的构件、配件等，事前整理成预算手册，按手册对照审查的方法。例如把几乎每个工程都有的洗池、大便台、检查片等预制构配件，按标准图计算出工程量，套上单价，编制成预算手册使用。

(3) 审查标底的方法

审查标底的方法与概预算的审查方法基本相同。一是工程量的审查。着重审查主要项目的工程量是否大致合理，可先从单位面积指标的含量判断各项混凝土工程（如地面、屋面、天棚、门窗、主要装饰工程）的每平方米含量是否相称，各有关项目间的数据是否相称以及有无遗漏项目等，若发现问题再作重点深入的细审。二是单价的审查。着重审查套用定额是否正确，换算是否恰当，补充单价是否合理，采用的实际材料、设备价格是否有偏高、偏低情况。三是经费及调价的审查。主要审查调价及经费有无不当或遗漏之处。四是各种包干费用和主要材料指标的审查。主要审查包干费用是否合理，主要材料指标是否有偏高、偏低情况等等。五是标底造价的审查。着重审查各单位工程单方造价是否合理、总造价是否符合实际等。

6. 投资偏差分析

在投资控制中，投资的实际值与计划值相比，可能产生偏差，因此应对产生偏差的原因及纠偏措施进行分析研究，同时应考虑实际进度与计划进度所产生的偏差对投资偏差分析的结果有重要影响。在进行投资偏差分析时，要同时对局部偏差和累计偏差进行分析。所谓局部偏差，一是相对于总项目的投资而言，指各单项工程、单位工程和分部分项工程的偏差；二是相对项目实施的时间而言，指每一项目控制周期产生的偏差，累计偏差就是局部偏差的累加，最终的累计偏差就是项目投资的偏差。

偏差分析可采用不同的方法，常用的有横道图法、表格法和赢得值法。

（一）横道图法

用横道图法进行投资偏差分析，是用不同的横道标识已完工程计划投资、拟完工程计划投资和已完工程实际投资，横道的长度与其金额成正比例。

横道图法具有形象、直观、一目了然等优点，它能够准确表达出投资的绝对偏差，而且能一眼感受到偏差的严重性。但是，这种方法反映的信息量少，一般在项目的较高管理层应用。

（二）表格法

表格法是进行偏差分析最常用的一种方法。它将项目编号、名称、各投资参数以及投资偏差数综合归纳入一张表格中，并且直接在表格中进行比较。由于各偏差参数都在表中列出，使得投资管理者能够综合地了解并处理这些数据。

用表格法进行偏差分析具有如下优点：

（1）灵活、适用性强。町根据实际需要设计表格，进行增减项。

（2）信息量大。可以反映偏差分析所需的资料，从而有利于投资控制人员及时采取针对性措施，加强控制。

（3）表格处理可以借助于计算机，从而节约大量的人力，并大大提高速度。

（三）赢得值法

赢得值法是用投资累计曲线（S形曲线）来进行投资偏差分析的一种方法，见图6-2。其中s表示投资实际值曲线，j表示投资计划值曲线，两条曲线之间的竖向距离表示投资偏差。

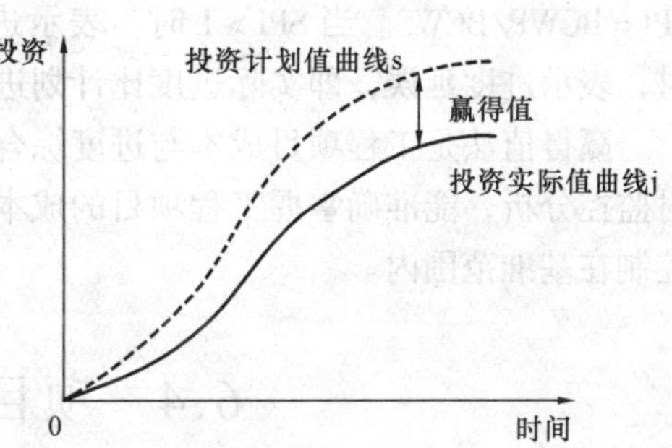

图6-2　投资计划值与实际值曲线

利用赢得值法的过程中，应用的参数主要有：

计划值BCWS（Budgeted Cost of Work Scheduled）：根据批准认可的进度计划和预算到某一时刻点应当完成的工作所需投入资金的累计值，可以理解为“计划要完成多少工作量”。这个值对衡量项目进度和项目费用都是一个标尺和基准。一般来说，BCWS在工作实施过程中应保持不变，除非合同有变更。如果合同变更影响了工作的进度和费用，经过批准认可，BCWS基准也应作相应的更改。按我国的习惯，建设方一般将其称为“计划投资额”，承包商一般将其称为“计划完成产值”。

赢得值BCWP（Budgeted Cost of Work Perfarmed）：已经完成工作的预算费用，即根据批准认可的预算，到某一时刻点已经完成的工作所需投入资金的累计值（已完成工作的货币体现），可以理解为“已经完成了多少工作量”。由于业主正是根据这个值对承包商完成的工程量进行支付，也就是承包商获得（赢得）的金额，故称赢得值（赢得值、挣值）。按照我国的习惯，在建设方的角度赢得值可称为“完成投资额”，在承包商的角度可称为“获得的工程价值”。

实际费用ACWP（Actual Cost of Work Performed）：到某一时刻点已完成工作所实际花费的总金额，可以理解为“完成赢得值花费了多少钱”。按照我国的习惯，在建设方的角度可称为“消耗投资额”，在承包商的角度可称为“实际支出成本”。

费用差值CV（Cost Variance）。CV是某个日期检查点上赢得值BCWP与实际值ACWP

之间的差值，即：

CV = 赢得值 BCWP − 实际值 ACWP

当 CV 为正值时，表示节余，实际费用没有超过预算费用。若在几个不同的检查点都出现此问题，则说明项目费用执行效果不好。

进度差值 SV（Schedule Variance）。SV 是某个日期检查点上赢得值 BCWP 与计划值 BCWS 之间的差值，即：

SV = 赢得值 BCWP − 计划值 BCWS

当 SV 为负值时，表示进度延误；当 SV 为正值时，表示进度提前。CV < 0，SV < 0，表示项目运行的效果不好，费用超支，进度拖延，应该采取相应的补救措施。

费用绩效指数 CPI（Cost Perfomance lndex）。CPI 是指赢得值与实际值的比值，即 CPI = BCWP/ACWP。当 CPI > 1 时，表示节余，即实际费用低于预算费用；当 CPI < 1 时，表示超支，即实际费用高于预算费用。

进度绩效指数 SPI（Schedule Performarce lndex）。SPI 是指赢得值与计划值的比值，即 SPI = BCWP/BCWS。当 SPI > 1 时，表示进度提前，即实际进度比计划进度快；当 SPI < 1 时，表示进度延误，即实际进度比计划进度拖后。

赢得值法是工程项目成本与进度综合度量和监控的有效方法。通过对指标和参数的及时监控分析，能准确掌握工程项目的成本与进度状况和趋势，进而采取纠偏措施使项目能控制在基准范围内。

6.4 项目投资估算案例

某建设项目方案的主要技术经济指标如表 6-2 所示。

主要技术经济指标汇总表 **表 6-2**

序　号	名　称	单　位	数　量	备　注
1	规划建设用地面积	m^2	173000	
2	总建筑面积	m^2	58520	
2.1	住宅面积	m^2	55290	
2.2	公建设施面积	m^2	2530	
2.3	地下停车场面积	m^2	700	
3	建筑物占地面积	m^2	23370	
4	建筑密度	%	13.5	
5	容积率		0.34	
6	绿化率	%	69	
7	居住户数	户	197	

本项目的开发经营期为 5 年，其中建设期 3 年，经营期 2 年。其中商品房预售期为 1 年，具体开发经营周期安排见表 6-3。

1. 本项目的投资估算依据为：

(1) 国家建设部 2000 年 9 月发布的《房地产开发项目经济评价方法》。

(2) 国家及南京市对房地产开发项目费用取定的相关文件。

（3）××市规划管理部门提出的规划设计要点及项目的初步方案。

（4）项目用地现状的调查资料。

2. 销售单价的估算

根据××市房地产市场调查与分析，结合××市近期别墅销售价格，对别墅销售价格进行了预测，确定单体别墅售价 8000 元/m^2，联排别墅售价为 6000 元/m^2，有偿出售的地下停车场车位约为 10 万元/个。

3. 可销售面积的确定

可销售的住宅面积为 55290m^2，可销售的停车场面积为 700m^2（即 50 个车位）。

项目开发经营周期横道图　　表 6-3

时间 / 内容	2001				2002				2003				2004				2005			
	1	2	3	4	1	2	3	4	1	2	3	4	1	2	3	4	1	2	3	4
投资决策及前期工作	—	—	—	—																
施工及竣工验收					—	—	—	—	—	—	—	—								
商品房预售									—	—	—	—								
现房销售													—	—	—	—	—	—	—	—

4. 销售计划

据××市目前房地产市场状况及拟建项目的实际情况，别墅及地下停车场销售按表 6-4 所示比例估算。预售部分款项在签定预售合同、交割时分别按 30%和 70%收取，现房款项在交割时一次性收取。

销售比例估算表　　表 6-4

年份 / 类型	2002	2003	2004	2005
联排及独立别墅	20%	40%	20%	20%
地下停车场	20%	40%	20%	20%

5. 经营税金及附加

根据《中华人民共和国营业税暂行条例》等有关规定，营业税按销售收入的 5%计算，城市维护建设税按营业税的 7%计算，教育费附加按营业税的 3%计算。

6. 项目总投资的构成，不含财务费用（表 6-5）

项目总投资估算表　单位：万元　　表 6-5

序　号	名　　称	估　算　金　额	第 0 年	第 1 年	第 2 年
1	开发建设投资	14279.24			
1.1	土地费用	5190	100%		
1.2	前期工程费用	468.16	100%		

续表

序 号	名 称	估 算 金 额	第0年	第1年	第2年
1.3	基础设施建设费	877.80	100%		
1.4	建筑安装工程费	5585	10%	33%	57%
1.5	公共配套设施建设费	223.80	63%	33%	4%
1.6	开发间接费	61.72	50%	20%	30%
1.7	管理费用	308.62	33%	33%	34%
1.8	财务费用				
1.9	销售费用	246.90	17%	50%	33%
1.10	开发期税费	971.02	41%	33%	26%
1.11	其他费用	99.33	55%	33%	12%
1.12	不可预见费	246.89	33%	33%	34%
2	经营资金	0			
3	项目总投资	14279.24			
合 计			7944.36	2589.23	3745.65

7 工程项目质量控制

质量从广义上是指“产品、过程或服务能够满足规定（或潜在）需要的特征和特性的总和”。质量的主体不仅包括产品，而且包括活动、过程、组织体系或人，以及他们的结合。“需要”通常被转化为有规定准则的特性，如适用性、安全性、可信性、可靠性、维修性、经济性、美观和环境协调等方面，在许多情况下，“需要”随时间、环境的变化而改变，这就要求定期修改反映这些“需要”的各种文件。明确“需要”是指在合同、标准、规范、图纸、技术文件中已经作出明确规定的要求；隐含“需要”则应加以识别和确定，它一是指顾客或社会对实体的期望；二是指那些人们所公认的、不言而喻的、不必作出规定的“需要”，如住宅应满足人们最起码的居住功能即属于“隐含需要”。获得满意的质量要涉及到全过程各阶段相互作用的众多活动的影响，有时为了强调不同阶段对质量的作用，可以称某阶段对质量的作用或影响，如“设计对质量的作用或影响”、“施工对质量的作用或影响”等。

7.1 工程项目质量概述

工程项目质量是国家现行的有关法律、法规、技术标准、设计文件及工程合同中对工程的安全、使用、经济、美观等特性的综合要求。工程项目一般都是按照合同条件承包建设的，因此，工程项目质量是在“合同环境”下形成的。合同条件中对工程项目的功能、使用价值及设计、施工质量等的明确规定都是业主的“需要”，因而都是质量的内容。

7.1.1 质量管理标准

ISO是国际标准化组织（International Organization for Standardization）的英文缩写。ISO 9000系列是1987年3月该组织正式发布的《质量管理和质量保证》系列。应该注意的是，ISO 9000并不是产品或服务的系列标准，也不是特别针对某一行业。通过ISO质量体系认证的组织并不能完全保证提供高品质的产品或服务。它实际是应用于世界上任何产品、服务或过程中的质量管理体系，因此它同样适用于工程项目质量控制。

为了更好地发挥ISO 9000族标准的作用，使其具有更好的适用性和可操作性，2000年12月15日ISO正式发布新的ISO 9000、ISO 9001和ISO 9004国际标准。我国于1988年发布了与之相应的GB/T10300系列标准，并“等效采用”。为了更好地与国际接轨，又于1992年10月发布了GB/T19000系列标准，并“等同采用ISO 9000族标准”。1994年国际标准化组织发布了修订后的ISO 9000族标准后，我国及时将其等同转化为国家标准。2000年12月28日国家质量技术监督局正式发布GB/T19000－2000（idt ISO 9000：2000），GB/T19001－2000（idt ISO 9001：2000），GB/T19004－2000（idt ISO 9004：2000）三个国家标准。

7.1.2 质量管理的原则

GB/T19000－2000族标准为了成功地领导和运作一个组织，针对所有相关方的需求，实施并保持持续改进其业绩的管理体系，做好质量管理工作。为了确保质量目标的实现，明确了以下八项质量管理原则：

(1) 以顾客为关注焦点。组织依存于其顾客，因此，组织应理解顾客当前的和未来的需求，满足顾客要求并争取超越顾客期望。

(2) 领导作用。领导者建立组织统一的宗旨及方向，他们应当创造并保持使员工能充分参与实现组织目标的内部环境。

(3) 全员参与。各级人员是组织之本，只有他们的充分参与，才能使他们的才干为组织带来收益。

(4) 过程方法。将活动和相关的资源作为过程进行管理，可以更高效地得到期望的结果。过程方法或PDCA（P——策划，D——实施，C——检查，A——处置）模式适用于对每一个过程的管理，这是公认的现代管理方法。

(5) 管理的系统方法。将相互关联的过程作为系统加以识别、理解和管理，有助于组织提高实现目标的有效性和效率。质量管理的系统方法，就是要把质量管理体系作为一个大系统，对组成质量管理体系的各个过程加以识别、理解和管理，以达到实现质量方针和质量目标。

(6) 持续改进。持续改进整体业绩应当是组织的一个永恒的目标。进行质量管理的目的就是保持和提高产品质量，没有改进就不可能提高。持续改进是增强满足要求能力的循环活动，通过不断寻求改进机会，采取适当的改进方式，重点改进产品的特性和管理体系的有效性。

(7) 基于事实的决策方法。对数据和信息的逻辑分析或直觉判断是有效决策的基础。以事实为依据做决策，可以防止决策失误。通过合理运用统计技术，来测量、分析和说明产品和过程的变异性，通过对质量信息和资料的科学分析，确保信息和资料的足够准确和可靠，基于对事实的分析、过去的经验和直观判断做出决策并采取行动。

(8) 与供方互利的关系。组织与供方是相互依存的，互利的关系可增强双方创造价值的能力。

7.1.3 工程项目质量管理的对象

工程项目质量管理的对象主要是工程质量。它是一个综合性的指标，包括如下几个方面：

(1) 工程投产运行后，所生产的产品（或服务）的质量，该工程的可用性、使用效果和产出效益，运行的安全度和稳定性。

(2) 工程结构设计和施工的安全性和可靠性。

(3) 所使用的材料、设备、工艺、结构的质量以及它们对工程的耐久性和寿命的影响。

(4) 工程的其他方面，如外观造型、与环境的协调、项目运行费用的高低以及可维护性的可检查性等。

由于工程项目是一次性的，在项目初期质量（功能、技术要求等）的定义不是很清楚，而项目质量管理与通用的企业生产质量管理又有很大的区别，致使在实际工程中，项目质量管理十分困难，尽管人们作了很大的努力，但漏洞很大，效果不大。

7.1.4 工程项目质量管理的主要特征

工程项目的特点首先是其单件性，工程产品是按业主的建设意图单项进行设计的，其施工内外部管理条件、所在地点的自然和社会环境、生产工艺过程等也各不相同。即使类型相同的工程项目，其设计、施工也会存在着千差万别。二是具有长期性，工程项目的实施必须一次成功，它的质量必须在建设的一次过程中全部满足合同规定要求，它不同于制造业产品，如果不合格可以报废，售出的可以用退货或退还货款的方式补偿顾客的损失，工程项目质量不合格会长期影响生产使用，甚至危及生命财产的安全。三是具有高投入性，任何一个工程项目都要投入大量的人力、物力和财力，投入建设的时间也是一般制造业产品所不可比拟的，因此，业主和实施者对于每个项目都需要投入特定的管理力量。四是具有管理方式的特殊性，工程项目施工地点是特定的，产品位置固定而操作人员流动，因此，这些特点形成了工程项目管理方式的特殊性，这种管理方式的特殊性还体现在工程项目建设必须实施监督管理，这样可以对工程质量的形成有制约和提高的作用。五是具有风险性，工程项目在自然环境中进行建设，受大自然的阻碍或损害很多，由于建设周期很长，遭遇社会风险的机会也多，工程的质量会受到或大或小的影响。正是由于上述工程项目的特点而形成了工程质量管理的如下特征，即：

(1) 生产周期长。由于建筑产品体型庞大，工程量巨大，建设产品的生产环境复杂多变，受自然条件影响大，故生产周期长，通常要几年至十几年。

(2) 建设过程具有连续性和协作性。工程建设必须按照统一的计划有机地组织起来，在时间上不间断，在空间上不脱节，使建设工作有条不紊地进行。

(3) 受自然和社会条件的制约性强。工程建设受地质、水文、气象、水电、交通等因素的影响很大。

(4) 工程产品固定、生产流动、结构类型不一、施工方法不一等。

由以上特点决定工程项目质量更加难以控制。同时，工程项目质量具有自身的特点，分述如下：

(1) 主体的复杂性。一般工业产品质量从设计、开发、生产、安装到服务的各阶段，通常由一个企业来完成，质量易于控制。而工程产品质量一般由咨询单位、设计承包商、施工承包商、材料供应商等来完成，故质量形成较为复杂。

(2) 影响质量的因素多。影响质量的主要因素有决策、设计、材料、方法、机械、水文、地质、气象、管理制度等。这些都会影响到工程项目质量。

(3) 容易产生质量波动。因工程产品的生产没有固定的流水线和自动线，没有稳定的生产环境，没有相同规格和相同功能的产品，因此容易产生质量波动。

(4) 质量检验时不能解体、拆卸。工程项目建成后，不可能像有些工业产品那样，再拆卸或解体开来检验内在的质量。即使发现质量问题，也不可能实行“包换”、“退款”等。尽管有些质量问题可以修补，但也会给业主带来除经济损失之外的其他不可弥补的损失，比如会降低工程产品功能、使用价值等。

(5) 质量要受投资、进度的制约。质量目标、进度目标和投资目标三者之间既相互对立又相互统一。任何一个目标的变化，都必将影响到其他两个目标。如一般情况下，投资大、进度慢，质量就好；反之，质量就差。因此，在工程项目建设过程中，必须正确处理质量、投资、进度三者之间的关系，使其达到对立的统一，达到质量、进度、投资整体最佳组合的目标。

(6) 质量有隐蔽性。工程项目在施工过程中，由于工序交接多，中间产品多，隐蔽工程多，若不及时检查并发现其存在的质量问题，事后看表面质量可能很好，容易产生第二判断错误，即：将不合格的产品认为是合格的产品。

所以，监理工程师应针对工程项目质量的特点，对工程质量更应重视事前控制、事中严格监督，防患于未然，将质量事故消灭于萌芽之中。

7.1.5 工程项目质量形成过程

工程项目建设过程，就是质量的形成过程。为此，坚持按建设程序办事，把好建设过程中各阶段的质量关，是保证工程项目质量的关键。各阶段对质量形成的影响分述如下。

1. 项目可行性研究阶段对质量的影响

可行性研究是指对一个建设项目在技术上、经济上和生产布局方面的可行性进行论证，并做多方案比较，从而推荐最佳方案作为决策和设计的依据。一个好的可行性研究，能使项目的质量要求和标准符合业主的意图，并与投资目标相协调。由此可见，这一阶段的工作将直接影响到项目的决策质量和设计质量。

2. 项目决策阶段对质量的影响

项目决策阶段主要是确定工程项目应达到的质量目标及水平。做到投资、质量、进度三者的对立统一，以达到业主最为满意的质量水平，要实现这一点，只有通过可行性研究和多方案的论证。决策正确与否，将直接影响到所确定的质量水平能否充分反映业主对质量的要求和意愿。为此，在进行项目决策时，应综合考虑建设规模、发展速度、投资方向、投资结构、效益等，进行技术经济分析、比较和论证，以求得工程项目的最优方案、最佳的质量目标、最短的建设周期，确保工程项目预定质量目标的顺利实现。

项目决策阶段的任务和工作是确保选址合理，使项目的质量要求和标准符合业主的意图，为项目的长期使用创造良好的运行条件。

3. 项目设计阶段对质量的影响

项目设计是根据项目决策阶段业主已确定的质量目标和水平，使其具体化的过程。设计在技术上是否可行、工艺是否先进、经济是否合理、设备是否配套、结构是否安全可靠等，这些都将决定着工程项目建成后的使用价值和功能。没有高质量的设计，就不可能有高质量的工程。由此可见，尽管影响工程质量的因素很多，但其中一个很重要的因素是设计质量。监理工程师应充分重视设计阶段的质量控制。

项目设计阶段工作和任务有：选择好设计承包商；保证设计质量；保证设计符合决策阶段确定的质量要求；保证设计符合技术标准、法规的规定；保证设计文件、图纸符合现场和施工的实际条件；保证设计深度能满足招标、施工要求等。

4. 项目施工阶段对质量的影响

项目施工是根据设计图纸及其有关文件的要求，通过施工形成工程实体。它是将设计意图、质量目标和质量计划付诸实施的过程。工程施工通常是露天作业，工期长，受自然条件影响大，且作业内容复杂，影响质量的因素众多。因此，监理工程师应将施工阶段作为质量控制的重点，以确保施工质量符合合同规定的质量要求。

项目施工阶段的工作有：开展施工招标工作，择优选择施工承包商；严格工序质量管理；把好原材料、工序、成品质量关，确保工程产品能符合合同文件规定的质量要求。

5. 项目竣工验收阶段对质量的影响

竣工验收阶段就是对项目施工质量进行试运转、检验评定，考核是否达到工程项目的质量目标，是否符合设计要求和合同规定的质量标准。不经过竣工验收，就无法保证工程质量和整个项目配套投产。我国工程建设中，这方面的经验教训也不少。

综上所述，工程项目质量的形成包括一系列过程，它是由项目的决策质量、设计质量、施工质量、竣工验收质量等综合而成。只有有效地控制各阶段的质量，才能确保工程项目质量目标的最终实现。

7.2　工程项目质量控制方法

工程项目的建设过程是十分复杂的，它的业主、投资者一般都直接介入整个生产过程，参与全过程的各个环节和对各种要素的质量管理。要达到工程项目的目标，建成一个高质量的工程，就必须对整个项目过程实施严格的质量控制，质量控制必须达到微观与宏观的统一，过程和结果的统一。因此，工程项目质量控制可定义为：为达到工程项目质量要求所采取的作业技术和活动。工程项目质量控制就是为了保证达到工程合同规定的质量标准而采取的一系列措施、手段和方法。

7.2.1　质量控制步骤

根据 ISO 质量体系，质量控制的步骤应概括为：

（1）确定控制对象，如：工序、设计过程、制造过程。

（2）规定控制标准，即详细说明控制对象应达到的质量要求。

（3）制定具体的控制方法，如工艺规程。

(4) 明确所采用的检验方法，包括检验手段。

(5) 实际进行检验。

(6) 说明实际与标准之间有差异的原因。

(7) 为解决差异而采取的行动。

7.2.2 设计阶段的质量控制任务

设计是指根据工程项目的目标设计、可行性研究报告、设计任务书以及与业主签订的项目总承包合同或设计合同的要求（包括规范），按照国家政策和法规，正确处理和协调资金、资源、技术、环境条件的制约，吸收国内先进的科学技术成就和生产实践经验，选择最优建设方案，进行设计工作，并为工程项目提供建设依据的设计文件和图纸的整个活动过程。设计是从技术方面来定义工程的技术系统，定义工程的功能、工艺等各个总体和细节问题，它包括各阶段的技术设计。

设计是整个工程实施阶段的先行和关键。我国工程质量事故统计资料表明，由于设计方面的原因引起的质量事故占总事故数量的 40.1%。工程设计对工程的质量以及建设周期、工程实施的程度、投资效益和运行后的经济效益和社会效益等方面都起着重要的作用。设计中的任何错误都会在计划、制造、施工、运行中扩展和放大，引起更大的失误。

设计质量具有直接效用质量和间接效用质量双重属性。直接效用质量目标是指设计文件（包括图纸和说明书）应尽量满足的质量要求，其中最关键的是设计是否符合国内有关设计规范、是否满足业主的要求、各阶段设计是否达到国家有关部门规定的设计深度，以及设计是否具有施工和安装的可建造性。间接效用质量目标是指设计文件所体现的最终建筑产品质量，该项目的间接效用质量是指通过设计和施工的共同努力使项目的建设达到造型新颖、功能齐全、布局合理、结构可靠、环境协调的目标。为了有效的进行设计阶段质量控制，项目管理人员应在透彻了解业主各项要求的基础上，详细阅读、分析图纸，以便发现并提出问题。对重要的细节问题和关键问题，如有必要建议组织中外专家论证。其中的主要任务是：

(1) 仔细分析设计图纸，及时向设计单位提出图纸中存在的问题。对设计变更进行技术经济分析，并按照规定的程序办理设计变更手续。凡对投资及进度带来影响的设计变更，需会同业主核签。

(2) 审核各设计阶段的设计图纸与说明是否符合国家有关设计规范、设计质量和标准要求，并根据需要提出修改意见。

(3) 在设计进展过程中，协助审核设计是否符合业主对设计质量的特殊要求，并根据需要提出修改意见。

(4) 若有必要，建议组织有关专家对结构方案进行分析和论证，以确定施工可行性及结构可靠性，以降低成本、提高效率。

(5) 对常规设备系统的技术经济进行分析，并提出改进意见。

(6) 审核有关水、电、气等系统设计与有关市政工程规范、地块市政条件是否相符合，以便获得有关政府部门的审批。

(7) 审核施工图设计是否有足够的深度，是否满足可行性的要求，确保施工进度计划的顺利进行。

(8) 对项目所采用的主要设备、材料充分了解其性能，并进行市场调查分析。对设备、材料的选用提出咨询报告，在满足功能要求的条件下，尽可能降低工程成本。

7.2.3 设计阶段质量控制内容

1. 设计准备阶段质量控制

从建设项目批准立项到具体的初步设计之前的这一段时间，称为设计准备阶段。这一阶段是为建设项目的具体设计作充分的准备工作，它是保证设计质量所必须经历的阶段。业主委托监理单位对设计阶段进行监理，对设计准备阶段质量控制的主要内容有以下几个方面。

(1) 编制设计要求文件

监理工程师在接受设计监理委托后，首先要检查各项原始资料，包括可行性研究报告、项目评估报告、征地批文等是否完备，能否满足设计要求的基本条件，并对这些原始资料研读、熟悉、了解。其次、监理工程师应对建设项目的性质和内容进行全面了解，掌握各种资料，深入领会业主意图。在切实掌握项目的设计特点和关键问题前提下，即可根据批准的可行性研究报告规定的质量水平和标准，完成项目质量目标的具体描述，编制出各专业设计项目的设计原则和具体技术经济要求文件。这一文件通常称为设计要求文件。经业主签认后的设计要求文件，将作为项目设计的指导性文件。

建设项目设计要求文件中对质量目标的具体描述，将直接影响设计质量，因此使用的语言必须明确、具体，指明质量目标必须遵循的规范、规程或有关行政法规。对一些特殊要求，则应作出具体规定，并在设计合同中明确。

(2) 编制招标文件、组织设计招标

在采用通过招投标选择中标单位承担设计任务的情况下，监理单位应协助业主组织设计招标工作，其内容包括以下几个方面：

1) 编制招标文件；

2) 投标单位资质审查；

3) 协助业主组织投标单位进行现场踏勘，组织招标文件答疑；

4) 协助业主组织并参与评标工作。

(3) 协助业主签定设计承包合同

通过设计招标确定中标设计单位后，监理工程师应协助业主与中标单位进行谈判并签定设计承包合同，规定各自的责任和义务。

在设计承包合同中，应明确设计承包单位在质量保证方面的责任。若设计承包单位需向其他设计承包商分包，则监理工程师应对设计分包承包商的资质进行审查，并要求设计总包单位向分包单位提出明确而又详细的设计任务，并协助其签订设计分包合同。

2. 设计过程中的质量控制

(1) 对勘测工作质量的控制

勘测工作为设计提供气象、水文、地质等原始资料和特征值，是设计工作的基础。勘测工作的深度是否符合设计阶段的要求和勘测工作质量是否优良，将直接关系到下一步设计工作的质量。因此，在设计阶段，首先应该要求勘测单位按照合同规定进度，完成现场的勘测工作量，这是控制建设项目勘测设计质量的重点。在合同实施过程中，监理工程师必须督促勘测单位将勘测基本工作量分解到各勘测部位，并编入勘测设计大纲，按照勘测单位提交的并经审查批准的勘测设计大纲，检查督促勘测工作的进度和质量，以使设计工作建立在坚实的基础之上。

(2) 对设计质量的控制

首先应进行设计方案的审核，这是控制设计质量的重要步骤。它应贯穿于初步设计和招标设计两个阶段。设计审核应识别并预测问题的部位和不足，采取纠正措施和提出预防措施，以保证最终设计和有关资料满足项目业主的要求。因此，在对设计方案进行审核时，应对设计的有关问题，提出质询和具体的修改意见，要求设计单位作出解释或进行修正，以保证通过方案的审核使项目设计满足设计要求文件规定的有关要求，符合国家有关工程建设的方针、政策，符合现行的设计规范和标准等。

对设计方案的审核，应从不同角度分别进行。重点应审核各项设计方案的设计参数、设计标准、设备的结构选型、功能和使用价值等内容。不同的建设项目，要求设计的内容不同，相应的设计方案审核的内容也有所不同。对于不同设计阶段，设计工作的深度不同，设计方案审核的内容和深度也会有所不同。工程项目的设计方案审核，通常包括以下内容：

1) 总体方案的审核。一般包括：设计规模、总建筑面积、生产工艺及技术水平、建筑造型等方面。

2) 专业设计方案审核。一般包括：建筑设计方案（平面布置、空间布置、室内装饰、建筑物理功能等）、结构设计方案、给水工程设计方案、通风空调设计方案、动力工程设计方案、供热工程设计方案、通信工程设计方案、厂内运输设计方案、排水工程设计方案、三废治理工程设计方案等。

(3) 设计图纸及设计文件的质量控制

设计图纸是设计工作的最终成果，它又是工程后续阶段工作的直接依据，设计质量主要是通过设计图纸的质量来反映。因此，监理工程师应重视设计图纸的审核。

1) 审核内容。设计图纸的审核，是由项目总监理工程师负责组织各专业监理工程师实施的，审查设计单位提交的设计图纸和设计文件内容是否准确、完整，是否符合设计深度要求，并着重把握以下几方面内容：

①审查选定方案的落实情况及设计中采用的技术标准是否符合“设计要求”文件和合同文件。

②设计图纸是否和总体方案相一致。

③建筑物的平面、立面布置的尺寸，高程及标注是否正确。

④各建筑物是否符合使用功能的要求。

⑤设计开挖线和基础处理方案是否合理，在图纸上反映是否正确。

⑥各种建筑物的结构设计是否安全可靠。

2) 审核过程。具体的审核过程，是按设计阶段顺序进行：

①初步设计阶段。该阶段设计图纸的审核侧重于工程项目所采取的技术方案是否符合总体方案的要求，以及是否达到项目决策阶段所确定的质量标准。该阶段的设计图纸，应满足下列深度要求：a. 设计方案的比较、选择和确定；b. 主要设备、材料的订货；c. 土地征用和拆迁安置；d. 项目建设总投资控制；e. 施工准备和生产准备的安排等。

②招投标阶段。该阶段的设计图纸审核侧重于各项设计是否符合预定的质量标准和要求，同时审核相应的概预算文件是否符合投资限额的要求。招标设计阶段的设计图纸，要求能满足按照图纸和设计文件进行施工规划，编制工程施工概算，以便编制施工招标文件和标底，进行以单价合同为主要形式的施工招标。

监理工程师对设计图纸和设计文件的审核，要进行质量评定，并将质量评定报告、设计图纸及设计文件，送交业主签认。

3. 设计交底与图纸会审

为了使施工单位熟悉设计图纸，了解工程特点和设计意图，以及对关键工程部分的质量要求，同时也为了减少图纸的差错，将图纸中的质量隐患消灭于萌芽状态，监理工程师还应组织施工单位进行图纸会审，组织设计单位向施工单位进行设计交底。先由设计单位介绍设计意图、结构特点、施工要求、技术措施和有关注意事项，然后由施工单位提出图纸中存在的问题和需要解决的技术难题，通过三方研究协商，拟定解决的办法，写出会议纪要。

图纸会审的内容包括：

(1) 是否无证设计或越级设计；图纸是否经设计单位正式签署。

(2) 地质勘探资料是否齐全。

(3) 设计图纸与说明是否齐全；有无分期供图的时间表。

(4) 设计地震烈度是否符合当地要求。

(5) 几个设计单位共同设计的图纸相互间有无矛盾；专业图纸之间、平立剖面图之间有无矛盾；标注有无遗漏。

(6) 总平面与施工图的几何尺寸、平面位置、标高等是否一致。

(7) 防火、消防是否满足。

(8) 建筑结构与各专业图纸本身是否有差错及矛盾；结构图与建筑图的平面尺寸及标高是否一致；建筑图与结构图的表示方法是否清楚；是否符合制图标准；预埋件是否表示清楚；有无钢筋明细表或钢筋的构造要求、在图中是否表示清楚。

(9) 施工图中所列各种标准图册施工单位是否具备。

(10) 材料来源有无保证，能否代换；图中所要求的条件能否满足；新材料、新技术的应用有无问题。

(11) 地基处理方法是否合理，建筑与结构构造是否存在不能施工、不便于施工的技术问题，或容易导致质量、安全、工程费用增加等方面的问题。

(12) 工艺管道、电气线路、设备装置、运输道路与建筑物之间或相互间有无矛盾，布置是否合理。

(13) 施工安全、环境卫生有无保证。

(14) 图纸是否符合监理大纲所提出的要求。

7.2.4 施工阶段的质量控制程序与内容

监理工程师在施工阶段的质量控制程序可以分为事前、事中、事后质量控制三个阶段，每个阶段中的主要控制内容分述如下。

1. 事前质量控制内容

事前质量控制内容是指正式开工前所进行的质量控制工作；其具体内容包括以下方面：

(1) 掌握和熟悉质量控制的技术依据。主要技术依据有：①设计图纸及设计说明书；②建筑工程施工验收规范；③已批准的设计图纸和设计资料；④组织设计技术交底及图纸会审；⑤合同文件中的质量条款等。

(2) 施工现场的质量检验、验收。包括：①现场障碍物的拆除、迁建及清除后的验收；②现场定位轴线、高程标桩的测设、验收；③基准点、基准线的复核、验收等。

(3) 施工队伍的资质审核。主要包括：①检查工程技术负责人是否到位；②审查分包单位的资质等级。

(4) 工程所需原材料、构配件及设备的质量控制。包括：①审核工程所用原材料、构配件、设备的出厂证明、技术合格证或质量保证书；②某些工程材料（主要为装饰材料）、五金还需审查样品后方可订货；③某些材料、制品使用前还需进行抽检，抽检范围根据工程性质和质量监理要求确定；④凡采用新型制品、新材料，应检查技术鉴定文件；⑤对重要原材料、构配件、设备的生产工艺、质量控制措施和检测手段应实地考察，重要设备必须在制造厂进行质量验收；⑥所有设备，在安装前按相应技术说明书的要求进行质量检查；⑦结构构件生产厂家，应检查其生产许可证，并考察生产工艺及质量保证体系。

(5) 施工机械的质量控制。①凡直接危及工程质量的施工机械，如混凝土搅拌机、振动器等，应按技术说明书查验其相应的技术性能，不符合要求的，不得在工程中使用；②施工中使用的衡器、量具、计量装置应有相应的技术合格证，使用时应完好并未超过它们的校验周期。

(6) 审查施工承包商提交的施工组织设计或施工方案。通过审查工作：①可保证工程质量有可靠的技术和组织措施；②结合工程项目的具体情况，要求施工承包商编制重点分部、单元工程的施工工法文件，并应对编制的工法文件进行审核；③审核承包商提交针对当前工程质量通病制定的技术措施；④审核施工承包商为保证工程质量而提交的质量预控措施；⑤审核承包商提交的标准施工工艺流程图。

(7) 改善生产环境、管理环境的措施。这些措施可以起到：①协助施工承包商完善质量保证工作体系；②主动同当地质监站联系，汇报在本项目开展质监的具体办法，争取当地质监站的支持和帮助；③审核施工承包商关于材料、制品试件取样及试验的方法或方案；④审核施工承包商制定的成品保护的措施、方法；⑤审查施工承包商试验室及工作人员的资质；⑥完善质量报表、质量事故的报告制度等。

(8) 把好开工关。监理工程师只有在全面检查施工准备工作、并符合要求后，才能颁布开工令。

2. 事中质量控制内容

事中质量控制内容是指施工过程中所进行的质量控制工作，具体内容如下：

(1) 施工工艺过程质量控制。协助并督促施工承包商完善工序质量控制，包括设立质量控制点、三检制。

(2) 严格工序交接检查检验。未经监理工程师检验并签署合格意见的工序完工后，不得进入下一道工序的施工。

(3) 隐蔽工程检验。隐蔽工程完工后，先由施工承包商自检，初验合格后，填报隐蔽工程质量报验通知单，报告监理工程师检查验收。

(4) 工程变更的处理。

(5) 行使质量监督权，下达停工令。出现下述情况之一者，监理工程师有权发布停工令：①未经检验即进入下一道工序作业者；②擅自采用未经认可或批准的材料者；③擅自将工程转包者；④擅自让未经同意的分包商进场作业者；⑤没有可靠的质量保证措施冒然施工，已出现质量下降征兆者；⑥工程质量下降，经指出后未采取有效改正措施，或采取了一定措施而效果不好，继续作业者；⑦擅自变更设计图纸要求者等。

(6) 负责质量事故处理。包括：①责令承包商分析质量事故原因，并认定质量事故责任；②商定质量事故处理措施；③批准处理工程质量事故的技术措施和方案；④检查质量事故处理效果。

(7) 严格执行单位（单元）工程开工报告和停工后的复工报告审批制度。

(8) 负责质量、技术签证。凡质量、技术问题方面有法律效力的最后签证，只能由监理工程师签署。

(9) 行使好质量否决权，为工程进度款的支付签署质量认证意见。

(10) 建立质量监理日志。应逐日记录有关工程质量动态及影响因素的分析。

(11) 组织现场质量协调会，及时分析、通报有关质量动态。

3. 事后质量控制内容

事后质量控制是指完成施工过程而形成产品后的质量控制，其工作内容如下：

(1) 审核竣工资料。

(2) 审核施工承包商提供的质量检验报告及有关技术性文件。

(3) 整理有关工程项目质量的技术文件，并编目、建档。

(4) 评价工程项目质量状况及水平。

(5) 组织联动试车等。

7.2.5 施工阶段的质量控制方法与手段

监理工程师在施工阶段进行质量监控主要是通过审核有关文件、报表，以及进行现场检查及试验这两方面的途径和相应的方法实现的。

1. 审核有关技术文件、报告或报表

这是对工程质量进行全面监督、检查与控制的重要途径。其具体内容包括以下几方面：

(1) 审查进入施工现场的分包单位的资质证明文件，控制分包单位的质量。

(2) 审批施工承包单位的开工申请书，检查、核实与控制其施工准备工作质量。

(3) 审批施工单位提交的施工方案、施工组织设计或施工计划，控制工程施工质量有可靠的技术措施保障。

(4) 审批施工承包单位提交的有关材料、半成品和构配件质量证明文件（出厂合格证、质量检验或试验报告等），确保工程质量有可靠的物质基础。

(5) 审核施工单位提交的反映工序施工质量的动态统计资料或管理图表。

(6) 审核施工单位提交的有关工序产品质量的证明文件（检验记录及试验报告）、工序交接检查（自检）、隐蔽工程检查、分部分项工程质量检查报告等文件、资料，以确保和控制施工过程的质量。

(7) 审批有关设计变更、修改设计图纸等，确保设计及施工图纸的质量。

(8) 审核有关应用新技术、新工艺、新材料、新结构等的技术鉴定书，审批其应用申请报告，确保新技术应用的质量。

(9) 审批有关工程质量缺陷或质量事故的处理报告，确保质量缺陷或事故处理的质量。

(10) 审核与签署现场有关质量技术签证、文件等。

2. 现场质量监督与检查的内容与方法

(1) 现场监督检查的内容

1) 开工前的检查。主要是检查开工前准备工作的质量，能否保证正常施工及工程施工质量。

2) 工序施工中的跟踪监督、检查与控制。主要是监督、检查在工序施工过程中，人员、施工机械设备、材料、施工方法及工艺或操作以及施工环境条件等是否均处于良好的状态，是否符合保证工程质量的要求，若发现有问题应及时纠偏和加以控制。

3) 对于重要的和对工程质量有重大影响的工序，还应在现场进行施工过程的旁站监督与控制，确保使用材料及工艺过程质量。

4) 工序产品的检查、工序交接检查及隐蔽工程检查。在施工单位自检与互检的基础上，监理人员还应进行工序交接检查。隐蔽工程须经监理人员检查确认其质量后，才允许加以覆盖。

5) 复工前的检查。当工程因质量问题或其他原因，监理指令停工后，在复工前应经监理人员检查认可后，下达复工指令，方可复工。

6) 分项、分部工程完成后，应经监理人员检查认可后，签署中间交工证书。

7) 对于施工难度大的工程结构或容易产生质量通病的施工对象，监理人员还应进行现场的跟踪检查。

(2) 现场质量控制的方法

监理工程师进行施工阶段质量控制的主要方法有以下几种。

1) 旁站检查。旁站是指监理人员对重要工序（质量控制点）的施工进行的现场监督

和检查，注意事故苗头，避免发生质量问题。旁站是驻地监理人员的一种主要现场检查形式。根据工程施工难度、复杂性及稳定程度，可采用全过程旁站、部分时间旁站两种方式。对容易产生缺陷的部位，或产生了缺陷难以补救的部位，以及隐蔽工程，尤其应该加强旁站。

在旁站检查中，监理人员必须检查承包商在施工中所用的设备、材料及混合料是否与已批准的设备、材料和混合料配比相符，检查是否按技术规范和批准的施工方案、施工工艺进行施工，注意发现事故苗头，及时指出问题，制止错误的施工手段和方法，以尽早避免发生工程质量事故。

2）测量。测量（度量）是对建筑物的几何尺寸进行控制的重要手段。开工前，承包商要进行施工放样，监理人员应对施工放样及高程控制进行核查，不合格者不准开工。对模板工程、已完工程的几何尺寸、高程、宽度、厚度、坡度等质量指标，按规范要求进行测量验收，不符合要求的要进行修整，无法修整的进行返工。承包商的测量记录，均要事先经监理人员审核签字后才能使用。

3）试验。试验是监理工程师确认各种材料和工程部位的内在品质的主要依据。所有用于工程的材料，都必须事先经过材料试验，并由监理工程师批准。材料试验包括水泥、粗骨料、砂、沥青等各种材料的性能，各种混凝土配合比试验，外购材料和成品质量证明书和必要的试验鉴定，各种拌和机的校调试验，加工后的成品强度检验，工程检验等。没有试验数据的工程不予验收。

4）指令文件的应用。指令文件也是监理的一种手段。所谓指令文件，如质量问题通知单、备忘录、情况纪要等，是用以指出施工中的各种问题，提请承包商注意。在监理过程中，双方来往都以文字为准。监理工程师通过书面指令和文件对承包商进行质量控制，对施工中已发现或有苗头发生质量问题的情况及时以口头或现场指示的形式通知承包商加以注意或修整，然后监理工程师要在规定时间内以工地指示的形式予以确认。监理人员要做好《施工监理日记》和必要的记录。所有这些指令和记录，要作为主要的技术资料存档备查，作为今后解决纠纷的重要依据。一般规定，专业监理工程师要在每月12日前向驻地监理工程师提交监理旬报，每月月底前提交《工程质量月报表》。

5）有关技术文件、报告、报表的审核。对质量文件、报告、报表的审核是监理工程师进行全面控制的重要手段。监理工程师应按施工顺序、施工进度和监理计划及时审核和签署有关质量文件、报表，以最快速度判明质量状况、发现质量问题，并将质量信息反馈给施工承包商。

3. 质量检验工作

质量检验就是根据一定的质量标准，借助一定的检测手段来估价工程产品、材料或设备等的性能特征或质量状况的工作。

（1）质量检验工作的内容

质量检验工作在检验每种质量特征时，一般包括以下工作：

1）明确某种质量特性的标准。

2）量度工程产品或材料的质量特征数值或状况。

3）记录与整理有关的检验数据。

4）将量度的结果与标准进行比较。

5）对质量进行判断与估价。

6）对符合质量要求的做出安排。

7）对不符合质量要求的进行处理。

(2) 质量检验的作用

要保证和提高工程施工阶段的施工质量，质量检验是监理单位监督、控制施工单位施工质量的十分重要的、必不可少的手段。概括起来，质量检验的主要作用如下。

1）它是质量保证与质量控制的重要手段。为了保证工程质量，在质量控制中，需要将工程产品或材料、半成品等的实际质量状况（质量特性等）与规定的某一标准进行比较，以便判断其质量状况是否符合要求的标准，这就需要通过质量检验手段来检测实际情况。

2）质量检验为质量分析与质量控制提供了所需依据的有关技术数据和信息，所以它是质量分析、质量控制与质量保证的基础。

3）通过对进场和使用的材料、半成品、构配件及其他器材、物资进行全面的质量检验工作，可以达到监督与保证承包单位使用质量合格的材料与物资，避免因材料、物资的质量问题而导致工程质量事故的发生。

4）在施工过程中，施工单位通过对施工工序的检验取得数据，可以及时判断质量，采取措施，防止质量问题的延续与积累。监理单位则可借助检验资料数据，分析判断质量是否合格，如不合格，可协助施工单位分析原因、采取措施加以补救。

5）在某些工序施工过程中，监理人员进行旁站监督，通过其在施工过程中采取的某些检验手段及所显示的数据，可以判断其施工质量。例如在灌浆施工过程中，通过压水试验的情况以及灌浆压力、浓度、吃浆率的变化的测量等，可以分析判断灌浆施工各工序的质量情况；在预应力构件生产过程中，通过对张拉应力的测量，可以了解应力的变化并进行控制等。

显然，工程质量检验可以为质量管理与质量控制及时提供所需的数据资料，用检验的数据和所反映的实际情况来分析、判断事物的质量状况，找出质量规律，有针对性地采取控制措施，达到质量控制的目的，确保工程质量及工程的可靠性与安全性。

(3) 质量检验的方法

对于现场所用原材料、半成品、工序过程或工程产品质量进行检验的方法，一般可分为三类，即：目测法、检测工具量测法以及试验法。

(4) 质量检验程度的种类

按质量检验的程度，即检验对象被检验的数量划分，可有以下几类：

1）全数检验。全数检验也叫做普遍检验。它主要是用于关键工序部位或隐蔽工程，以及那些在技术规程、质量检验评定标准或设计文件中有明确规定应进行全数检验的对象。总之，对于诸如：规格、性能指标对工程的安全性、可靠性起决定作用的施工对象；质量不稳定的工序；质量水平要求高，对后继工序有较大影响的施工对象，不采取全数检验不能保证工程质量时，均需采取全数检验。例如，对安装模板的稳定性、刚度、强度、结构物轮廓尺寸等；对于架立的钢筋规格、尺寸、数量、间距、保护层以及绑扎或焊接质量等。

2）抽样检验。对于主要的建筑材料、半成品或工程产品等，由于数量大，通常大多采取抽样检验。即从一批材料或产品中，随机抽取少量样品进行检验，并根据对其数据经统计分析的结果，判断该批产品的质量状况。与全数检验相比较，抽样检验具有如下优点：①检验数量少，比较经济；②适合于需要进行破坏性试验（如混凝土抗压强度的检验）的检验项目；③检验所需时间较少。

3）免检。就是在某种情况下，可以免去质量检验过程。对于已有足够证据证明质量有保证的一般材料或产品；或实践证明其产品质量长期稳定、质量保证资料齐全者；或是某些施工质量只有通过在施工过程中的严格质量监控，而质量检验人员很难对产品内在质量再作检验的，均可考虑采取免检。

(5) 质量检验必须具备的条件

监理单位对施工单位进行有效的质量监督控制是以质量检验为基础的，为了保证质量检验的工作质量，必须具备一定的条件，如：

1）监理单位要具有足够的检验技术力量。要配备所需的各类具有相应水平和资格的质量检验人员。必要时，还应建立可靠的对外委托检验关系。

2）监理单位应建立一套完善的管理制度，包括建立质量检验人员的岗位责任制；检验设备质量保证制度；检验人员技术核定与培训制度；检验技术规程与标准实施制度；以及检验资料档案管理等方面。

3）配备符合标准及满足检验工作需要的检验和测试手段。

4）具备适宜检验的工作条件：①检验工作必需的工作环境条件，如场地、工作面、照明、安全条件等；②检验标准规定的技术环境条件，如空气温度、湿度、防尘、防震等；③质量检验所需的评价标准条件，即技术标准，如国际标准、国家标准、部颁及地方标准等。若尚无适宜的标准可用，也可根据工程实际情况与有关单位研究制定相应的质量检验企业标准，报有关部门审查认可。

4. 质量控制中的数理统计方法

数据是进行质量控制的基础。用数理统计方法对收集、整理的质量数据进行分析，可发现质量问题，及时采取措施预防和纠正质量事故。

数理统计方法中常用的有：排列图法、直方图法、控制图法、因果分析图法、分层图法、相关图法、调查分析法。质量控制中的数理统计的主要方法如表 7-1 所示。

质量控制中的数理统计方法 **表 7-1**

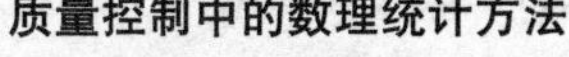

方法名称	图（表）示例	主要用途
排列图法	C类 150 120 90 60 30 0 100 80 60 40 20 0 B类 A类 频数（件） 频率（%） 影响因素（特性）	按影响质量程度大小排列，寻找影响质量主次因素，供选用新决策方案参考。

续表

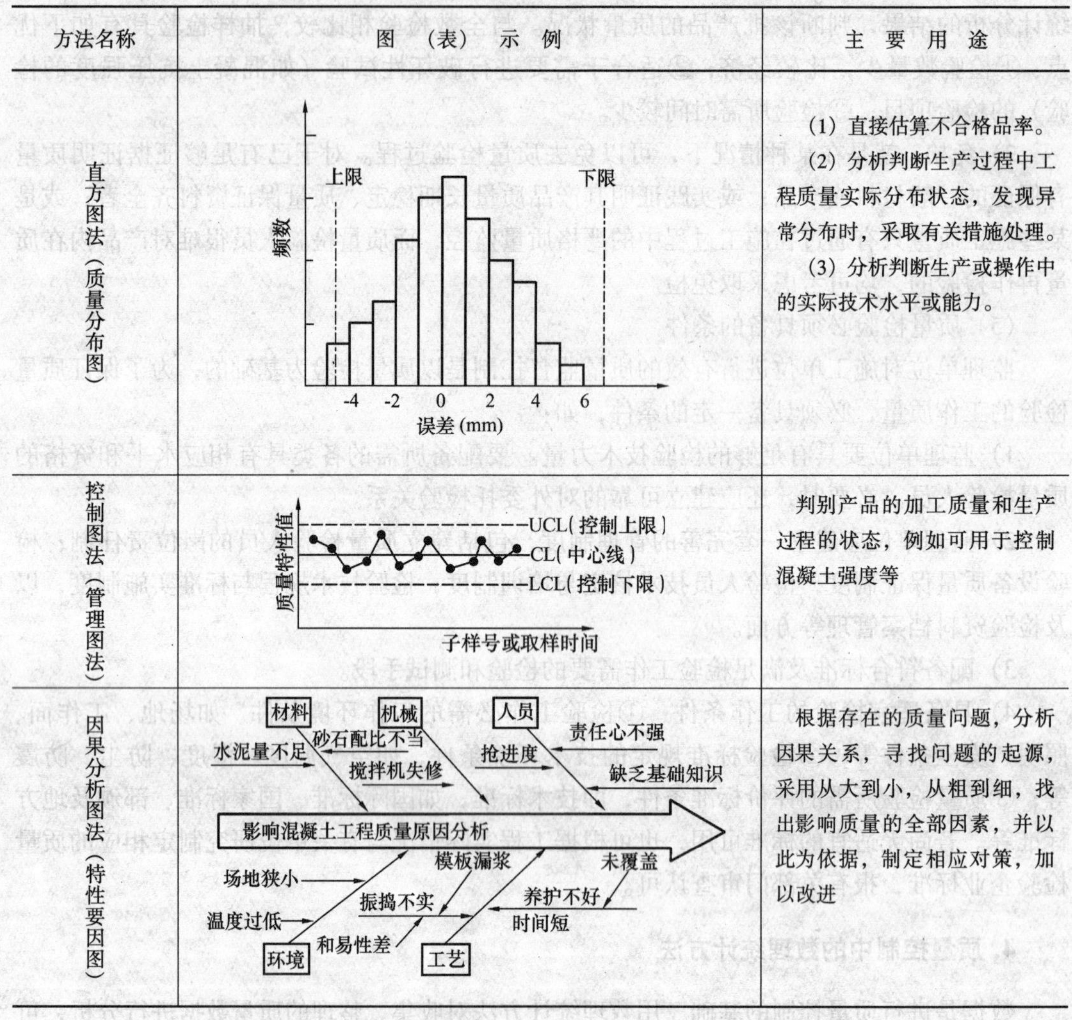

方法名称	图（表）示例	主要用途
直方图法（质量分布图）	上限　下限　频数　-4　-2　0　2　4　6　误差 (mm)	(1) 直接估算不合格品率。 (2) 分析判断生产过程中工程质量实际分布状态，发现异常分布时，采取有关措施处理。 (3) 分析判断生产或操作中的实际技术水平或能力。
控制图法（管理图法）	质量特性值　UCL(控制上限)　CL(中心线)　LCL(控制下限)　子样号或取样时间	判别产品的加工质量和生产过程的状态，例如可用于控制混凝土强度等
因果分析图法（特性要因图）	材料　机械　人员　水泥量不足　砂石配比不当　搅拌机失修　抢进度　责任心不强　缺乏基础知识　影响混凝土工程质量原因分析　场地狭小　模板漏浆　未覆盖　振捣不实　养护不好　温度过低　和易性差　时间短　环境　工艺	根据存在的质量问题，分析因果关系，寻找问题的起源，采用从大到小，从粗到细，找出影响质量的全部因素，并以此为依据，制定相应对策，加以改进

7.3 实例分析

某监理工程师在对某批构件进行全面检测的过程中，发现了一些质量缺陷，得出的统计数据见表 7-2。

质量缺陷表　　表 7-2

影响质量因素序号	1	2	3	4	5	6	7
质量缺陷名称	钢筋强度	预埋件	表面平整	表面缺陷	侧向弯曲	混凝土强度	截面尺寸
出现次数	10	4	8	3	20	105	50

列表 7-3 统计出各项频率和累计频率。

统　计　表　　　　　　　　　　表 7-3

序　号	影响质量名称	不合格次数	频率（%）	累计频率（%）
6	混凝土强度	105	52.5	52.5
7	截面尺寸	50	25.0	77.5
5	侧向弯曲	20	10.0	87.5
1	钢筋强度	10	5.0	92.5
3	表面平整	8	4.0	96.5
2	预埋件	4	2.0	98.5
4	表面缺陷	3	1.5	100
合　计		200	100	

画出排列图如图 7-1 所示。

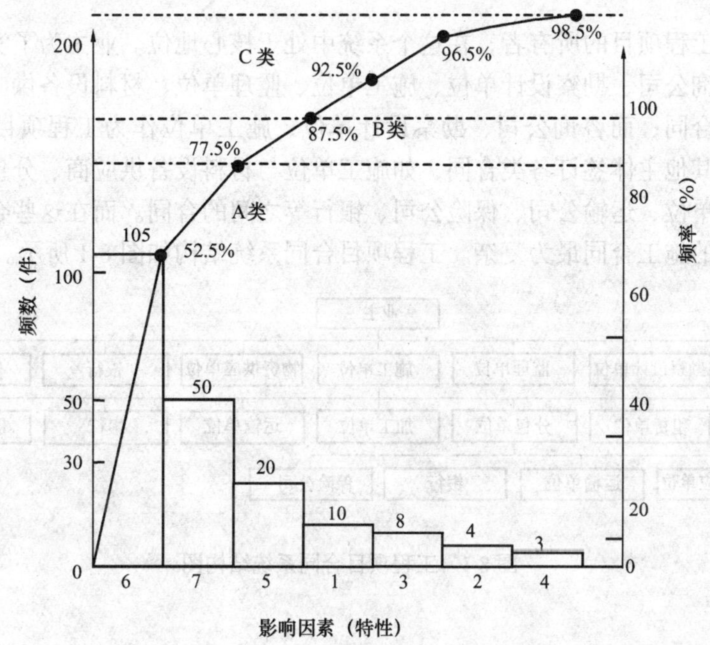

图 7-1　质量影响因素图

可见，影响质量的主要因素有混凝土强度和截面尺寸；次要因素有侧向弯曲；一般因素有钢筋强度、表面平整、预埋件、表面缺陷。

8　工程项目合同系统与索赔

8.1　工程项目合同系统

8.1.1　工程项目合同系统结构

工程项目所涉及的合同种类繁多、内容复杂，这些合同构成了一个复杂的合同系统结构。

业主作为工程项目的所有者，在这个系统中处于核心地位。业主为了实现工程项目目标，需要与咨询公司、勘察设计单位、施工单位、监理单位、材料设备供应商、银行、保险公司等签订合同；而咨询公司、勘察设计单位、施工单位作为工程项目各阶段的执行者，又需要与其他主体签订各类合同，如施工单位与材料设备供应商、分包单位、加工承揽单位、租赁单位、运输公司、保险公司、银行等之间的合同。而在这些合同之中业主与施工单位之间的施工合同最为复杂。工程项目合同系统结构如图 8-1 所示。

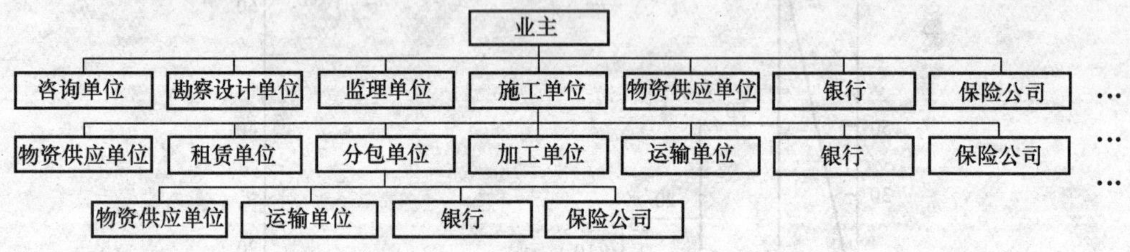

图 8-1　工程项目合同系统结构图

8.1.2　工程项目合同分类

工程项目合同可以按不同的分类方式进行分类。

1. 按合同主体分

按合同主体不同，可以分为咨询合同、监理合同、勘察合同、设计合同、施工合同、分包合同、联合承包合同、物资供应合同、担保合同、保险合同、承揽合同等。

2. 按承包方式分

（1）单项合同。如可行性研究咨询合同、勘察合同、设计合同、施工合同等。这是传统的承包合同类型。

（2）设计-施工合同。业主选一家承包商负责项目的设计和施工。

(3)“交钥匙工程”合同。工程项目的可行性研究、设计、施工均由一家承包商承担。

(4) BOT方式承包合同。BOT方式即建造-运营-移交（Build-Operate-Transfer）方式。它是指东道国政府授给项目公司以特许权，由该公司负责项目的融资和组织建设，建成后负责运营，用特许期内的收益偿还成本并获取利润，在特许期满时移交给东道国政府。

(5) CM方式承包合同。CM方式即工程管理（Construction Management）方式。这是近年在国外广泛流行的一种合同管理模式。其主要特点是：设计与施工搭接进行以缩短建设工期；设担保封顶价以控制投资；业主、设计方、CM承包商之间为了共同利益而相互良好合作。

(6) PM承包合同。PM即项目管理（Project Management）。这种承包方式是由专门的项目管理公司代表业主对一个项目全过程或若干阶段进行管理。

我国《关于培育发展工程总承包和工程项目管理企业的指导意见》（建设部建市[2003] 30号）文件中要求积极推行工程总承包和工程项目管理方式。

3. 按合同计价方式划分

(1) 总价合同。它是指以总价报价，并以总价为基础进行结算的合同。总价合同分为固定总价合同和可调总价合同：

1) 固定总价合同是指在约定风险范围内不能调整价格，合同双方需要在合同中约定哪些范围内的风险发生可调整价格，哪些不能调整。一般在固定总价合同中应约定工程变更可以调整价格。

2) 可调总价合同是指风险发生时价格可以调整，但合同双方也可以约定部分风险发生时价格不能调整。

“固定”和“可调”是相对的概念，并不一定指绝对固定或全部可调。因此合同的约定需要十分清晰。

(2) 单价合同。它是指以单价报价，并以单价为基础进行结算的合同。单价合同是国际上广泛采用的合同形式。它可以分为带工程量清单的单价合同和不带工程量清单的纯单价合同。工程量清单单价合同中的工程量是估算工程量，结算时以报价时的单价乘以实际计量的工程量进行结算。纯单价合同适用于那些连工程量估算都难以进行的项目，结算时只需以报价的单价乘以以后实际完成的工程量即可。

单价合同可以约定风险可调且单价可调、风险可调单价不可调、风险和单价均不可调等多种方式：

1)“风险可调且单价可调”是指约定的风险如物价上涨等发生时可在合同结算价上加上这笔费用，当某分项工程量超过一定幅度时还可对报价时的单价进行调整，如FIDIC《施工合同条件》1999年第一版中的规定。

2)“风险可调单价不可调”是指结算时单价不能调整，仍按照报价时的单价乘以实际工程量进行结算，但当风险发生时可在结算总价上加上这笔费用，如FIDIC《施工合同条件》第四版中的规定。

3)“风险和单价均不可调”是指按报价时的单价乘以实际工程量进行结算，单价不随实际工程量变化而变化，而且当风险发生时总结算价也不能调整。

(3) 成本加酬金合同。它是指发包人负担全部工程成本，对承包人完成的工作支付相应酬金的合同。这类合同通常用于紧急工程施工如灾后修复工程；或采用新技术、新工艺施工，双方对施工成本心中无底，为了合理分担风险而采用这类合同。它可以分成三种类型：

1）成本加固定酬金。就是成本实报实销，加上一笔固定酬金作为承包商的管理费和利润。

2）成本加百分比。就是成本实报实销，以实际成本乘以约定的百分比作为承包商的管理费和利润。

3）成本加酬金加奖惩。就是在前述类型中再加上奖励和惩罚条款，对成本节约给予奖励，对成本超过一定幅度扣减酬金，以提高承包商控制成本的积极性。

8.2 工程项目索赔管理

8.2.1 工程项目索赔的概念和特征

1. 工程项目索赔的概念

索赔（Claim）是指对某事、某物权利的一种主张、要求。工程项目索赔是指在工程项目合同履行过程中，合同当事人一方根据法律、合同规定及惯例，对不应由自己承担责任的情况造成的损失，向合同的另一方当事人提出给予经济或时间补偿的要求。合同双方都有通过索赔维护自己合法利益的权利。工程项目索赔是工程项目合同管理的一项重要任务。

2. 工程项目索赔的特征

（1）索赔是双向的，不仅承包商可以向业主索赔，业主同样也可以向承包商索赔。由于实践中业主向承包商索赔发生的频率相对较低，而且在索赔处理中，业主始终处于主动和有利地位，他可以直接从应付工程款中扣抵或没收履约保函、扣留保留金甚至扣留承包商的材料设备等来实现自己的索赔要求。因此在工程实践中，大量发生的、处理比较困难的是承包商向业主的索赔，也是索赔管理的主要对象和重点内容。承包商的索赔范围非常广泛，一般认为只要因非承包商自身责任造成其工期延长或成本增加，都有可能向业主提出索赔。有时业主违反合同，如未及时交付施工图纸、合格施工现场、决策错误等造成工程修改、停工、返工，未按合同规定支付工程款等，承包商可向业主提出赔偿要求；有时业主未违反合同，而是由于其他原因，如合同范围内的工程变更、恶劣气候条件影响、国家法令、法规修改等造成承包商损失或损害的，也可以向业主提出补偿要求。

（2）只有实际发生了经济损失或权利损害，一方才能向对方索赔。经济损失是指因对方因素造成合同外的额外支出，如人工费、材料费、机械费、管理费等额外开支；权利损害是指虽然没有经济上的损失，但造成了一方权利上的损害，如由于恶劣气候条件对工程进度的不利影响，承包商有权要求工期延长等。因此发生了实际的经济损失或权利损害，应是一方提出索赔的一个基本前提条件。有时上述两者同时存在，如业主未及时交付合格的施工现场，既造成承包商的经济损失，又侵犯了承包商的工期权利，因此，承包商既可以要求经济赔偿，又可以要求工期延长；有时两者则可单独存在，如恶劣气候条件影响，承包商根据合同规定或惯例则只能要求工期延长，很难或不能要求经济赔偿。

(3) 索赔是一种未经对方确认的单方行为。它与我们通常所说的工程签证不同。在施工过程中签证是承发包双方就额外费用补偿或工期延长等达成一致的书面证明材料和补充协议，它可以直接作为工程款结算或最终增减工程造价的依据，而索赔则是单方面行为，对对方尚未形成约束力，这种索赔要求能否得到最终实现，必须要通过确认（如双方协商、谈判、调解或仲裁、诉讼）后才能实现。

(4) 有索才有赔。索赔事件发生后，索赔方必须主动在合同规定时间内提出索赔。一般来说，对方是不会主动作出赔付的。如果不主动索赔，就等于放弃了自己补偿损失的权利。

8.2.2 工程项目索赔的作用

随着世界经济全球化和一体化进程的加快以及中国加入 WTO，中国引进外资和涉外工程要求按照国际惯例进行工程索赔管理，中国建筑业走向国际建筑市场同样要求按国际惯例进行工程索赔管理。工程索赔的健康开展，对于培育和发展建筑市场，促进建筑业的发展，提高工程建设的效益，将发挥非常重要的作用。工程索赔的作用主要有如下方面：

(1) 索赔是合同和法律赋予正确履行合同者免受意外损失的权利，索赔是当事人一种保护自己、避免损失、增加利润、提高效益的重要手段。

(2) 索赔是落实和调整合同双方经济责、权、利关系的手段，也是合同双方风险分担的又一次合理再分配，离开了索赔，合同责任就不能全面体现，合同双方的责、权、利关系就难以平衡。

(3) 索赔是合同实施的保证。索赔是合同法律效力的具体体现，对合同双方形成约束条件，特别能对违约者起到警戒作用，违约方必须考虑违约后的后果，从而尽量减少其违约行为的发生。

(4) 索赔对提高企业和工程项目管理水平起着重要的促进作用。我国承包商在许多项目上提不出或提不好索赔，与其企业管理松散混乱、计划实施不严、成本控制不力等有着直接关系。没有正确的工程进度网络计划就难以证明延误的发生及天数；没有完整详实的记录，就缺乏索赔定量要求的基础。

一些承包商采取有意压低标价的方法以获取工程，为了弥补自己的损失，又试图靠索赔的方式来得到利润。这种方法存在很大风险。因为索赔补偿是以实际损失为原则的，超过实际损失部分的索赔很难获得成功。在工程实践中，承包商向业主索赔的主动权往往掌握在业主手上，即使承包商按实际损失进行索赔，也很难得到完全的赔偿，更何况额外利润。因此承包商运用索赔手段来维护自身利益，应以补偿实际损失为基本出发点，在此基础上再考虑如何获取更多的利益。

8.2.3 工程项目索赔的分类

索赔主要有以下几种分类方法。

1. 按索赔当事人分类

按索赔当事人分类，索赔可分为：

（1）承包商与业主间的索赔。

（2）承包商与分包商间的索赔。

（3）承包商与供货商间的索赔。

（4）承包商与保险公司的索赔。

（5）其他主体之间的索赔。

2. 按索赔的依据分类

按索赔的依据，索赔可分为：

（1）以合同为依据的索赔。它是指索赔所涉及的内容可以在合同条款中找到依据，并可根据合同规定明确划分责任。它又可以分成合同中明示的索赔和合同中默示的索赔。合同中明示的索赔是指以合同中明确规定的条款为依据的索赔。合同中默示的索赔是指其依据虽然在合同中没有明确规定，但可以根据某些合同条款合理推论出来。

（2）以法律为依据的索赔。它是指虽然合同条款中没有规定但法律有规定，合同一方根据法律规定提出的索赔。

（3）以惯例为依据的索赔。工程承包中存在许多惯例。这些惯例虽然没有明文规定，但一般容易被合同双方接受。因此合同双方可以按惯例来处理索赔事件。但相对于按合同和法律为依据进行的索赔，按惯例索赔的成功率较低。

（4）道义索赔。道义索赔是指承包商找不到可以索赔的合同依据或法律根据，因而没有提出索赔的条件和理由，但承包商认为自己有要求补偿的道义基础，而对其遭受的损失提出具有优惠性质的补偿要求。道义索赔的主动权在业主手中，业主在下面四种情况下，可能会同意并接受这种索赔：第一，若另找其他承包商，费用会更大；第二，为了树立自己的形象；第三，出于对承包商的同情和信任；第四，谋求与承包商更理解或更长久的合作。

3. 按索赔目标分类

按索赔目标或要求，索赔可分为：

（1）工期索赔。即由于非承包商自身原因造成拖期，承包商要求业主延长工期，推迟竣工日期，避免违约误期罚款等。

（2）费用索赔。即要求业主补偿费用损失，调整合同价格，弥补经济损失。

4. 按索赔原因分类

引起索赔的原因有很多，难以按此进行明确的分类，主要有以下几方面：

（1）工程延误索赔。因业主未按合同要求提供施工条件，如未及时交付设计图纸、施工现场、道路等，或因业主指令工程暂停或不可抗力事件等原因造成工期拖延的，承包商对此提出索赔。这是工程中常见的一类索赔。

（2）工程变更索赔。由于业主或监理工程师指令增加或减少工程量、修改设计、变更工程顺序等，造成工期延长和费用增加，承包商对此提出索赔。

(3) 工程终止索赔。由于业主违约或发生了不可抗力事件等造成工程非正常终止，承包商因蒙受经济损失而提出索赔。

(4) 工程加速索赔。由于业主或监理工程师指令承包商加快施工速度，缩短工期，引起承包商人、财、物的额外开支而提出的索赔。

(5) 意外风险和不可预见因素索赔。在工程实施过程中，因人力不可抗拒的自然灾害、特殊风险以及一个有经验的商包商通常不能合理预见的不利施工条件或外界障碍，如地下水、地质断层、溶洞、地下障碍物等引起的索赔。

(6) 其他索赔。如因货币贬值、汇率变化、物价、工资上涨、政策法令变化等原因引起的索赔。

8.2.4 工程项目索赔工作程序

索赔工作程序是指从索赔事件产生到最终处理全过程所包括的工作内容和工作步骤。

具体工程的索赔工作程序，应根据双方签订的施工合同确定。不同的合同文本有不同的索赔程序规定。从承包商索赔的角度来讲，索赔工作程序一般有如下主要步骤。

1. 承包人提出索赔要求

在工程实施过程中，一旦出现索赔事件，承包商应在合同规定的时间内，及时向业主或工程师书面提出索赔意向通知，亦即向业主或工程师就某一个或若干个索赔事件表示索赔愿望、要求或声明保留索赔的权利。索赔意向的提出是索赔工作程序中的第一步，其关键是抓住索赔机会，及时提出索赔意向。

FIDIC《土木工程施工合同条件》第四版及我国《建设工程施工合同》示范文本都规定：承包商应在索赔事件发生后（FIDIC《施工合同条件》1999 年第一版为：在承包商察觉或应已察觉索赔事件后）的 28 天内，将其索赔意向通知工程师。反之如果承包商没有在合同规定的期限内提出索赔意向或通知，承包商则会丧失在索赔中的主动和有利地位，业主和工程师也有权拒绝承包商的索赔要求，这是索赔成立的有效和必备条件之一。FIDIC《施工合同条件》1999 年第一版明确规定：如果承包商未能在上述 28 天期限内发出索赔通知，则竣工时间不得延长，承包商无权获得追加付款，而雇主应免除有关该索赔的全部责任。这就是说，此时承包商能否得到索赔完全取决于业主方。因此在实际工作中，承包商应避免合理的索赔要求由于未能遵守索赔时限的规定而导致无效。

2. 承包人索赔资料的准备

从提出索赔意向到提交索赔报告，是属于承包商索赔的内部处理阶段和索赔资料准备阶段。此阶段的主要工作有：

1) 跟踪和调查干扰事件，掌握事件产生的详细经过和前因后果。

2) 分析干扰事件产生原因，划清各方责任，确定由谁承担工期延误和经济损失的责任。

3) 损失或损害调查和计算。通过对比实际和计划的施工进度和工程成本，分析经济损失或权利损害的范围和大小，并由此计算出工期索赔和费用索赔值。

4）收集证据。从干扰事件产生、持续直至结束的全过程，都必须保留完整的当时记录，这是索赔能否成功的重要条件。作为索赔证据既要真实、全面、及时，又要具有法律证明效力。常见的索赔证据主要有：

① 合同文件；

② 施工日志；

③ 工程照片及声像资料；

④ 来往信件、电话记录；

⑤ 会谈纪要；

⑥ 气象报告和资料；

⑦ 经工程师批准的工程进度计划；

⑧工程备忘录及各种签证；

⑨ 工程结算资料和有关财务报告；

⑩ 各种检查验收报告和技术鉴定报告；

⑪各类财务凭证；

⑫官方的物价指数、汇率变动表、国家法律、法规等。

5）编写索赔报告。按照索赔报告的格式和要求，将上述各项内容系统反映在索赔报告中。索赔报告是合同一方向对方提出索赔的书面文件。索赔报告的表达与内容对索赔的解决有重大影响，索赔方必须认真编写索赔报告。索赔报告的一般格式可参见表 8-1。

索赔报告的一般格式 **表 8-1**

序号	索赔报告构成	一　般　内　容
1	题　目	如“关于×××事件的索赔”
2	事　件	详细描述事件过程
3	理　由	主要是法律依据、合同条款等
4	证　据	证明事件确实造成了损失且损失是由非承包商原因或责任造成
5	结　论	指出对方造成的损失或损害及其大小
6	损失估价	列出损失费用的计算方法、计算基础等，并计算出损失费用的大小
7	延期计算	列出工期延长的计算方法、计算公式等，并计算出要求延长的天数
8	附　录	指各种编过号的证据、图表等

3. 索赔报告的提交

承包商必须在合同规定的索赔时限内向业主或工程师提交正式的书面索赔文件。FIDIC 施工合同条件第四版和我国建设工程施工合同条件都规定：承包商必须在发出索赔意向通知后的 28 天内或经工程师同意的其他合理时间内，向工程师提交一份详细的索赔报告。而在 FIDIC 施工合同条件 1999 年版中，提交索赔报告的时间为承包商察觉（或应已察觉）引起索赔的事件或情况后 42 天内或工程师认可的其他期限内提交。如果干扰事件对工程的影响持续存在，承包商则应按工程师要求的合理间隔，提交中间索赔报告，并在干扰事件影响结束后的 28 天内或在工程师认可的其他期限内提交一份最终索赔报告。

4. 工程师对索赔文件的审核

接到承包人的索赔报告后，工程师应认真研究承包人报送的索赔资料。工程师对承包商索赔的审核工作主要分为判定索赔事件是否成立和核查承包商的索赔计算是否正确、合理两个方面，并可在业主授权的范围内作出自己独立的判断。

承包商索赔要求的成立必须同时具备如下四个条件：

(1) 与合同相比较已经造成了实际的额外费用增加或工期损失。

(2) 造成费用增加或工期损失的原因不是由于承包商自身的过失所造成。

(3) 造成费用增加或工期损失的原因也不是应由承包商应承担的风险所造成。

(4) 承包商按合同规定的程序提交了书面的索赔意向通知和索赔报告。

上述四个条件没有先后主次之分，并且必须同时具备，承包商的索赔才能成立。

5. 工程师确定合理的补偿额

工程师在审核了承包人的索赔报告后，应初步确定合理的补偿额。

我国建设工程施工合同条件规定：工程师在收到承包人送交的索赔报告和有关资料后于 28 天内给予答复，或要求承包人进一步补充索赔理由和证据。工程师在收到承包人送交的索赔报告和有关资料后 28 天内未予答复或未对承包人作进一步要求，视为该项索赔已经认可。FIDIC 施工合同条件 1999 年版规定，工程师在收到索赔报告或对过去索赔的任何进一步证明资料后 42 天内，或在工程师可能建议并经承包商认可的此类其他期限内做出回应，表示批准或不批准并附具体意见。

6. 工程师与承包人和发包人协商

工程师初步确定的补偿额可能与承包人提出的要求有很大差异，也可能使业主不满意。此时工程师与承包人、业主需要通过协商消除差异，直到最终达成一致意见。

7. 工程师索赔处理决定

如果工程师处理的索赔额在业主授权范围内，则工程师与承包人协商达成一致意见后就可以作出批准决定。如果工程师处理的索赔额超过业主授权范围，则必须报请业主同意。

当承包人与工程师或业主达不成最终一致意见时，工程师可以按照公正的原则作出自己的决定。此时工程师决定的效力在 FIDIC 施工合同条件第四版和 1999 年版中规定不同。

FIDIC 施工合同条件第四版规定：如果工程师已经将有关争议事项所做决定通知了雇主和承包商，而且雇主或承包商在收到工程师对该争议事项所做决定后的 70 天内均未发出对争议要求仲裁的意向通知时，那么工程师作出的决定即为最终决定，并对雇主和承包商具有约束力。

而在 FIDIC 施工合同条件 1999 年版中，由于增加了有关争端裁决委员会（DAB）的条款，工程师虽然仍可以做出自己的决定，但这种决定不再具有最终决定效力。

8. 把争议提交争端裁决委员会或仲裁委员会，或提起诉讼

FIDIC 施工合同条件 1999 年版中增加了争端裁决委员会（DAB）的条款。争端裁决委员会是介于工程师与仲裁委员会之间的处理争端的角色。如果业主和承包商之间发生了争端，包括对工程师的任何证书、确定、指示、意见或估价的任何争端，任一方可以将该争端以书面形式提交 DAB，并将副本送另一方和工程师，委托 DAB 做出决定。DAB 应在收到委托后 84 天内或双方认可的其他期限内作出决定。如果任一方对 DAB 的决定不满意，可以在收到决定通知后 28 天内，将不满意向另一方发出通知，否则 DAB 的决定成为最终决定，对双方均有约束力。发出不满意 DAB 决定的通知后，双方可以再重新协商解决或通过仲裁解决。

如果合同条件不设争端裁决委员会，则双方可以按合同规定将争端提交仲裁委员会。仲裁协议是仲裁委员会接受仲裁的前提条件。若双方无仲裁协议，则可以向法院提起诉讼。

工程项目实施中会发生各种各样、大大小小的索赔、争议等问题，应该强调，合同各方应该争取尽量在最早的时间、最低的层次，尽最大可能以友好协商的方式解决索赔问题，不要轻易提交仲裁。因为对工程争议的仲裁往往是非常复杂的，要花费大量的人力、物力、财力和精力，对工程建设也会带来不利，有时甚至是严重的影响。

如非洲某水电工程项目，合同于 1980 年 1 月授标，并于 1983 年 8 月全部完工。合同原定价格为 2500 万美元。由于协商达不成一致意见，承包商于 1983 年 6 月向国际商会提出仲裁请求。仲裁员最终于 1986 年 1 月作出裁决：业主应给予承包商 1200 万美元的补偿。本仲裁前后经过了近 3 年时间，相当于整个工程的建设期，仅仲裁费就花了约 500 万美元。

8.2.5 工期索赔

1. 关于工期延误的合同一般规定

如果由于非承包商自身原因并且不应由承包商承担责任的事件造成工程延期，合同中通常都规定承包商有权向业主提出工期延长的索赔要求。

我国建设工程施工合同条件第 13 条规定，对以下造成竣工日期的延误，经工程师确认，工期可以相应顺延：

（1）发包人未能按专用条款的约定提供图纸及开工条件。

（2）发包人未能按约定日期支付工程预付款、进度款，致使施工不能正常进行。

（3）工程师未按合同约定提供所需指令、批准等，致使施工不能正常进行。

（4）设计变更和工程量增加。

（5）一周内非承包人原因停水、停电、停气造成停工累计超过 8 小时。

（6）不可抗力。

（7）专用条款中约定或工程师同意工期顺延的其他情况。

承包人在以上情况发生后 14 天内，就延误的工期以书面形式向工程师提出报告。工程师在收到报告后 14 天内予以确认，逾期不予确认也不提出修改意见，视为同意顺延工期。

FIDIC 施工合同条件 1999 年版第 8 条规定：如果由于变更或合同中某项工作量的显著变化；根据本合同其他条款，有权获得延长期的原因；异常不利的气候条件；由于流行病或政府行为造成可用人员或货物的不可预见的短缺；或由雇主、雇主人员、或在现场的雇主的其他承包商所造成或引起的任何延误、妨碍或阻碍，导致竣工时间延长等，承包商可要求顺延工期。工程师每次确定延长时间时，应对以前作出的确定进行审查，可以增加，但不得减少总的延长时间。

如果由于承包商自身原因或虽不是自身原因但属于承包商应承担责任的事件发生（如一般的气候条件影响施工；我国施工合同条件中一周内非承包人原因停水、停电、停气造成停工累计未超过 8 小时等）使承包商未能在原定的或工程师同意延长的合同工期内竣工时，承包商则应承担误期损害赔偿费。这是施工合同赋予业主的正当权利。

FIDIC 施工合同条件 1999 年版 8.7 款规定：误期损害赔偿费总额不得超过投标书附录中规定的误期损害赔偿费的最高限额（如果有)。……误期损害赔偿费不应解除承包商完成工程的义务或合同规定的其可能承担的其他责任、义务或职责。

2. 工程延误的分类和识别

(1) 按工程延误原因划分

1) 因业主及工程师原因引起的延误。业主及工程师原因引起的延误一般可分为两种情况，第一种是业主或工程师自身责任原因引起的延误，第二种是合同变更原因引起的延误。具体包括：

①业主拖延交付合格的施工现场。

②业主拖延交付图纸。

③业主或工程师拖延审批图纸、施工方案、计划等。

④ 业主拖延支付预付款或工程款。

⑤业主指定的分包商违约或延误。

⑥业主拖延关键线路上工序的验收时间，造成承包商下道工序施工延误。

⑦工程师发布指令延误，或发布的指令打乱了承包商的施工计划。

⑧业主原因暂停施工导致的延误。

⑨工程量清单误差过大导致实际工程量显著超过工程量清单中的工程量。

⑩业主设计变更导致工程量增加。

⑪业主要求增加额外工程。

⑫业主对工程质量的要求超出原合同的约定等。

2) 因承包商原因引起的延误。具体如下：

①施工组织不当，如出现窝工或停工待料现象。

②质量不符合合同要求而造成的返工。

③资源配置不足，如劳动力不足，机械设备不足或不配套，技术力量薄弱，管理水平低，缺乏流动资金等造成的延误。

④开工延误。

⑤劳动生产率低。

⑥承包商雇佣的分包商或供应商引起的延误等。

3）不可控制因素导致的延误。包括：

①人力不可抗拒的自然灾害导致的延误。

②特殊风险如战争、叛乱、革命、核装置污染等造成的延误。

③不利的施工条件或外界障碍引起的延误等。

（2）按工程延误的补偿结果划分

工程延误按照承包商是否应该或能够通过索赔得到合理补偿而分为可索赔的延误和不可索赔的延误。

1）可索赔的延误。可索赔的延误是指非承包商原因或应承担责任引起的工程延误，包括业主或工程师的原因和双方不可控制的因素引起的索赔。这类延误属于可索赔的延误，承包商可提出补偿要求，业主应给予相应的合理补偿。根据补偿内容的不同，可索赔的延误可进一步分为以下三种情况：

①只可索赔工期的延误。只可索赔工期的延误的情况并不多，通常是指特别恶劣的气候条件。在FIDIC施工合同条件第四版中有比较明确的规定，12.2款规定：如果在工程施工过程中，承包商在现场遇到了气候条件以外的外界障碍或条件，在他看来这些障碍和条件是一个有经验的承包商也无法预见的，则可以进行工期和费用补偿。此条款排除了气候条件影响同时得到工期和费用补偿的要求。而在44条中规定特别恶劣的气候条件可以得到工期补偿。由此可得出结论，一般气候条件属于承包商风险，不能补偿工期和费用损失；特别恶劣的气候条件可以得到工期补偿，但不能得到延误费用补偿。

不可抗力造成延误在有些合同文本中规定也是不能索赔延误导致的费用的（这里所讲的费用是指与延误有关的费用，如停工时的人工损失、机械闲置损失等，而不是指不可抗力发生时所有的费用损失），如我国施工合同条件规定不可抗力发生时承包商停工损失不能补偿。

②可索赔工期和费用的延误。由于业主或工程师的原因而直接造成总工期延误并导致经济损失一般均可索赔工期和费用。通常造成这类延误的活动在关键线路上或者延误超过总时差而造成对总工期的影响。在这种情况下，承包商不仅有权向业主索赔工期，而且还有权要求业主补偿因延误而发生的、与延误时间相关的费用损失。

对于不可抗力造成的延误，工期可以索赔，但延误费用的索赔在不同合同文本中有不同规定。我国施工合同文本39条规定：不可抗力包括因战争、动乱、空中飞行物坠落或其他非发包人承包人责任造成的爆炸、火灾，以及专用条款规定的风、雨、雪、洪、震等自然灾害。因不可抗力导致的费用及延误的工期由双方按以下方法分别承担：承包人承担承包人人员伤亡、机械设备等损坏及停工损失；发包人承担工程和材料设备损害、发包人人员伤亡、第三者责任、停工期间必要的承包人的管理和保卫人员费用、工程所需清理、修复费用，顺延延误的工期。由此可以看出，我国施工合同文本规定不可抗力引起的延误费用（即所指的停工损失）不能索赔。

FIDI合同条件第四版中，业主风险（包括战争、动乱、核辐射、空中飞行物压力波、非承包人的骚乱、业主使用工程、业主设计、有经验的承包商无法预测和防范的自然力的作用）造成延误和损坏，承包商可以索赔工期和损坏费用，其中应包括承包商机械设备损坏（这点与我国不同），但未包括停工损失（见12.2款、20.3款、20.4款、65条。）。

FIDIC施工合同条件1999年版中，不可抗力包括战争、动乱、非承包商人员的骚乱、辐射、自然灾害。除自然灾害外，承包商可以索赔延误的工期和各种增加费用，其中应包括停工损失。但自然灾害造成延误和损害，只能得到工期补偿和损害的修复费用补偿，不应包括停工损失（见17.3款、17.4款、19.4款。）。

③只可索赔费用的延误。这类延误是指由于业主或工程师的原因引起的延误，但发生延误的活动对总工期没有影响，而承包商却由于该项延误负担了额外的费用损失。在这种情况下，承包商不能要求延长工期，但可要求业主补偿费用损失，前提是承包商必须能证明其受到了损失或发生了额外费用，如因延误造成的人工费增加、材料费增加、劳动生产率降低等。

在正常情况下，对于可索赔延误，承包商首先应得到工期延长的补偿。但在工程实践中，由于业主对工期要求的特殊性，对于即使因业主原因造成的延误，业主也不批准任何工期的延长。即业主愿意承担工期延误的责任，却不希望延长总工期。业主这种做法实质上是要求承包商加速施工。由于加速施工所采取的各种措施而多支出的费用，就是承包商提出费用补偿的依据。

2）不可索赔延误。不可索赔延误是指因承包商原因引起的延误以及合同规定应由承包商承担责任的事件引起的延误。在这种情况下，承包商不应向业主提出任何索赔，业主也不会给予工期或费用的补偿。相反，如果承包商未能按期竣工，还应支付误期损害赔偿费。

(3）按延误事件之间的时间关联性划分

1）单一延误。单一延误是指在某一延误事件从发生到终止的时间间隔内，没有其他延误事件的发生，该延误事件引起的延误称为单一延误。

2）共同延误。当两个或两个以上的延误事件从发生到终止的时间完全相同时，这些事件引起的延误称为共同延误。在业主引起的或双方不可控制因素引起的延误与承包商原因引起的延误同时发生时，即可索赔延误与不可索赔延误同时发生时，则变成不可索赔的延误，这是工程索赔的惯例。

3）交叉延误。当两个或两个以上的延误事件从发生到终止只有部分时间重合时，称为交叉延误。由于工程项目是一个复杂的系统工程，影响因素众多，常常会出现多种原因引起的延误交织在一起，这种交叉延误的补偿分析比较复杂。

对于交叉延误，可能会出现以下几种情况，如图8-2所示。

具体分析如下：

①在初始延误是由承包商原因造成的情况下，随之产生的任何非承包商原因的延误都不会对最初的延误性质产生任何影响，直到承包商的延误缘由和影响已不复存在。因而在该延误时间内，业主原因引起的延误和双方不可控制因素引起的延误均为不可索赔延误。如图8-2中的（1）~（4）。

②如果在承包商的初始延误已解除后，业主原因的延误或双方不可控制因素造成的延误依然在起作用，那么承包商可以对超出部分的时间进行索赔。在图8-2中（2）和（3）的情况下，承包商可以获得所示时段的工期延长，并且在图8-2中（4）等情况下还能得到费用补偿。

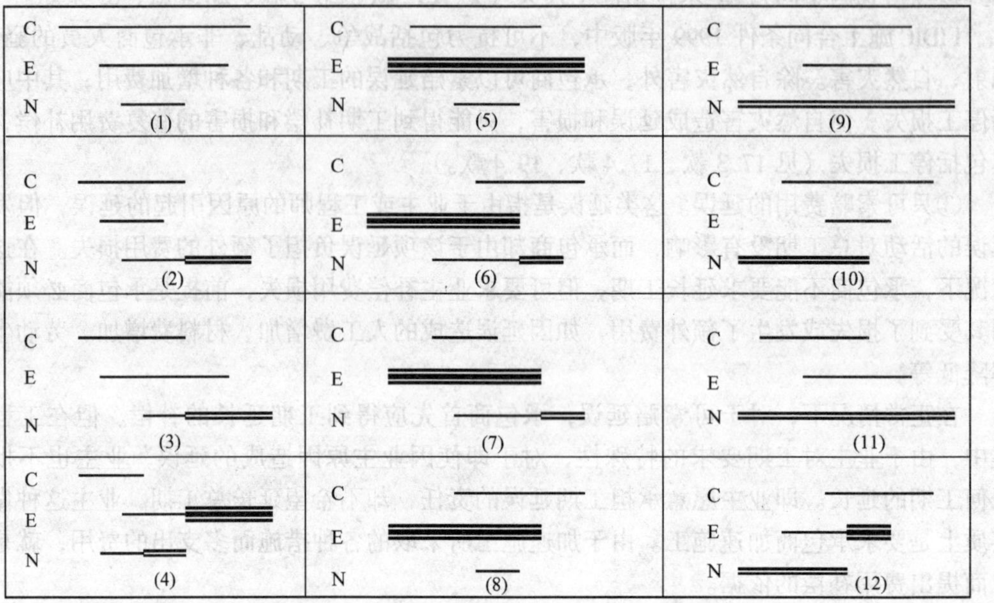

注：C 为承包商原因造成的延误；E 为业主方原因造成的延误；N 为双方不可控制因素造成的延误。

——为不可得到补偿；══为可以得到时间补偿；▬▬为可以得到时间和费用补偿。

图 8-2　工程交叉延误分析图

③反之，如果初始延误是由于业主或工程师原因引起的，那么其后由承包商造成的延误将不会使业主摆脱（尽管有时或许可以减轻）其责任。此时承包商将有权获得从业主的延误开始到延误结束期间的工期延长及相应的合理费用补偿，如图 8-2 中（5）～（8）所示。

④如果初始延误是由双方不可控制因素引起的，那么在该延误时间内，承包商只可索赔工期，而不能索赔费用，如图 8-2 中的（9）～（12）。只有在该延误结束后，承包商才能对业主或工程师原因造成的延误进行工期和费用索赔，如图 8-2 中（12）所示。

比较共同延误和交叉延误，不难看出，共同延误是交叉延误的一种特殊情况。

3. 工期索赔的计算方法

当干扰事件影响总工期时，承包商才能进行工期索赔。但是当干扰事件不影响总工期时，虽然无需要求工期顺延，但可能造成费用损失，因此承包商仍需确定干扰事件对某项活动的持续时间的影响，为费用损失的计算提供依据。

工期索赔的计算方法主要有网络分析法和比例计算法两种。

（1）网络分析法

网络分析法是利用网络进度计划，通过分析干扰事件发生前、后网络计划之差异而计算工期索赔值的。其基本思路是：当干扰事件发生后，使网络中的某个或某些活动受到干扰而延长施工持续时间。将这些活动受干扰后的新的持续时间代入网络中，重新进行网络分析和计算，即会得到一个新工期。新工期与原工期之差即为干扰事件对总工期的影响，即为承包商的工期索赔值。

网络分析是一种科学、合理的计算方法，通常可适用于各种干扰事件引起的工期索赔，比较容易被合同双方接受。但对于大型、复杂的工程，手工计算比较困难，需借助计算机来完成。

在用网络计划进行工期索赔时，必须注意，网络计划应当经过工程师批准才能作为有效的索赔证据。当实际进度与计划进度不符时，承包商应及时调整进度计划，并要求工程师批准。

（2）比例计算法

1）按工程量比例计算：

$$工期索赔值 = \frac{新增工程量}{原工程量} \times 原工期$$

例如，某土方工程原工程量为 1000m^3，工期为 40 天。工程实施过程中新增工程量 200 立方米，则按工程量比例计算法工期索赔值为：

$$(200/1000) \times 40 = 8 天$$

2）按造价比例计算：

$$工期索赔值 = \frac{新增工程量价格}{原合同价格} \times 原合同工期$$

例如，某工程原合同总价为 3000 万元，总工期 20 个月。工程实施过程中业主增加工程价格为 600 万元。则按造价比例计算法工期索赔值为：

$$(600/3000) \times 20 = 4 个月$$

比例计算法简单方便，但有时不符合实际情况。比如有些新增工程可以与其他工程平行施工，此时，不会延长工期；有些新增工程只能与其他工程衔接施工，处在关键线路上，此时，实际工期的延长可能会大于计算结果。因此需要根据实际情况决定采用与否。

8.2.6 费用索赔

费用索赔是工程索赔的重要组成部分，是承包商进行索赔的主要目标。索赔费用的计算没有统一的、合同双方共同认可的计算方法。费用索赔事关承包商的盈亏，也影响业主工程项目的建设成本，因而费用索赔常常是最困难、也是双方分歧最大的索赔。

1. 可索赔费用的分类

（1）按照可索赔费用的性质分类

1）额外工作索赔费用。额外工作索赔费用包括额外工作实际成本及其相应利润。对于额外工作索赔，业主一般以原合同中的适用价格为基础，或者以双方商定的价格或工程师确定的合理价格为基础给予补偿。如工程变更增加工程量，移除地下障碍物所做的工作等。

2）损失索赔费用。包括实际损失和可得利益损失。实际损失是指承包商多支出的额外成本。可得利益损失是指如果业主不违反合同，承包商本应取得的，但因业主违约而丧失了的利益。如可索赔的工程延误、业主自身原因解除合同等。

计算额外工作索赔和损失索赔的主要区别是：前者的计算基础是价格，而后者的计算基础是成本。

(2) 按可索赔费用的构成分类

1) 直接费。包括人工费、材料费、机构设备费、分包费。

2) 间接费。包括现场管理费、总部管理费、保险费、利息及保函手续费等项目。

3) 利润。

按照工程惯例，承包商的索赔准备费用、索赔金额在索赔处理期间的利息、仲裁费用、诉讼费用等是不能索赔的，因而不应将这些费用包含在索赔费用中。

2. 常见索赔事件的费用构成

索赔费用的构成会随工程所在地国家或地区的不同而不同，即使在同一国家或地区，随着合同条件具体规定的不同，索赔费用的构成也会不同。美国工程索赔专家 J.Adrian 在其《施工索赔》一书中总结了索赔类型与索赔费用构成的关系表如表 8-2 所示，可供参考。

索赔种类与索赔费用构成关系表 **表 8-2**

序号	索赔费用项目	索赔种类			
		延误索赔	工程范围变更索赔	加速施工索赔	现场条件变化索赔
1	人工工时增加费	×	√	√	√
2	生产率降低引起人工损失	√	★	√	★
3	人工单价上涨费	√	★	√	★
4	材料用量增加费	×	√	★	★
5	材料单价上涨费	√	√	★	★
6	新增的分包工程量	×	√	×	★
7	新增的分包工程单价上涨费用	√	★	★	√
8	租赁设备费	★	√	√	√
9	自有机械设备使用费	√	√	★	√
10	自有机械台班费率上涨费	★	×	★	★
11	现场管理费（可变）	★	√	★	√
12	现场管理费（固定）	√	×	×	★
13	总部管理费（可变）	★	★	★	★
14	总部管理费（固定）	√	★	×	★
15	融资成本（利息）	√	★	★	★
16	利润	★	√	★	√
17	机会利润损失	★	★	★	★

注：“√”表示一般情况下应包含；“×”表示不包含；“★”表示视具体情况决定是否包含。

3. 索赔费用的计算方法

费用索赔值的计算没有统一、共同认可的标准方法，但计算方法的选择却对最终索赔金额影响很大。计算方法选择的最基本原则应该是合理性原则。估算方法选用不合理容易被对方驳回。这就要求索赔人员具备丰富的工程估价知识和索赔经验。费用索赔的计算方法主要有以下两种。

(1) 实际费用法

实际费用法又称分项法，就是按照索赔事件引起损失的费用项目逐项分析计算索赔值，然后将各项计算结果汇总，即可得到总的索赔费用值。该方法比较合理，能反映实际情况，且可为索赔文件的分析、评价及其最终索赔谈判和解决提供方便，是承包商广泛采用的方法，也容易被合同对方接受。由于索赔原因不同，索赔费用的构成和计算方法也不同。如工程延误索赔可以根据费用构成逐项分析计算，然后汇总；而工程量增加一般可直接用单价乘以工程量得到最后结果。下面以工程延误索赔为例说明实际费用索赔的计算方法。

当工程延误时可能发生的损失有以下几方面。

1) 人工费。包括：

①停工损失。可以用下式计算：

人工费损失 = 停工人数 × 停工天数 × 人工工日单价 × 折算系数

因为停工时人工工日单价应与正常工作时的人工工日单价有所区别，所以应考虑折算系数。折算系数的取定双方可以事先在合同中约定。

②工资上涨。当工程延误时间较长，且合同中约定可以调价时，可以计算此项费用。按约定方法计算，可以约定按指数调价或按实际价格调价。

③生产效率降低损失。生产效率降低可能是因为干扰事件使得某项工作不能正常开展，只能断断续续地施工；也可能是因为某项工作停止后，工人被安排到其他工作中去，因工作面狭小、工作不熟悉等原因导致生产效率降低。可按下式计算：

人工费损失 = 实际支付的人工费 - 按合同完成某项工作应支付的人工费

= (实际发生的工日数 - 按合同完成某项工作应消耗工日数) × 工日单价

2) 材料费。包括：

①材料价格上涨。当延误的工期较长且合同中约定可以调价时，可计算此项费用。可以按照约定按指数法调价或按实际价格调价。

②保管费。工程延误时，可能会造成承包商材料库存时间延长而增加保管费。可以按下式计算：

保管费 = 延误所涉及的库存材料价格 × 延误天数 × 保管费率

③施工机械费。包括：a. 机械台班费上涨。计算方式同人工费和材料费上涨；b. 机械闲置损失。若为租赁机械，可按租赁费计算。若为自有机械，可按折旧费计算，也可以按台班费乘以折算系数计算。一天只能计算一个台班数；c. 机械降效损失。当机械处于不正常工作而非完全停止运行时，可按下式计算：机械降效损失 = (实际发生的台班数 - 按合同完成该工作应消耗台班数) × 台班单价

3) 现场管理费。现场管理费可以按其构成逐项分析计算，然后汇总。但因为现场管理费构成项目较多，分项计算十分烦琐，一般可按日费率分摊法计算：

每日现场管理费率 = 合同现场管理费总额/合同工期

延误现场管理费索赔额 = 每日现场管理费率 × 延误天数

4) 总部管理费。由于一个承包商可能同时实施几项工程，某项工程总部管理费无法

按分项计算，也可以按日费率分摊法计算：

每日总部管理费率=合同总部管理费总额/合同工期

延误总部管理费索赔额=每日总部管理费率×延误天数

5）其他费用。工程延误时可能发生的其他费用如分包商的索赔费用、各种保险费、保函费等可以按延误所产生的实际损失计算。

6）利润。在FIDIC施工合同条件第四版中，工程延误通常只能索赔费用（FIDIC合同条件中的费用是指实际成本，不包括利润）。而在FIDIC施工合同条件1999年版中明确规定了许多情况下工程延误可以索赔利润。如工程师延误图纸或指示（1.9款）给承包商造成延误和增加费用，承包商不仅可以得到工期补偿，而且可以得到费用和合理利润的补偿。这里指的合理利润应是指因延误造成的机会利润损失。类似的条款还有（2.1款）雇主未能及时给予承包商现场进入权、（10.3款）由于雇主原因妨碍竣工试验达14天以上、（16.1款）承包商不能获得进度款而暂停工作，均包括合理利润的索赔。

机会利润损失从理论上讲应该以承包商的获利能力为计算基础。但实际操作比较困难。按下面公式计算是一种可接受的方法：

机会利润损失=报价时计划总利润/合同工期×延误天数

把上述费用计算结果汇总之后即可得到工程延误总的索赔费用值。但需指出的是，就某个具体索赔事件来讲，上述费用并非每项都会发生，只有实际发生且合同规定可以计入时才能计算。

对于两种或两种以上原因引起的索赔，必须注意费用之间不能重复计算。如，当设计变更引起工程量增加时，可能导致工程延误，这时可以索赔增加的工程量的价格和延误费用，但在计算延误费用时必须扣除所增加工程量价格中已包含的费用，如管理费等。

（2）总费用法

总费用法是以承包商的额外增加成本为基础，再加上管理费和利润的计算方法。

例如，某工程原合同报价如下：

直接费	1000万元
现场管理费（直接费的15%）	150万元
总部管理费（直接费+现场管理费的10%）	115万元
利润（总成本的5%）	63.25万元
合同价	1328.25万元

若在工程实施过程中，由于非承包商原因造成直接费增加100万元，则用总费用法计算索赔值如下：

直接费增加	100万元
现场管理费增加	15万元
总部管理费增加	11.5万元
利润增加	6.325万元
索赔值	132.825万元

总费用法在工程实践中用得不多，往往不容易被业主、仲裁员等所认可，因为该方法的应用必须满足以下几个条件：

1）工程项目实际发生的总费用应计算准确，合同生成的成本应符合普遍接受的会计原则，若需要分配成本，则分摊方法和基础选择要合理。

2）承包商的报价合理，符合实际情况。

3）合同总成本超支全系其他当事人行为所致，承包商在合同实施过程中没有任何失误，这一般在工程实践中是不太可能的。

4）合同争执的性质不适合采用其他计算方法。

8.2.7 反索赔

1. 反索赔的含义

反索赔（Count Claim）就是反驳、反击或防止对方提出的索赔，不让对方索赔成功或全部成功。对于反索赔的含义一般有两种理解：第一，认为承包商向业主提出补偿要求即为索赔，而业主向承包商提出补偿要求则认为是反索赔；第二，认为索赔是双向的，业主和承包商都可以向对方提出索赔要求，任何一方对对方提出索赔要求的反驳、反击则认为是反索赔。本书采用后者对反索赔的理解。

索赔管理包括索赔和反索赔两个方面，两者密不可分，相互影响，相互作用。通过索赔可以追索损失，获得合理经济补偿，而通过反索赔则可以防止或减少损失发生，保证工程项目的经济利益。

2. 反索赔的任务

反索赔的任务可包括两个方面：一是防止对方提出索赔；二是反击或反驳对方的索赔要求。

(1) 防止对方提出索赔

要成功地防止对方提出索赔，应采取积极防御的策略。首先是自己严格履行合同中规定的各项义务，防止自己违约，并通过加强合同管理，使对方找不到索赔的理由和根据，使自己处于不能被索赔的地位。其次如果在工程实施过程中发生了干扰事件，则应立即着手研究和分析合同依据，收集证据，为提出索赔或反击对手的索赔做好两手准备。再次体现积极防御策略的常用手段是先发制人，首先向对方提出索赔。因为在实际工作中干扰事件的产生常常双方均负有责任，原因错综复杂且互相交叉，一时很难分清谁是谁非。首先提出索赔，既可防止自己因超过索赔时限而失去索赔机会，又可争取索赔中的有利地位，并为索赔问题的最终处理留下一定的余地。

(2) 反击或反驳对方的索赔要求

如果对方提出了索赔要求或索赔报告，则自己一方应采取各种措施来反击或反驳对方的索赔要求。常用的措施有：第一是抓住对方的失误，直接向对方提出索赔，以对抗或平衡对方的索赔要求，达到最终解决索赔时互作让步或互不支付的目的。如业主常常通过找出工程中的质量问题、工程延期等问题，对承包商处以罚款，以对抗承包商的索赔要求，达到少支付或不支付的目的。第二是针对对方的索赔报告，进行仔细、认真研究和分析，找出理由和证据，证明对方索赔要求或索赔报告不符合实际情况和合同规定，没有合同依据或事实证据，索赔值计算不合理或不准确等问题，反击对方不合理的索赔要求或索赔要求中的不合理部分，推卸或减轻自己的赔偿责任，使自己不受或少受损失。

3. 索赔报告的审核和反驳

索赔报告的审核和反驳是反索赔的重要任务之一。对对方提出的索赔报告必须进行全面地、系统地分析、评价，找出问题，反驳其中不合理的部分，为索赔及反索赔的合理解决提供依据。

索赔报告的审核和反驳，一般可从以下方面进行：

(1) 索赔要求或报告的时限分析

审查对方在干扰事件发生后，是否在合同规定的索赔时限内提出了索赔要求或报告，如果对方未能及时提出书面的索赔要求和报告，则将失去索赔的机会和权利，对方提出的索赔则不能成立。

(2) 索赔事件原因分析

通过对事件的调查，分析事件产生的原因以及干扰事件与损失之间的因果关系。事件产生的原因无非有三种：一是索赔方的原因，如索赔方管理不善、疏忽大意等造成损失；二是自身原因，如自身违约给对方造成损失；三是非双方原因，如气候条件、不可抗力、地下障碍物等原因。此外，还需对损失与原因之间的因果关系进行分析，分析这些损失是否由一种原因或多种原因造成。

(3) 索赔依据分析

索赔依据分析，就是分析对方的索赔要求是否有合同的、法律的或其他的依据。有些事件虽然造成承包商损失，但根据合同应该由承包商自己承担责任，则索赔不能成立。反索赔与索赔一样，要能找到对自己有利的法律条文或合同条款，才能推卸自己的合同责任，或找到对对方不利的法律条文或合同条款，使对方不能推卸或不能全部推卸自己的合同责任，这样可从根本上否定对方的索赔要求。

(4) 索赔证据分析

索赔证据分析，就是分析对方所提供的证据是否真实、有效、合法，是否能证明索赔要求成立。证据不足、不全、不当、没有法律证明效力或没有证据，索赔是不能成立的。如未经工程师批准的施工进度计划作为索赔证据就缺乏效力。

(5) 索赔值审核

如果经过上述的各种分析、评价，仍不能从根本上否定对方的索赔要求，则必须对索赔报告中的索赔值进行认真细致的审核，审核的重点是索赔值的计算方法是否合情合理，各种取费是否合理、适度，有无重复计算，计算结果是否准确等。值得注意的是，索赔值的计算方法多种多样且无统一的标准，选用一种对自己有利的计算方法，可能会使自己获利不少。因此审核者不能沿着对方索赔计算的思路去验证其计算是否正确无误，而是应该设法寻找一种既合理又对自己有利的计算方法，去反驳对方的索赔计算，剔除其中的不合理部分，减少损失。

1) 工期索赔值的审核。工期索赔值的审核，除了上述有关要求外，还应注意以下几点：

①受干扰事件影响的某项工作的延误时间并不一定即为工期索赔值。如果受干扰事件影响的工作项目不在关键线路上，则不会影响工程的竣工日期，工期索赔值即为零。如果

受干扰事件影响的工作项目开始不在关键线路上，但由于它的延期而影响了其他工作项目的进度，而使该项工作变成了关键线路上的工作，则应选择合理的计算方法计算工期索赔值。

②是否有重复计算。有些延误工期可能是多种原因相互重叠造成的，亦即某一原因造成工期延误期间，又发生了影响工程进展的其他原因。各个原因造成的延误时间不能简单相加，因为延误可能在同一时间段内。如工程师指令延误3天，同时业主移交施工现场也延误3天，则只能索赔3天的工期，而不是6天。

③共同或交叉延期。在审核索赔报告时，最容易发生纠纷的是施工中出现的共同或交叉延期，即在同一时间内发生了两种或两种以上的、不同责任的延期。对于这种共同或交叉延期，如果合同有规定，按合同规定处理。如果没有合同规定，则应实事求是，分清责任，各负其责，完全拒绝或全部接受对方的工期索赔值都显不妥，可以按本节前述方法处理。

2）费用索赔值的审核。费用索赔所涉及的款项较多，如人工费、材料费、设备费、分包费、保函费、保险费、利息、管理费及利润等，内容庞杂。对于一个特定的索赔事件，一般仅涉及其中的某几项。审核费用索赔值时，应首先检查取费项目的合理性，然后审查选用的计算方法、费用分摊方法是否合理、取费费率是否正确、计算是否准确、有无重复取费等，并注意以下几点：

①在索赔报告中，对方为推卸责任，常常会以自己的全部实际损失作为索赔值的计算基础，在审核索赔报告时，必须扣除两个因素的影响：一是合同规定的对方应承担的风险或我方的免责；二是由对方报价失误或工程管理失误等造成的损失。

②索赔值的计算基础是合同报价，或在合同报价的基础上按合同规定进行调整。而在实际工程中，索赔方常常用自己实际的工程量、生产效率、工资水平、价格水平等作为索赔值的计算基础，而过高地计算了索赔值。

③窝工损失。对窝工损失的计算业主与承包商常常会不一致。承包商对设备的窝工可能会按台班计价，人工的窝工按工日计价。业主或工程师的计算通常是：因窝工而闲置的设置按设备折旧率或租赁费计算，人工的损失则考虑这部分人员调作其他工作时因工作效率降低引起的失误费用，一般用工效乘以一个测算的降效系数来计算这部分生产效率损失。

④利润损失。索赔值中是否能包含利润损失，是一个比较复杂的问题，也是业主与承包商经常会引起争议的问题之一。不同的合同条件有不同的规定。如FIDIC施工合同条件第四版对工期延误损失以不计算利润为原则；而FIDIC施工合同条件1999年版许多工期延误条款中明确规定可以索赔利润。一般来说，在以下三种情况下可允许承包商计算利润损失：第一是合同延期，如果因业主原因（如违约、合同变更等）造成了合同延期，则在合同中可能规定有利润索赔，这是基于承包商对其他工程盈利机会的损失。第二是合同解除，如果因业主违约等造成了工程全部完成之前的合同解除，此时承包商可以就剩余未完合同的利润损失（及总部管理费损失）提出索赔。第三是合同变更，对于变更工程通常是以价格为基础计价的，它当然可以包括利润。

由于工程实践中大量存在的是承包商向业主的索赔，因此反索赔就成为业主或工程师在索赔管理中的重要任务和工作。

（6）实例

某施工单位（乙方）与某建设单位（甲方）签订了建造无线电发射试验基地施工合同。合同工期为38天。由于该项目急于投入使用，在合同中规定，工期每提前（或拖后）1天奖励（或罚款）5000元。乙方按时提交了施工方案和施工网络进度计划，如图8-3所示，并得到甲方代表的批准。

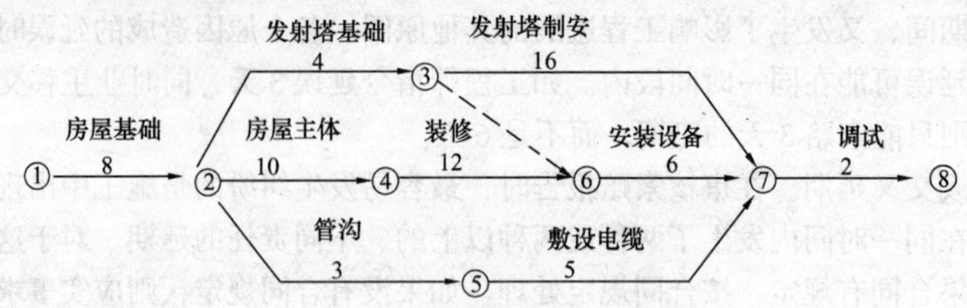

图8-3　某发射塔试验基地工程进度计划

实施过程中发生了如下几项事件：

事件1：在房屋基坑开挖后，发现局部有软弱下卧层，按甲方代表指示乙方配合地质复查，配合用工为10个工日。地质复查后，根据经甲方代表批准的地基处理方案，增加直接费4万元，因地基复查和处理使房屋基础作业时间延长3天，人工窝工15个工日。

事件2：在发射塔基础施工时，因发射塔原设计尺寸不当，甲方代表要求拆除已施工的基础，重新定位施工。由此造成增加用工30工日，材料费1.2万元，机械台班费3000元，发射塔基础作业时间拖延2天。

事件3：在房屋主体施工中，因施工机械故障，造成工人窝工8个工日，该项工作作业时间延长2天。

事件4：在房屋装修施工基本结束时，甲方代表对某项电线暗管的铺设位置是否准确有疑问，要求乙方进行剥露检查。检查结果为：某部位的偏差超出了规范允许范围，乙方根据甲方代表的要求扩大剥离检查范围并进行返工处理，合格后甲方代表予以签字验收。该项剥露、返工及覆盖作业用工20个工日，材料费为1000元。因该项电气暗管的重新检验和返工处理使安装设备的开始作业时间推迟了1天。

事件5：在铺设电缆时，因乙方购买的电缆线材质量差，甲方代表令乙方重新购买合格线材。由此造成该项工作多用人工8个工日，作业时间延长4天，材料损失费8000元。

事件6：鉴于该工程工期较紧，经甲方代表同意，乙方在安装设备作业过程中采取了加快施工的技术组织措施，使该项工作作业时间缩短2天，该项技术组织措施费为6000元。

其余各项工作实际作业时间和费用均与原计划相符。

问题：

1）在上述事件中乙方可以就那些事件向甲方提出工期补偿和费用补偿要求？为什么？

2）该工程的实际施工天数为多少天？可得到的工期补偿为多少天？工期奖罚款为多少？

3）假设工程所在地人工费标准为30元/工日，应由甲方给与补偿的窝工人工费补偿标准为18元/工日，该工程综合取费率为30%。则在该工程结算时，乙方应该得到的索赔款为多少？

分析：

问题1)：

事件1可以提出工期补偿和费用补偿要求，因为地质条件变化属于甲方应承担的责任，且该项工作位于关键线路上。

事件2可以提出费用补偿要求，不能提出工期补偿要求，因为发射塔设计位置变化是甲方责任，由此增加的费用应由甲方承担，但该项工作的拖延时间只有2天，没有超出8天的总时差。

事件3不能提出工期和费用补偿要求，因为施工机械故障属于乙方应承担的责任。

事件4不能提出工期和费用补偿要求，因为乙方应对自己完成的产品质量负责。甲方代表有权要求乙方对已覆盖的分项工程剥露检查，检查后发现不合格，其费用和工期都不能补偿。

事件5不能提出工期和费用补偿要求，因为乙方应对自己购买的材料质量负责。

事件6不能提出补偿要求，因为通过采取技术组织措施使工期提前，可按合同规定的工期奖罚办法处理，因赶工而发生的施工技术组织措施费应由乙方负担。

问题2)：

①通过对图8-3的分析，该工程进度计划的关键线路为①→②→④→⑥→⑦→⑧，计划工期为38天，与合同工期相同。把实际工作持续时间代入原网络计划中，计算结果表明，关键线路不变，实际工期为42天。

②把所有甲方负责的各项工作持续时间延长天数加到原计划相应工作的持续时间上，计算结果表明，关键线路仍不变，工期为41天。因此，该工程可补偿工期天数为：$41-38=3$天。

③工期罚款为：$(42-41)\times5000=5000$元

问题3)：

乙方应该得到的索赔款有：

①由事件1引起的索赔款：$(10\times30+40000)\times(1+30\%)+15\times18=52660$元

②由事件2引起的索赔款：$(30\times30+12000+3000)\times(1+30\%)=20670$元

因此，乙方应该得到的索赔款为：$52660+20670=73330$元

8.3 实例分析

8.3.1 案例背景

本案例为埃及萨达特城二区工程延长工期的索赔。

萨达特二区工程包括各种类型的住宅和公共建筑，建筑面积约27万平方米，其中住宅3024套，部分为别墅；公共建筑有社会机关事务楼、学校、娱乐中心、清真寺等。工程造价约为3993万LE（埃镑）。合同签订日期为1986年11月11日，合同期为24个月。业主为萨达特城机构（以下简称“机构”,），其上级单位为该国建设部，承包商为中建公司。

在合同执行过程中，由于①业主的原因——拖欠工程进度款，要求对工程进行变更，监理工程师在施工中无理刁难及不合理扣款等等；②政府部门的原因——对指标材料（钢筋、水泥、木材和玻璃）在公司交款后不能按时交货；③停水、停电和其他意外风险的原

因，使公司不能正常施工，工期严重拖延，在合同工期结束时工程完成还不到一半。业主从1989年9月21日起开始计算工期罚款，同时威胁要拍卖工程。中建公司根据合同执行过程中非公司方面的原因而引起的工期延误向业主提出工期索赔。

8.3.2 索赔过程

1. 向业主提出索赔报告

由于非中建公司的原因而引起的工期延误，要求延长工期的报告如下：

致建设部部长阁下：

您好！

中建公司承担的萨达特城二区工程，由于非公司方面的原因，使该工程严重拖期，机构已经开始扣工期罚款，这是不合理的。现将非公司的原因影响工期延误的各个方面向阁下陈述如下，望阁下指示有关方面研究。

(1) 合同开工期的确定

合同第二条第五款规定，公司从收到预付款开始计算准备期。萨达特城机构支付该工程的预付款是分四次支付的，支付时间分别为：1987年3月26日，1987年6月26日，1987年10月28日和1988年9月4日。公司认为应该从1988年9月4日预付款全部支付完毕开始计算准备期，准备期为三个月，开工日期为1988年12月5日，因此，合同工期应为1988年12月5日~1990年12月5日。

(2) 机构拖欠工程进度款

根据合同第四条规定，每月工程进度款在机构主席审批后15天内支付。但在实际合同执行中机构常常拖欠工程进度款。一般情况下拖欠2~3个月，有的甚至超过半年，严重影响公司的资金周转，使工期延误。下面是统计1~30号账单支付情况：(略)

(3) 公司交款后指标材料不能按时交货

合同第三条第五款规定，对钢筋、水泥、木材和玻璃四大建筑材料等机构供应指标，若在供应部门指定期限内，中建公司付款后而迟迟得不到这些材料，则顺延工期。在合同实际执行过程中，中建公司交款后供应部门对这些指标材料的供货有不同程度的拖延，特别是钢筋拖延的情况更严重，影响了公司正常施工。根据埃及政府供应部门规定交款后在30天内供货，现统计实际施工过程中钢筋付款及供货情况：(略)

(4) 机构要求对工程进行变更

在合同执行过程中，机构经常要求对工程进行变更，而在变更时对变更的具体方案又迟迟决定不了，使公司对这部分无法施工，同时也影响到其他部位的施工，使工期延误。现统计在具体施工过程中机构对工程的主要变更项目情况：

1)"H"型住宅基础墙体修改：

①在1988年9月28日，机构来函提出"H"形住宅墙体施工（修改）为：基础墙外墙为15cm厚水泥实心砖；内墙为10cm厚水泥实心砖。上部墙体均为10cm厚水泥空心砖墙。

②在1988年9月29日，中建公司提出基础设计不合理，满足不了荷载要求，建议将

基础墙改为：外墙为25cm厚水泥空心砖填充墙，内墙为12cm厚水泥空心砖填充墙。

③在1989年1月30日，机构来函将基础墙改为外墙为25cm厚水泥空心砖填充墙，并在柱转角等部位增设$\phi6$拉结钢筋。

从1988年9月28日~1989年1月30日影响工期124天。

2）屋面出口处门的修改：

①1988年6月7日，机构来函所有屋面出口处的门不要施工。

②1990年2月9日，机构又来函通知，所有装修工程必须按图纸、装修表进行施工，也就是说不能取消屋面出口处的门。从1988年6月7日~1990年2月9日影响工期612天。

3）15，16，17型住宅26个单元底层通道改变：

①1988年8月21日，机构来函要求将15，16，17型住宅26个单元由底层住宅改为通道。

②1990年3月31日，机构又来函将15，16，17型住宅26个单元底层由通道改为住宅。从1988年8月21日~1990年3月31日影响工期588天。

（5）地基处理

在基础挖土时，出现劣质土，不能满足地基承载力要求。机构要求将此问题提交地质咨询公司处理。1987年4月10日挖土完毕，1987年7月14日咨询公司出正式处理意见报告，将所有的劣土挖掉，加深挖土1m，用干净的沙子代替。从1987年4月10日~1987年7月14日影响工期95天。

（6）政府部门提供的材料不符合质量要求

在1989年6月17日，监理工程师发现工地钢筋不符合质量要求，要求公司禁止使用这批钢材并立即运出现场。造成返工，停工待料。在1989年9月1日才运进了一批新钢筋，工程复工。从1989年6月7日~1989年9月1日影响工期76天。

（7）恶劣气候及意外风险

在施工过程中，由于气候的原因，出现大风、大雨及沙暴使公司无法进行施工，影响工期；同时，由于现场停电、停水使公司正常施工受到影响；另外，在1987年由于政局不稳，出现警察闹事事件影响工程正常进行，下面是这些情况的具体统计：（略）

对以上各种影响工期的因素进行累计、叠加，见施工过程中影响工期的各种因素统计。公司要求延长工期487天，即从预计完工期1990年12月5日延期至1992年4月5日。

望部长阁下指派有关人员对上述内容尽快研究，解决工期延误问题。

顺致敬意！

中建埃及经理部　　1990.4.5

2. 业主对索赔报告的处理意见

该国建设部作为业主萨达特城机构的上级主管部门，在研究了中建公司的要求延期的报告之后，同意在原定竣工日期基础上延期647天，答复如下：

建设部新城机构负责财经、行政事务副主席签署了1990年第385号决定。

负责财经、行政事务的副主席在审阅了1987年颁布的国家民事工作人员制度的第48号法令及其修正案；1979年颁布的第59号新城建设法；1986年建设部长颁布的委托新城机构诸位副主席在技术、财经、房产、行政及机构工作人员事务方面共同担负起新城机构主席职权的第 54 号法令；法律事务部负责整理和保管新城机构副主席对已同意的报告所发布的各种决定的报告；1990 年 6 月 11 日萨达特城机构就中建公司承建的萨达特城二区延长工期的第 4419 号报告；新城机构负责追踪项目施工中央行政机构主席对延长工期一事提供的报告；建设部长所委托的委员会对此事表示同意的报告。特决定：

1. 根据萨达特城机构所提供的中建公司不能在预定期限完成二区工程的理由，根据新城机构负责追踪项目施工的中央行政机构主席对此事的说明，同意在工程预定完工日期的 1989 年 9 月 21 日上增加 647 天。修改后的预定完工日期为 1991 年 6 月 30 日。

2. 萨达特城机构应就此采取必要的措施。

3. 本决定自发布之日起生效。

新城机构财经、行政事务

副主席 ×××·××× 1990.6.20

8.3.3 简评

中建公司在与业主关系僵化的情况下，直接向业主的上级提出索赔报告，最终业主同意了 647 天的延期。虽然这一结果并没有达到中建公司的理想要求（公司要求从 1990 年 12 月 5 日延期 487 天，延至 1992 年 4 月 5 日；业主批准从预定完工日期 1989 年 9 月 21 日延长 647 天，延至 1991 年 6 月 30 日)，但解决了燃眉之急，免除了罚款，避免了拍卖。之后中建公司又通过相似途径，再次向业主进行工期索赔，业主再次同意延长 471 天，最后预定完工日期为 1992 年 10 月 13 日。

（注：本例引自张晓强《工程索赔与实例》一书。）

9 工程项目人力资源管理

9.1 工程项目人力资源管理概述

9.1.1 人力资源的含义

一个项目的实施需要多种资源，包括人力资源、自然资源、资本资源和信息资源，其中人力资源是最基本、最重要、最具创造性的资源，是影响项目成效的决定性因素。

关于人力资源的定义，学术界存在不同的说法。雷西斯·列科认为，人力资源是企业人力结构的生产力和顾客商誉的价值。内贝尔·埃利斯认为，人力资源是企业内部成员及外部的人，即总经理、雇员及顾客等可提供潜在服务及有利于企业预期经营活动的总和。也有人认为，人力资源是指在现有生产过程中投入的劳动力的总量。

9.1.2 项目人力资源管理的含义和内容

1. 项目人力资源管理的含义

人力资源管理可以分为宏观、微观两个方面，宏观人力资源管理指的是对于全社会人力资源的管理，微观人力资源管理指的是对于企业、事业单位或项目的人力资源管理。项目人力资源管理属于微观范畴，可以定义为通过不断地获得人力资源，把得到的人力整合到项目中并融为一体，保持和激励他们对项目的忠诚与积极性，控制他们的工作绩效并作相应的调整，尽量开发他们的潜能，以支持项目目标的实现。这样的一些活动、职能、责任和过程就是项目人力资源管理。

项目人力资源管理也可以理解为项目对人力资源的取得、培训、保持和利用等方面所进行的计划、组织、指挥和控制活动。

2. 项目人力资源管理的内容

(1) 人力资源计划。是指项目为了实现其目标而对所需人力资源进行预测，并为满足这些需要而预先进行系统安排的过程。

(2) 职位分类。是指将所有的工作岗位即职位按工作性质分为若干职能部门（从横向看），然后按责任轻重，所需资质条件和工作环境等因素划分为若干等级（从纵向看），对每一职位给予准确的定义和描述，以此作为对聘用人员管理的依据。

(3) 招聘选择。是根据项目任务的需要，为实际或潜在的职位空缺找到合适的候选人。

(4) 培训和开发。是指为了使员工获得或改进与工作有关的知识、技能、动机、态度和行为，以利于提高员工的绩效以及员工对项目目标的贡献，组织所作的有计划、有系统的各种努力。

(5) 报酬管理。是通过建立公平合理的薪水系统和福利制度以起到吸引、保持和激励员工很好地完成其工作的作用。

(6) 绩效评估。是对工作行为的测量过程，即用过去制定的标准来比较工作绩效的记录以及将绩效评估的结果反馈给员工的过程。

此外还包括人员激励、管理沟通、人员流动、企业文化建设等内容。

3. 项目人力资源管理和组织人力资源管理的差异性

项目人力资源管理是组织人力资源管理的具体应用，因此，项目人力资源管理必然要遵循组织人力资源管理的原理。但是，组织和项目不同，组织的存在是长期的、稳定的，组织的目标会随着外部环境和内部因素的变化而变化；而项目是在既定的资源和要求的约束下，为实现某种目的而相互联系的一次性工作任务。项目具有一个根据某种技术规格完成的特定的具体目标，有确切的开始和结束日期，与组织相比，它可以说是临时性、独特的和短期的。因此，项目人力资源管理在内容上有自己的侧重点，在方法上也有一定的特殊性。

项目人力资源管理与组织人力资源管理的差异性主要表现在如下几个方面：

(1) 在人力资源规划方面，组织人力资源规划过程中，不但要考虑组织近期的需求，而且要考虑组织长远发展对人力资源的需求。因此要有不同层次的规划，对人力资源需求的预测有比较高的要求，而项目人力资源规划面临的是满足人力资源的近期需求问题，需求的预测相对要简单多了。

(2) 在人才的获取方面，组织人力资源管理一般按照规范的程序来进行招聘、考试和录用，而项目人力资源管理经常会采用非常规的程序去找到合适的人选，在项目结束时也会同样采取非常规的方法直接解聘。

(3) 在人员的工作安排上，组织人力资源管理以平均工作强度为原则，而项目人力资源管理则有可能分配给员工高强度的工作。

(4) 在培训方面，组织人力资源管理要同时考虑到员工、工作和组织三方面的需求，培训内容既有基础教育又有专业技能，培训目标既可能是强调岗位职责，也可能是加强企业文化的，而项目人力资源培训主要是针对项目任务需求进行特定的技术技能培训。

(5) 在绩效考核方面，组织人力资源管理一般是中、长、短期分阶段考核，考核指标较复杂，内容多，而项目人力资源管理通常只进行短期考核，考核指标以业绩为主。

(6) 在激励方面，组织人力资源管理可采用多种激励手段，如加薪、提升、好的工作机会、福利保险制度等，而项目人力资源管理，尤其是对特殊急需临时招聘来的人员，只能以物质激励为主。

9.2 工程项目人力资源招聘与选择

9.2.1 工程项目人力资源招聘

1. 招聘规划

招聘规划一般来说包括下面两项内容：

(1) 确定项目对人员的需求。

(2) 确定如何来满足这些需求。要制定一份招聘计划，包括招聘政策、招聘负责人确定、招聘方法和招聘预算等。

2. 招聘形式

与人力资源供给的来源相对应，招聘可分为内部招聘和外部招聘。

(1) 内部招聘

内部招聘可通过提升或调职来实现。内部招聘有以下优点：

1) 通过内部提升，有利于鼓舞士气，提高工作热情。

2) 组织对内部员工的了解程度高于外聘者，有利于保证招聘工作的正确性。

3) 内部员工对组织更加熟悉，有利于迅速开展工作。

4) 内部招聘花费较少。

但内部招聘也可能带来某些缺陷：

1) 可能引起落选同事的不满或怨恨。

2) 可能产生"近亲繁殖"现象，不利于创新。

(2) 外部招聘

如果组织中没有足够的或合适的内部人选的话，就需要外部招聘。外部招聘有以下优点：

1) 外聘人员没有"历史包袱"，组织内部人员只知其目前的工作能力和实绩，而对其历史，特别是职业生涯中的失败记录知之甚少。因此如果他确有工作能力，便可迅速开展工作。

2) 有利于平息和缓和内部竞争者之间的紧张关系。

3) 能够为组织带来新的方法和经验，带来更多的创新机会。

外部招聘也有局限性，主要表现在：

1) 外聘人员不熟悉组织的内部情况，同时也缺乏一定的人事基础，因此需要一定的时间来适应。

2) 组织对应聘者的情况不能深入了解。被聘者的实际工作能力和选聘时的评估能力可能存在很大差异，有可能聘用一些不符合要求的人员。

3) 外聘人员的最大局限性莫过于对内部员工的打击。大多数员工都希望在内部得到不断发展的机会。如果组织经常从外部招聘管理人员，并且形成制度和习惯，就会封死内部员工的升迁之路，挫伤他们的工作积极性。同时外部人员也会因此不敢来应聘。

3. 招聘渠道的选择

（1）内部招聘

内部招聘可以采用以下方法：

1）查阅人事档案资料。能很快找出满足客观条件（如学历，职务）的人员。但带有主观性质的信息，如人际交往能力、判断力、品质个性等却难以从档案中查到。

2）主管推荐。优点是主管一般很了解在其手下工作的员工，会提供具体而详细的候选人信息。缺点是主管的推荐通常很主观，因此易受偏见和可能歧视的影响。

3）工作张榜。工作张榜是内部招聘最常用的方法，至少对非管理层是这样。典型的工作张榜系统是将工作空缺通知贴出以使所有雇员都能看到，通知工作描述、薪水、工作日程和必要的工作资格。工作张榜系统有许多优点，第一提高了公司最合格雇员将被考虑从事该工作的可能性；第二给雇员一个对自己职业生涯开发更负责任的机会。缺点是用这种方法填补空缺职位要花费较长的时间，而且该系统可能会妨碍主管雇用他们选择的人。

（2）外部招聘

外部招聘的渠道有：

1）雇员举荐或自荐。许多组织发现这种方法很有效，所以它被广泛应用。优点是这种招聘方法既有效又成本低。另外，既然候选人已经花时间了解过公司，他们更容易受到高度激励。据调查，雇员举荐的求职者一般比通过其他渠道招聘到的人员表现更好，而且在组织中工作的时间更长。缺点是依靠这种方法有一个时间问题，申请和简历可能要在文件中储存一段时间，等到职位出现空缺时，许多求职者可能已找到了其他工作；而且当推荐或自荐被拒绝时，员工可能产生不满。

2）招聘广告。广告是吸引求职者的好方法，在广告招聘时应考虑：第一，选用何种媒体；第二，如何构思广告。广告招聘的优点是能使雇主在相对短的时间内使信息达到大量受众。缺点是效率低，而且研究发现，通过报纸广告被雇佣的人与那些通过其他方式被雇佣的人相比，工作表现差，而且经常旷工。

3）校园招聘。校园招募是组织获得潜在管理人员和技术人员的一条重要途径。其缺点是代价高而且耗时间。组织至少提前 9~11 个月就必须确定他们的招聘需求，而且正常情况下必须等到学生毕业才能雇佣。

4）就业服务机构。向社会招聘人才可以通过就业服务机构进行操作。就业服务机构的优点是，能提供经过筛选的现成人才，从而可以减少组织的招募和选择的时间。但是，在实践上，就业服务机构提供的应征者往往不符合工作岗位要求，造成流动性大、效率低下等现象。

5）猎头公司。猎头公司是一种专门为雇主“搜捕”和推荐高级主管人员和高级技术人员的公司，他们设法诱使这些人才离开正在服务的企业。猎头公司的联系面很广，而且它特别擅长接触那些正在工作并对更换工作还没有积极性的人。它可以帮助项目管理人员节省很多招聘和选拔高级主管等专门人才的时间。但是，借助于猎头公司的费用要由用人单位支付而且费用很高，一般为所推荐的人才年薪的 1/4 到 1/3，而且有些猎头公司开展完整搜寻工作的能力有限。

9.2.2 工程项目人力资源选择

1. 选择程序

人员选择活动典型地遵照一个标准模式，从一个最初的筛选会谈开始，止于最后的就业决策。这个典型的选择程序由七个步骤组成：

(1) 最初筛选。这实际上包括两步：①筛选探询，②筛选面谈。成功的招聘活动将吸引许多求职者。根据工作描述和明确化要求，这些求职者将有部分被排除。导致排除的因素包括不理想的经历和教育水平。筛选面谈包括向求职者提供详细的工作信息，从而使不合格者自动退出，这对双方都有好处。

(2) 填写申请表。一旦通过了最初的筛选，求职者就要填写组织的有关求职表。要求填写的信息可能包括求职者的姓名、住地和电话号码，求职者的经历、技能和成就等。

(3) 就业考试。历史上，许多组织很大程度依靠智力、性格、能力和兴趣测试来提供主要信息输入，甚至书法分析和说谎测试也用于更深刻的了解候选人。

(4) 综合面谈。通过了最初筛选、申请表填写和考试的求职者，将获得参加综合面谈的权利。求职者可能会见人事部门人员、组织行政人员、潜在的上司和同事等。综合面谈主要涉及申请表和笔试，包括没有涉及的方面或需要进一步考试的事项。它应该直接指向与工作有关的问题。有关询问和话题应反映工作的特别特征和它所要求的任职者品质。

(5) 背景调查。对于可能成为雇员的求职者要进行背景调查，包括：和求职者以前的雇主联系以确证候选人的工作记录和业绩评价。与其他有关的人员联系，并确认申请表上注明的教育水平。

(6) 体格检查。这是一个附加程序，主要是排除那些身体条件不合格的求职者。

(7) 最终雇佣决策。

2. 选择方法

(1) 利用工作申请表

一旦组织有了工作申请人，那么组织就可以开始筛选过程了。筛选过程的结果是挑出组织愿意雇用的人。工作申请表是一种能够迅速地从候选人那里获得关于他们可证实信息的良好手段，它可以使雇主比较精确地了解到候选人的历史资料，其中通常包括像教育、工作经历以及个人爱好一类的信息。从一张填写完整的表格可以了解到四个方面的信息：

1) 可以对一些客观的问题加以判断。例如可以了解申请人是否具备这一工作所要求的教育及工作经验要求。

2) 可以对申请人过去的成长与进步情况加以评价。这对管理人员来说是一个特别重要的特点。

3) 可以从申请人过去的工作记录中了解到此人的工作稳定性如何。

4) 可以运用申请表中的资料判断出哪些候选人会在工作中干得比较好，哪些人干不好。

(2) 笔试

笔试是最古老、最基本的人员挑选方法。笔试的优点，首先是试卷内容覆盖面广，容量大，对基本知识技能和能力的测试信度和效度较高。其次是笔试可以对大量的应聘者同时进行，测评的效率高。再次是成绩评定比较客观，考试材料可以保存以备待查，体现公平原则。笔试的缺点在于，不能全面地考察应试者的工作态度、品德修养以及组织管理能力、口头表达能力和操作技能。因此，笔试法一般不能单独使用，还须配合以其他方法。

(3) 面试

通过面试，可判断出应聘者运用知识分析问题的熟练程度、思维的敏捷性、语言的表达能力。并且通过应聘者在面试过程中的行为举止，可以了解到应聘者的外表、气质、风度、情绪的稳定性。此外，通过面试还可以核对应聘者个人材料的真实性。

1）面试的种类

①非结构化面试。面试人员依自己兴趣所至，随意向应聘人员提出问题。这种方式可以广泛地发掘应聘者的兴趣所在。它没有应遵循的特别形式，谈话可以向各个方向展开。作为主试者，可以在一定的工作规范指导下，向每位候选人提出不同的问题。

②结构化面试。面试人员依据事先设定的结构化面试表，按预先确定的问题次序向应聘者提问。面试人员所提的问题都是与工作有关的问题，并且可事先确定应聘者可能有的答案。面试人员依据应聘者的答复，作出不理想、普通、良好的结果评价。

③系列式面试。由组织不同层次的人员先后同应聘者进行面谈的面试方法，各个面试人员依个人观点向应聘者提出不同问题并作出评价，最后进行综合。

④小组面试。指由一群（或组）主试者对候选人进行面试。小组面试有几个优点。普通的面试通常由每位主试者重复地要求求职者谈论同样的主题。但是，小组面试允许每位主试者从不同侧面提出问题，要求求职者回答，这类似于记者在新闻发布会上提问。因此，与系列式的一对一的面试相比，小组面试能获得更深入更有意义的回答。同时，这种面试会给被试者额外的压力。因此，它可能会阻碍那些可以在一对一面试中得到的信息。小组面试的一种变体是“集体面试”，即由面试小组同时对几位候选人进行面试。面试小组提出一个需解决的问题，然后不采取行动，而是观察哪位候选人首先回答出答案。

⑤压力面试。由专业的面谈人员依据工作的重要特征，向应聘人员施加压力，测试应聘者如何应付工作压力。在典型的压力面试中，主试者以穷追不舍的方式向应聘者发问，逐步深入，直至应聘者无法回答，以考察其机智和应变能力。

压力面试有它的优缺点：一方面，它是界定高度敏感和可能对温和的批评作出过度反应（愤怒和辱骂）的求职者的良好方法；另一方面，使用压力面试的主试者应当确信厚脸皮和应付压力的能力是工作的需要。主试者还需要具备控制面试的技能。

2）面试中存在的问题与对策

在应用面试法进行人员选择时，容易产生的问题是：

①缺乏训练的面试人员往往不能作出客观的评价。

②面试人员易受光环效应和触角效应的影响。光环效应是指面试人员喜欢或受应聘者吸引，从而对他们持肯定态度。结果是爱屋及乌，对候选人回答的问题采取宽容的态度，而不是客观评价答案本身。触角效应则正好相反，面试人员会从应聘者所回答的问题中挑刺。

③面试人员轻易判断，即在见到应聘者的几分钟内就已经作出判断，即使延长面试时

间也不能改变其判断。研究者甚至发现，在 85% 的案例中，主试者在面试开始前，就已经对候选人作出判断，其根据是应聘者的申请表和个人仪表。

④面试人员过分重视负面信息。面试人员受不利信息的影响要大于受有利信息的影响。对应聘者的印象要从好转坏容易，而不容易由坏转好。

⑤面试次序的对比误差。即面试者接受面试的先后次序会影响面试人员的评分。研究表明，一位中等水平的应聘者若在几位不理想的应聘者之后接受面试，面试人员对他的评价会远远高出其原有标准。

要避免上面提到的五个方面的问题，就需采取以下措施：

①对参与面试的经理、主管或人事干部进行面试技术培训。

②确保面试人员在面试之前应充分了解空缺职位的工作规范及应聘者的申请材料。

③选择适当的地点作为面试场所，并注意家具的摆放要符合面试的环境要求。

④合理安排面试时间，并使每位应聘者的受试时间基本相同。

⑤面试所提的问题，应包含开放式的有关职位的问题。

⑥一般在面试人员提问后，应给应聘者一些时间，允许他们问一些问题并自由发表一些评论。

⑦把面试法与其他方法结合起来使用。

(4) 心理测试

心理测试有许多种，但选择过程中所用的主要是能力测试和个性测试两种，因为这两种测试的结果对预测未来的工作绩效有较大的帮助。

1) 能力测试

能力测试分为普通能力测试、特殊能力测试和成就测试。

普通能力测试主要是测试应聘者的思维能力、想像力、记忆力、推理能力、分析能力、数学能力、空间关系能力及语言能力等。一般通过词汇、相似、相反、算术计算、推理等类型的问题进行评价。在这种测试中得高分者，被认为具有较强的能力，善于找出问题的症结，能取得优良的工作业绩。需注意的是某种特定的测试也许只对某些特定的工作有效。

特殊能力测试用于特定能力或才能的测试，如空间感、动手灵活性、协调性等，另外还包括一些专业的基础知识测试。

成就测试是考察一个人已经拥有的能力，主要测试应聘者已经具备的有关工作的能力水平。比如测试一名打字员每分钟能打多少个字。

2) 个性测试

一个人的工作能否做好，不单取决于一个人的能力高低，个性品质也会对工作绩效的好坏起很大的影响作用。因此，把对应聘者的个性测试纳入招募、选择过程中就十分必要，尤其是对于那些需要比较多的人际交流的职位更应如此。个性品质主要包括人的态度、情绪、价值观、性格等方面的特性。对个性品质的测试主要有影射法、个性品质问卷调查法和兴趣盘存法。

①影射法。影射法是让受测者看过一项不明的刺激物之后，如图片、墨迹等，然后要求他们诠释其意义或自己有何反应。因为刺激物相当模糊，所以应聘者所作的诠释，事实上是他们内心状态的一种影射，他们会将自己的情感态度及对于生活的理想要求融入诠释

中，由此测试出应聘者的个性品质。此外，属于影射性的测试方法还有：要求应聘者编造或创造出一些东西或故事、图画的构造法；要求应聘者依据某种原则对刺激物材料进行选择或排列的选择排列法等。

②个性品质问卷调查法。它是通过应聘者对个性品质调查表中的问题进行回答，依据得分统计来判断应聘者的个性品质倾向。调查表中的问题一般包含与行为、态度、感觉、信仰等有关的陈述式问题。

③兴趣盘存法。该方法是将应聘者的兴趣和各种人士的兴趣作一比较，判断应聘者适合从事什么工作。理论依据是，假如应聘者在兴趣方面与绩效优异的在职人员相同的话，应聘者将来也可能有良好的表现。

总之，个性品质测试的根本目的是通过对应聘者个性品质的考查，判断应聘者工作动机、工作态度、情绪的稳定性、气质、性格等素质是否与空缺职位的要求相近或相同，若是，就可以考虑为适合人选。

(5) 行为模拟测试法

该方法也称为情景模拟法，是指通过在一种情景下，应聘者所表现出的与职位要求相关的行为方式，来判断应聘者是否适合空缺职位的一种测试方法。比较适合于评价具有某种与职位相关的潜能，但又没有机会表明的应聘者。

(6) 工作抽样法

将空缺职位、工作的几个关键环节抽样出来，让应聘者在无主持的状况下进行实地操作，以考察其实际工作能力和绩效。科学的工作抽样比其他选择方法都有效，因为这种方法所得到的信息更直接、更真实，评价结果也更客观、更公正。

总之，招募中选择方法有很多，至于如何选择，要依据组织的具体情况而定，包括组织的目标，招募的规模时间，预算的许可度等，但有一个问题是所有选择方法都需注意的，那就是测试的效度和信度。效度是指测试的结果和工作相关的程度，也就是测试的结果是否预测出任职后的工作绩效。信度是测试的稳定性和一致性，也就是对同一应聘者用内容相似的测验再去测试他，则所得到的分数也应相似。

9.3 工程项目人力资源的激励

9.3.1 动机理论

1. 动机的含义

动机是个体试图通过某种行为满足其需要的直接动力。它是一个人产生某种行为的直接原因。动机具有唤起、维持、强化人的行为的功能。项目管理人员必须了解下属的行为动机，学会如何激发人力资源的潜能，调动每个项目成员的积极性。

2. 动机理论

动机理论主要有以下几种：

(1) 马斯洛的需要层次理论。马斯洛认为，人的需要可分为五个层次：

1）生理的需要。食物、水、住所和其他生理机能的需要。

2）安全需要。保护自己免受身体和情感伤害的需要。

3）社交的需要。友谊、爱情、归属方面的需要。

4）尊重的需要。内部尊重包括自尊、自主和成就感；外部尊重包括地位、认可和关注等。

5）自我实现的需要。指一个人的技能、能力及潜力得到充分发挥，实现个人的理想和抱负的需要。

马斯洛认为，上述五种需要是按次序逐级上升的。当下一级需要获得基本满足后，追求上一级的需要就成了驱动行为的动力。一旦某种需要被充分满足后，它就不再对行为产生激励作用。从激励的角度看，没有一种需要会得到完全的满足，但只要得到部分的满足，个体就会转向其他方面的需要。因此如果希望激励某人，就必须了解此人目前所处的需要层次，然后着重满足这一层次或上一层次的需要。

(2) 奥德佛的 ERG 理论。克莱顿·奥德佛提出的 ERG 理论，对马斯洛的需要层次理论进行了修改，使需要由三个层次组成。

1）生存需要。这与马斯洛的生理及安全方面的需要相同。

2）关系需要。它与马斯洛的安全、社交和尊重的需要相似。

3）成长需要。它与马斯洛的尊重及自我实现的需要相近。成长需要即指那些涉及个人努力以求工作上有创造性或个人成长方面的一切需要。

奥德佛的 ERG 理论与马斯洛的需要层次理论有两个重要区别：①需要层次理论以满足——前进途径为基础。换言之，一个人一旦满足一个较低层次的需要，就要进入一个较高层次的需要。但 ERG 理论不但有满足——前进途径，而且有一个挫折——退缩的成分。挫折——退缩即描述一个较高层次的需要未得到满足或受挫，而将较大的重要性或欲望置于下一层的需要之上。比如成长的需要受挫后导致对关系的需要有较大的欲望。② ERG 理论表明，在某一时间可有一个以上需要发生，这是与需要层次理论不同的。

(3) 麦克里兰的成就动机理论。美国心理学家麦克里兰（n C . McClelland）提出一种“成就动机理论”。成就动机是社会性动机之一，是指个人对于自己认为重要的工作、任务去从事、完成，并希望达到某种理想地步的一种内在驱动力。简单地说，就是人们在执行任务时追求成功的动机。麦克里兰认为，成就动机强的人对工作和学习非常积极，对事业有冒险精神，对同事业成功有关的词非常敏感，能约束自己，不受社会所左右。有的研究表明，成就动机大小同父母和教师对儿童期的“独立性训练”有关。

根据麦克里兰的这一理论，一个人愿意努力工作的一种主要因素就是他有一种强烈的成就需要。成就需要的强弱对一个人的发展、一个组织的发展和一个国家的发展都起着特别重要的作用。成就需要强烈的人一般具有关心事业成败，喜欢挑战性工作，能制定明确的目标，愿意承担责任，不怕疲劳等特点。成就需要可以通过教育来培养提高。一个项目的成败，与它拥有较强成就需要的人数多少有密切的关系。

项目管理人员不但要了解项目团体中每个成员的主要需要，而且要确定哪些人有强烈的成就需要，以便使组织满足这些人的特别需求，引导他们为项目目标服务。

9.3.2 激励理论

激励是指激发人的内心动机，鼓励人朝着所期望的目标采取行动的过程。激励是人力资源管理活动中的核心内容，是对人的潜在能力进行开发。激励理论有很多，下面介绍比较有代表性的几种。

1. 赫茨伯格的双因素理论（激励-保健理论）

美国心理学家赫茨伯格对工程师和会计群体进行调查后发现，促使员工在工作中产生满意或良好感觉的因素与产生不满或厌恶感觉的因素是不同的，前者往往和工作内容本身联系在一起，后者则和工作环境或条件相联系，它们分别被定义为“激励因素”和“保健因素”。

赫茨伯格指出，激励因素（也称内部因素）包括工作富有成就感，工作成绩能得到社会承认，工作本身具有挑战性，负有重大责任，在职业上能得到发展和成长等。这类因素的改善，往往能给员工以很大程度的激励，产生工作的满意感，有助于充分、有效、持久地调动他们的积极性。保健因素（外部因素）是指和工作环境或条件相关的因素，包括组织的政策与行政管理、技术管理、工资、工作条件、安全设施和人际关系等，这是保持职工达到合理满意水平所必需的因素，不具备这些因素，员工则不满意。但是这些因素并不构成激励，就像保健可以防病，但不可治病一样。

赫茨伯格认为，在两种因素中，保健因素的扩大会降低一个人从所做的工作中的内在满足，而外部动机的扩大会引起内部动机的萎缩。因此，要避免削弱内在动机的作用，应该尽量扩大人努力工作的内在动机的积极作用。

管理人员必须了解哪一种因素导致个人满意，哪些因素使人不满意。为了调动个人积极性，管理者应该设法利用这些因素，将个人的不满意限制到最低程度，增加个人的满意程度。根据具体情况，采取适宜的措施，既要认识保健因素的重要性，又要注意更多地用激励因素来调动职工的积极性。

2. 弗隆姆的期望理论

维克多·弗隆姆认为，员工选择做或不做工作主要基于三个具体因素：

(1) 第一个因素是员工对自己做某项工作的能力的知觉。如果员工相信他能够做，则动机就是强烈的。如果认为不能，动机将降低。

(2) 第二个因素是员工的期望。如果他做了这件事，会带来一定的结果。换句话说，如果员工相信从事这项工作会带来渴望的结果，则做这项工作的动机会很强烈。相反，员工若认为不能带来所期望的结果，则动机不足。

(3) 第三个因素是员工对某种结果的偏好。如果一位员工真的渴求加薪、晋升或其他结果，则动机会很强烈。但如果员工认为这是一个消极的结果，如额外压力、更长的工作时间或合作者的嫉妒，则他就不会受到激励。

根据弗隆姆的理论，员工的动机依赖于三个因素。换句话说，动机依赖于员工认为他们是否能达到某种结果，这种结果是否能带来预期奖赏以及员工是否认为此奖赏有价值。

如果这三个因素员工评价都很高的话，动机强度便可能很高。

因此，项目管理人员者首先必须根据每一个人的能力，分配给他们合适的岗位职责，使他们发挥出自己的专长；第二，管理人员同时也要让下属知道，表现好、绩效高会受到组织奖励；第三，管理人员还要能确定哪些奖励对哪些人适用。只有三者具备，才可能实现对项目人员的有效激励。

3. 斯戴西·亚当斯的公平理论

公平理论是美国心理学家斯戴西·亚当斯提出的一种激励理论。该理论着重研究工资报酬分配的合理性、公平性对职工产生积极性的影响。公平理论指出，职工的工作动机，不仅受到其所得绝对报酬的影响，而且受到相对报酬的影响。即一个人不仅关心自己收入的绝对值（自己的实际收入），而且也关心自己收入的相对值（自己收入与他人的比例）。每个人都会不自觉地把自己付出的劳动和所得的报酬与他人付出的劳动和所得的报酬进行社会比较，也会把自己现在付出的劳动和所得报酬与自己过去劳动和所得报酬进行历史比较。如果当他发现自己的收支比例与他人的收支比例相等，或者现在的收支比例与他过去的收支比例相等时，便认为是应该的、正常的，因而心情舒畅，努力工作。但如果当他发现自己的收支比例与他人或过去不相等时，就会产生不公平感，从而影响工作的积极性。

亚当斯的研究结果显示，如果报酬制度能有效地促进个人的动机行为，激发职工积极性的话，个人必须相信这种报酬制度是公平合理的。公平理论的关键是输入与输出结果的概念。输入是指个人向组织投入工作上的努力、技能、教育、资历、社会地位等因素。输入是个人感到应获得一定报酬的依据。输出结果是指组织向个人提供的报酬，如工资、福利、表扬、晋升等因素。在同一组织内，一个人的输入与输出结果必须与其他人相同。亚当斯的研究表明，个人将自己的情况与别人相比后，总会调整他们的输入，以求获得输入——输出关系的平等待遇。项目管理人员必须做到合理分配，同工同酬，公平对待组织内的每一个成员。

4. 斯金纳的强化理论

强化理论关注通过运用积极或消极的后果来改变行为。斯金纳认为，人们体验到的需要或动力导致了他们以某种方式行动，这些行动的后果将影响个体是否会重复这种行为。

如果某种行为产生了一种积极的后果，个体就可能有重复它的动机，斯金纳把这叫“积极强化”。如果行为并未产生消极后果，个体也可能重复它，斯金纳把这叫“消极强化”。另一方面，如果某种行为产生消极后果或因此而受到惩罚，个体很可能会减少这种行为。如果一种行为并未产生积极后果，人们可能会决定不再做它。斯金纳认为运用积极和消极的后果能影响人们的行为，这叫“行为塑造”。而且，要想使后果积极，它们必须在行为发生后不久就出现。

因此，当员工工作表现好、圆满完成任务时，项目管理人员必须强调从正面引导、强化，而且管理人员应及时表扬好的表现行为。

9.3.3 人员激励的原则

正确的激励应遵循以下原则。

1. 组织目标与个人目标相结合的原则

在激励机制中，设置目标是一个关键环节。目标设置必须体现组织目标的要求，否则激励将偏离实现组织目标的方向。目标设置还必须能满足员工个人的需要，否则无法提高员工的工作积极性，达不到满意的激励强度。因此要做到组织目标与个人目标相结合。

2. 物质激励与精神激励相结合的原则

员工存在物质需要和精神需要，激励方式也应该是物质激励与精神激励相结合。

3. 外激励与内激励相结合的原则

根据赫茨伯格的双因素理论，激励可分为两种因素——保健因素与激励因素。凡是满足员工生存、安全和社交需要的因素都属于保健因素，其作用只是消除不满，但不会产生满意。这类因素如工资、奖金、福利、人际关系，均属于创造工作环境方面，也叫做外激励。而内激励主要是指员工从工作本身（而非工作环境）取得极大的满足，或工作中充满了兴趣、乐趣和挑战性、新鲜感，或在工作中发挥了个人潜力，获得了成就感、自我实现感，从而激发员工更积极地工作。因此，在激励中，管理者应善于将两者有效地结合起来，以实现最佳的激励效果。

4. 正激励与负激励相结合的原则

根据斯金纳的强化理论，可把强化（即激励）划分为正强化和负强化。所谓正强化就是对员工的符合组织目标的行为进行奖励，以使这种行为不断重复出现。而负强化就是对员工的违背组织目标的行为进行惩罚，以使这种行为不再发生。正激励和负激励都是有效而必要的。它不仅作用于当事人，而且也间接影响周围其他人。但负激励具有一定的消极作用，容易产生挫折感，应该慎用。因此，管理者应以正激励为主、负激励为辅。

5. 动态激励的原则

激励的起点是满足员工的需要，但员工的需要存在个体差异和动态性，因人而异，因时而异。因此，管理者在激励时，必须深入调查研究，有针对性地采取激励措施，以收到预期的激励效果。

6. 民主公正原则

公正是激励的一个基本原则。如果不公正，奖不当奖，罚不当罚，不仅收不到预期的效果，反而会造成许多消极后果。

9.4 工程项目人力资源绩效评估

9.4.1 绩效评估体系

1. 绩效评估的含义

绩效是个体或群体工作表现、直接成绩、最终效益的统一体。

绩效评估就是通过系统的方法来评定和测量员工在职务上的工作行为和工作效果。目的是确认员工的工作成就，改进员工的工作方式，奖优罚劣，提高工作效率和经营效益。

绩效评估一般分为三个层次进行：①组织整体的，②项目团队或项目小组的，③员工个体的。其中，员工个体的绩效评估是项目人力资源管理的基本内容，也是本节重点讨论的对象。

2. 绩效评估的作用

绩效评估的最终目的是改善员工的工作表现，以达到组织的目标，并提高员工的满意度和未来的成就感。具体地说，绩效评估的作用主要表现在以下几个方面。

（1）确定员工的薪资报酬。现代组织管理要求薪酬分配遵守公平与效率两大原则。因而，必然要对每一个员工的劳动成果进行评定和计量，按劳付酬。合理的薪酬不仅是对员工劳动成果的公正认可，而且可以产生激励作用，在组织内部形成进取与公平的氛围。

（2）决定员工的升降调配。通过绩效评估，可以提供有关员工的工作信息，如工作成就、工作态度、知识和技能的运用程度等。根据这些信息，可以进行人员的晋升、降职、轮换、调动等人力资源管理工作。

（3）进行员工的培训开发。通过绩效评估可以检查出员工在知识、技能、素质等方面的不足，使培训开发工作有针对性地进行。

（4）为上级和员工之间提供一个正式沟通的机会。管理者（评估者）和员工（被评估者）面对面地对评估结果进行讨论，为管理者和员工之间创造了一个正式的沟通机会，有助于项目成员之间信息的传递和感情的融合。

（5）绩效评估是对员工进行激励的手段。通过评估，肯定成绩，指出缺点，使员工更好地去完成组织的目标。

3. 绩效评估的内容

由于评估对象、目的和范围的复杂多样性，评估内容也随之不同。但基本应包括以下四个方面：

（1）德。是指人的政治思想素质、道德素质和心理素质等。

（2）能。是指人的能力素质。一般来说，能包括一个人的动手能力、认识能力、思维能力、研究能力、创新能力、表达能力、组织能力、协调能力、决策能力等。对不同的职位有不同的要求。

（3）勤。是指勤奋敬业的精神。主要指员工的工作积极性、创造性、主动性、纪律性和出勤率。

(4) 绩。是指员工的工作绩效。包括完成工作的数量、质量、经济效益和社会效益。对不同的职位，考核的侧重应有所不同，但效益应该是放在首要位置。

4. 绩效评估的程序

(1) 制定评估标准

标准的内容必须准确化、具体化、定量化。一方面，标准的建立要以职务分析中制定的岗位职务要求与职务规范为依据；另外一方面，这些标准应足够清楚和客观，以便被理解和测量。

(2) 业绩测量

为决定真正业绩如何，必须取得有关信息：如何测量、测量什么。通常有四种信息来源：个人观察、统计报表、口头报告、书面报告。每种来源都有长处也有短处。综合使用可提高信息来源数目和获得可靠信息的可能性。测量什么可能比如何测量更关键，因为选错了标准很可能导致严重的功能紊乱后果。而且，所要测量的事物，在很大程度上决定了组织成员的努力方向。

(3) 比较实际业绩与标准

根据业绩测量的结果，将实际业绩和评价标准作比较，从而获得评估结论。

(4) 反馈与纠正

将评估结论通过合适方式告知员工，并与员工进行讨论，使员工了解组织对自己工作的评价，从而发扬优点，改进缺点。员工从上司那里得到的评价及印象，对员工的自尊和以后的工作表现有着极其重要的影响。当然，好消息的传递对于双方皆是轻而易举之事，但坏消息总让双方都不自在。这样，对绩效评估的讨论，可以有正或负的刺激后果。因此需要注意方式方法。

另外，通过讨论，还需对评估中发现的问题进行纠正。

9.4.2 绩效评估的方法

绩效评估的方法很多，但没有适合一切目的的通用方法。下面介绍一些绩效评估的主要方法。

1. 描述法

这是传统的评估方法，分鉴定法和关键事件法两类。

(1) 鉴定法。评估者以叙述性的文字描述评估对象的能力、态度、成绩、优缺点、发展的可能性、需要加以指导的事项和关键性事件等，由此得到对评估对象的综合评价。优点是结果比较可靠，资料相对完整。但是往往费时较多、篇幅长，而且写作水平直接影响评价印象，难以对多个对象进行相互比较。

(2) 关键事件法。在应用这种评价方法时，负责评估的主管人员把员工在完成工作任务时所表现出来的特别有效的行为和特别无效的行为记录下来，形成一份书面报告。评估者在对员工的优点、缺点和潜在能力进行评论的基础上提出改进工作绩效的意见。如果评价者能够长期观察员工的工作行为，对员工的工作情况十分了解，同时也很公正和坦率，那么这种评价报告是很有效的。缺点是记录事件本身是一项很繁琐的工作，还会造成上级对下级的过分监视。

2. 比较法

对评估考评对象作出相互比较，是用排序而不是用评分，从而决定其工作业绩的相对水平。排序形式有多种，如：简单排序、配对比较或强制分布。简单排序要求评定者依据工作绩效将员工从最好到最差排序；配对比较法则是评定者将每一个雇员相互进行比较，如将雇员 1 与雇员 2 、雇员 3 相比，雇员 2 与雇员 3 相比，两两相比得出“好”与“差”，最后将每人得到的“好”的次数相加，得到最多“好”的次数的员工为最优。强制分布法是按事物的正态分布规律，先确定好各等级在总数中所占的比例，如划分为优、合格、不合格三个等级，分别占总数的 30%、40%、30%，然后按照每人绩效的相对优劣排序，强制列入其中的某一等级。

比较法的优点是成本低、实用，评估所花费的时间和精力非常少。而且，这种绩效评估方法可有效地消除某些评估误差，如避免了评估者可能给每位员工都作出一个优秀评价的错误。比较法有几个缺点。因为判定绩效的评分标准是模糊或不实在的，评分的准确性和公平性就可能受到严重质疑。而且比较系统没有具体说明一个员工必须做什么才能得到好的评分，因而它们不能充分地指导或监控雇员行为。最后，组织用这样的系统不能公平地对来自不同项目的员工的绩效进行比较。

3. 要素评定法

它是通过调查分析与实测数据统计分析，提出绩效考核的有关因素，形成评价标准量表体系，然后将被测者纳入该体系中进行评价的方法。表 9-1 是对制造、维修等职务的考核表。列出 11 个要素，每个要素的评价划分为 5 个等级，相应地根据因素的重要性取得不同的记分。一般由被考核人员本人、下级、同级、上级各填一考核表，再综合计算得分，会更加准确。

要素评定法职务评估的例子 **表 9-1**

因　素	1 级	2 级	3 级	4 级	5 级
技能					
1. 知识	14	28	42	56	70
2. 经验	22	44	66	88	110
3. 创造力	14	28	42	56	70
4. 生理条件	10	20	30	40	50
5. 心理条件	5	10	15	20	25
责任					
6. 设备或过程	5	10	15	20	25
7. 材料或产品	5	10	15	20	25
8. 他人的安全	5	10	15	20	25
9. 他人的工作	5	10	15	20	25
职务条件					
10. 工作条件	10	20	30	40	50
11. 危险	5	10	15	20	25

4. 目标管理法

目标管理（MBO）在项目管理中已得到广泛应用。主要包括两个方面的重要内容：第一，必须与每位员工共同制订一套便于衡量的工作目标；第二，定期与员工讨论目标完成情况。目标管理法主要分以下六个实施步骤：

(1) 确定组织目标。

(2) 确定部门目标。

(3) 讨论部门目标。

(4) 对预期成果的界定（确定个人目标）。

(5) 工作绩效评价。

(6) 提供反馈。

目标管理通过指导和监控行为而提高工作绩效，也就是说，作为一种有效的反馈工具，目标管理使雇员知道期望于他们的是什么，从而把时间和精力投入到能最大程度实现重要的组织目标的行为中去。当目标具体而具有挑战性时，当雇员得到目标完成情况的反馈以及当雇员因完成目标而得到奖励时，他们表现得最好。目标管理的主要优点是：

(1) 目标管理较为公平，因为绩效标准是按相对客观的条件来设定的，因而评分相对地没有偏见。

(2) 目标管理相当实用且费用不高。

(3) 目标管理使员工在完成目标中有更多的切身利益，对其工作环境有更多被知觉到的控制，目标管理也使雇员及主管之间的沟通变得更好。

目标管理也有若干问题，如：

(1) 尽管目标管理使雇员的注意力集中在目标上，但它没有具体指出达到目标所要求的行为。这对一些雇员尤其是需要更多指导的新雇员来说是一个问题，应给这些员工具体指出他们需要做什么才能成功地达到目标。

(2) 目标的成功实现可能部分地归因于员工可控范围之外的因素，如果这些因素影响了结果，很难决定员工是否要负责任或在多大程度上负责任。

(3) 绩效标准因雇员不同而不同，因此，目标管理没有为比较提供共同的基础。

(4) 目标管理经常不能被使用者接纳。经理不喜欢他们所要求的大量书面工作，也许会担心雇员参加目标设定而夺取了他们的职权。而且，雇员也经常不喜欢目标带来的绩效压力和由此产生的紧张感。

9.5 工程项目人力资源的培训与开发

9.5.1 培训与开发的重要性

人力资源的培训与开发是指为提高员工技能和知识，增进员工工作能力，从而促进员工现在和未来工作业绩的培养、教育和训练活动。其中，培训集中于现在的工作，而开发则是雇员们对未来工作的准备。

培训开发的目的随组织的性质、岗位的不同而不同，但有两个重要的目的：一是向本组织员工传授更广泛的知识和技能，包括解决问题的技能、沟通的技能以及团队建设的技能等；二是利用培训来灌输组织的文化和价值观，强化员工的奉献精神。无论人员培训基于什么样的目的，它对组织和个人的重要性是不言而喻的。

人员的培训开发主要有以下作用：

(1) 提高员工能力使其能胜任组织的任务。随着科学技术的飞速发展，知识更新的周期越来越短，为了适应工作岗位对新的知识和技能的需要，员工必需及时得到培训以更新旧的知识和技能，提高工作能力。

(2) 增强组织的发展后劲。通过人力资源培训开发计划的制定，明确今后时期组织发展所需要的人才，合理安排人才的开发，为组织今后的发展作好人才准备。

(3) 增加组织的吸引力以留住人才。一个组织真正优秀的人才并不是很多，因此，优秀人才成为各组织争相招聘的对象。这样的人才比较喜欢能关心他们并考虑他们未来的组织，如果组织对他们的职业发展有所考虑的话，他们对组织的忠诚和信赖度就高。

(4) 调动员工的积极性、减少员工的挫折感。大多数员工都希望不断充实自己，使自己的潜力得到充分发挥。安排员工参加各种培训，会使员工感受到能够满足尊重和自我实现的需要，工作的积极性就会被调动起来。相反，当员工因为缺乏足够的知识和技能而无法胜任工作或缺少晋升机会，就会产生挫折感。因此，培训既可以调动员工的积极性，同时又能减少员工的挫折感。

9.5.2 培训和开发管理步骤

一个完整的培训开发计划一般需要经过以下几个步骤，如图 9-1 所示。

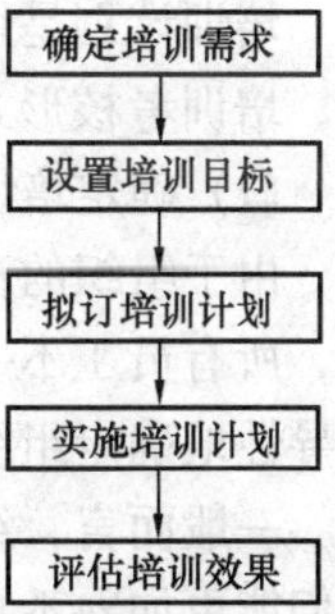

1. 确定培训需求

培训需求的确定是培训和开发过程的第一个步骤，主要通过以下几方面的调查分析而得到。

(1) 组织需求分析

组织需求分析始于对组织短期和长期目标的考查，以及对影响这些目标的趋势的分析。在这一分析中，应予以关心的是组织面临的、能够通过培训加以解决的问题。组织需求分析要把组织目标变成人力资源需求、技能要求以及技能和人力资源供给项目。

确定培训需求
设置培训目标
拟订培训计划
实施培训计划
评估培训效果

图 9-1 人力资源培训开发步骤

进行组织需求分析可以采取以下几种方式。一种方式是进行人力资源的调查，收集组织各类人员的情况和资料，以此确定组织及企业人力资源的需求情况，提出解决各类人员后备力量的办法和培训需要。组织分析的另一种途径是考察组织效力指标，从而决定培训的需要。这些指标包括：事故率、生产成本、产量、质量等。组织分析正是着眼于整个组织，并通过人员培训对所存在的问题采取补救措施。

(2) 工作需求分析

工作需求分析如同组织需求分析一样重要，它是确定培训内容的重要依据，但经常被忽略。由于组织需求分析太广泛，无法确定具体工作特定的培训和发展需求，因此必须进行工作需求分析。基本而言，这种分析提供每一工作的任务信息，完成任务必需的技能和最低限度的可接受水平。这三种信息可来源于一般员工、人事管理者和上司，也可通过组织不同部门代表组成的个体小组收集。

(3) 个人需求分析

个人需求分析可通过两种不同的方式完成。通过实际工作表现和最低可接受表现标准的比较，或者通过雇员的效率估计和每种技能应有效率水平的比较，就可区分雇员工作表现的差异。第一种方法以雇员实际的现行工作业绩为基础，因此，它可以用以确定培训和发展需求。第二种方法可用以识别未来工作的培训和发展需求。一种广泛使用的用以收集个人需求分析信息的方法是自我评价。员工的自我评价作为一种信息源，可以使培训和发展需求的识别简化许多。

2. 设置培训目标

当组织确定了培训需要，就可以根据培训需要设置培训目标。培训目标是制定培训计划的前提和依据，也是评价培训效果的依据。目标要描述受训者应该能做些什么作为培训结果。换句话说，经过培训后员工应该掌握什么特殊的知识？作为培训结果他们应有什么变化？员工应该掌握什么新技能——即经过培训后员工应该能够做什么？培训结果越具体，就越有可能设计出正确的培训方案实现它们。

培训目标主要分为三类：一是技能培训。如分析与决策能力、沟通能力、操作能力等。二是知识传授。包括概念与理论的理解与纠正、知识的灌输、认识的建立与改变等。三是态度的转变。如工作态度、价值观的转变等。

3. 拟订培训计划

培训计划是培训目标的具体化和可操作化，包括确定培训对象、培训形式、培训时间、培训考核形式等。

(1) 确定培训对象

由于组织的资源有限，不可能提供足够的资金、人力、时间作漫无边际的培训，因此，所有员工不一定都得培训到同一个层次或同等程度，或安排在同一时间培训，必须有指导性地确定组织急需人才培训计划，根据组织目标的需求挑选被培训人员。

一般而言，组织内有三种人员需要培训：第一种是可以改进目前工作的人，目的是使他们能更加熟悉自己的工作和技术。第二种是那些有能力而且组织要求他们掌握另一门技术的人，并考虑在培训后安排他们到更重要、更复杂的岗位上。第三种是有潜力的人，组织期望他们掌握各种不同的管理知识和技能或更复杂的技术，目的是让他们进入更高层次的岗位。

总之，培训对象是根据个人情况、当时的技术及组织需要而确定的。

(2) 确定培训形式

一旦详细地了解了需要教给员工什么技能与技术后，适当的培训形式也就可以确定下来了。通常，培训形式随工作水平的不同而有所不同，而每种培训形式都有自己独特的优点。下面介绍常见的几种：

1) 在职培训。在职培训是历史最长、采用最普遍的培训方式。这里指在实际工作职务和工作场地所进行的训练和学习。最常见的在职培训有两种，即工作轮换和见习。工作轮换是指将某员工安排到另一个新的工作岗位，横向调整工作，目的在于让员工学习各种工作技术，使他们对于各种工作之间的依存性和整个单位的活动有更深刻的了解。见习是新职工向年长资深的有经验的老职工学习的一种培训方法，通过老员工指导和示范及新员工的观摩、实际操作来学习新的技术和技能。

在职培训的最大优点是经济，组织不必支付培训费用或专门建造培训机构。另一个优点是学员学习时所处的工作环境与他们以后在实际工作中的环境相同。这就提供了“正迁移训练”，即在训练情境中所学的东西都迁移到了实际工作情境中。在职培训缺点是指导人员不得不丢开正常工作，而没有经验的员工可能把机器和产品搞坏，从而使生产的产量降低。

在职培训适合于许多技术性工作和半技术性工作，它对于培训办事员、生产性人员和零售推销员尤为有效。

2）工作指导培训（JIT)。工作指导培训方案始于工作分解，就是分步骤地列出应如何进行工作。伴随工作分解的是对每一步骤的关键点进行描述。关键点就是提供建议帮助员工有效而安全地执行任务。使用 JIT 方法时，培训者首先讲解并演示任务，然后让受训者一步步地执行任务，必要时给予纠正性反馈。当受训者能够连续两次执行任务而无须提出反馈时，培训结束。

JIT 对教导受训者如何执行相对简单并可以一步步完成的任务非常有效。它的有效性归功于受训者有大量机会实践任务并接收有益的反馈。

3）讲授法。讲授法就是课程学习，它最适合于以简单地获取知识为目标的情形（比如在新员工取向培训中描述公司历史)。讲授法的优点是效率高，一个培训者同时可以培训很多员工。大多数培训专家批评讲授法，因为它是被动的学习方法，只注重对学习者的单向沟通。学习者没有机会对材料加以澄清。讲授一般不能赢得并保持学员的专心，除非讲授人能使材料变得有内涵，并能鼓励提问和讨论。而且讲授法使用范围极有限，因为它既不提供反馈，又不提供实践机会。比如说，人们不能光靠讲授来成功地教会别人开汽车。

4）工作模拟培训。工作模拟是能够提供几近真实的工作条件，同时又不失去对培训过程的有效控制，从而为受训者创造了一种较好的学习条件。这种方法适合于对管理人员进行培训，以提高管理人员的认知技能、决策能力和处理人际关系的能力。工作模拟可以运用适当的技术设备，也可以采取十几个人的群体模拟活动，还可以采用对策方式，让学员在对策规则的范围内，设法达到练习任务的目标。工作模拟与实际工作情景及任务越是相似，训练的效果就越好。

5）此外，在国外的一些企业中，还存在一些特殊目的的培训，下面介绍三种较为典型的培训方式。

①新员工上岗引导与社会化。员工上岗引导是指给新员工提供有关企业的基本背景情况，这种信息对员工做好本职工作是必需的。这些基本信息包括：工资如何发放和增加，工作时间每周为多少，新员工将与谁一起工作，等等。事实上，上岗引导是企业新员工社会化的一个组成部分。而所谓社会化过程是一个不断发展的过程，它包括向所有员工灌输企业及其部门所期望的主要态度、规范、价值观和行为模式。如果处理得当，对员工最初的上岗引导，可以有助于减少新员工上岗初期的紧张不安，以及可能感受的现实冲击。所

谓现实冲击是指新员工对其新工作怀有的期望与工作实际情况之间的差异。

上岗引导是多种多样的。从简短的介绍到较长的正式计划，不一而足。就长期正式计划而言，新员工在接受上岗引导时一般会得到一些印刷资料，其中说明工作小时数、工作绩效评审、工资发放与增资、休假、员工福利、人事政策、员工日常工作、公司组织及运营情况、安全措施和规章制度等。

在多数企业中，上岗引导活动的第一部分由人力资源管理部门来完成。由他们来解释工作时数和休假一类的问题。然后将其介绍给新主管，由这些主管们来继续进行上岗引导，包括准确讲解新工作的性质，将新员工介绍给其他同事，让新员工熟悉工作场所。

目前，在许多企业里，上岗引导活动已远远超出向新员工提供如工作小时数一类基本信息的范围。越来越多的企业发现，可以将上岗引导用于其他目的，包括使新员工熟悉企业的目标和价值观。因此，上岗引导成为员工目标与企业目标一体化过程的开端，而这个过程则是赢得员工对企业及其价值观、目标信仰的一个步骤。

②价值观培训。许多培训计划都用于对员工进行本企业最提倡的价值观教育，竭力让员工相信这些价值观也应是员工自己的。

例如，美国萨顿公司培训计划就有这方面的内容。在萨顿公司，新员工培训的头两天用于讨论公司福利、安全及保安、公司的生产程序——准时交货、材料管理等。第三、四天就转入学习萨顿的价值观，然后，发给每个新员工一份萨顿的“使命卡”，让受训者和施教者一起逐项学习列在这张卡片上的萨顿价值观，如团队精神、尊重和信任个人、质量观，说明每个观念的意义。在此过程中也做些小练习，比如，要新员工回答“如果你看见一位团队的同事在如何如何，你会做些什么?”或者“如果你看到团队成员在实践这个价值观，你看到的是些什么?”

在对主管人员进行价值观培训方面，萨顿的主管人员都要参加为期两天的名为“价值与信念”的领导研修班，以确定萨顿的价值观。这个计划的基本目的在于让主管人员熟悉萨顿的核心价值观念，说明如何将这些观念从语言变为行动。在计划的第一部分说明价值观如何影响行为，提醒管理人员注意宣称价值观与有效价值观之间的任何差异。比如，培训教师说：“是你所做而不是你所说使工人们真正了解你部门的有效价值观是什么。”因此，在说“信任”的同时，强调考勤制度是有问题的，因为这种考勤表本身似乎就在说“我们不信任你”（在萨顿公司没有考勤表）。

在此后的培训时间中，利用讲座和练习来说明萨顿的每一个价值观念，尤其要说明萨顿的核心价值观，比如，“尊重人”，“使员工都成为伙伴”，“通过协同配合提高客户满意度”，“将质量贯穿于我们所做的一切之中”，等等，目的在于运用生动的事例说明这些价值观的内涵（如“尊重人”的含义是什么?如何表现出对人的尊重?），造就萨顿领导人的信徒。

③团队精神与授权培训。现在，越来越多的企业通过协作和授权来提高效率，他们将“团队精神”作为一种价值观，围绕紧密结合的工作小组来组织要做的工作，并授予这些工作小组以完成其工作任务的权力，也就是说，给他们以从事份内工作的自主权和能力。这种团队工作和员工授权方法就是许多企业称做员工参与计划的组成部分。

员工参与计划旨在通过让员工参与有关其本职工作的设计、组织和综合管理来提高组织效益。但是，许多企业发现“团队精神”不是自然而然就存在的，而必须对员工进行培训，使他们成为合格的工作团队成员。

有的企业利用室外培训计划来建设团队精神。室外培训通常组织企业的管理人员到崎岖多山地区去进行。在这种条件下，通过共同克服物质困难使他们理解团队精神和协作，以及互相信任、互相依赖的必要性。

给员工（无论个人还是团队）授权也需要进行大量的培训。仅仅对某团队成员说你们有权在生产你们负责的汽车部件过程中自主处理所有采购、销售和设计事宜是不够的，而必须进行多方面培训以保证他们具备做这项工作的技能。

4. 实施培训计划

培训计划的实施与公司的规模和结构有关，大的公司设有专门的教育培训机构，配有专职教师和管理人员。中小型企业往往通过与各类学校挂钩等方式进行培训。

由于当前知识和技术的更新速度越来越快，在与国际惯例接轨的过程中，国家政策和法律也在不断地更新和完善，培训计划的实施过程中，应及时根据形势和需要对计划作出调整。

5. 评估培训效果

培训效果是指在培训过程中受训者所获得的知识、技能、才干和其他特性应用于工作的程度。一般而言，直接用于人员培训的费用所产生的效益，比正规教育要高。据调查，通过适当培训，受训人员的工作效率常常可提高40%，效益相当可观。

培训效果的评价标准可分为四种类型：

(1) 反应标准。评价受训者对受训计划的反应，如是否喜欢这个培训计划，这个计划是否有价值。

(2) 知识标准。主要用来评价学员在培训中学到了多少知识和技能。

(3) 工作标准。是以学员回到工作岗位以后工作实绩的变化作为评价标准，即培训在多大程度上使学员的实际工作行为发生了应有的变化。

(4) 结果标准。是指培训对于组织的最终价值，主要是对培训代价（成本）和效益进行评估。结果标准是最重要的，但又是最难制定的。在评价结果标准时，应先计算所有培训成本（时间、材料和设施等）和培训后学员的生产率，然后决定培训的得失。对于旨在改进工作态度的培训这方面的评估就比较困难。较好的办法是把工作成绩与工作态度测量结合起来，从而取得较可靠的评定结果。近年来，人力资源管理对于培训标准的研究，更倾向于采用多重复合的标准来衡量培训效果。

培训单位为了不断提高培训效果，应注意以下几个方面的问题：

(1) 编制的资料要有意义。内容清晰、目的明确的资料更易于受训者理解和记忆。

(2) 提供将所学转化为实用的机会。

(3) 激发受训者。学员在受到激励而去学习时最容易学习。让受训者参与培训计划的制定。对于受训者的进步要及时给予肯定和表扬。

10 工程项目风险管理

10.1 工程项目风险概念和分类

10.1.1 工程项目风险概念及其特性

1. 工程项目风险概念

风险就是活动或事件消极的、人们不希望的后果发生的潜在可能性。工程项目风险是指工程项目在筹划、设计、施工和竣工验收等各个阶段可能遭到的风险。

2. 工程项目风险特性

工程项目风险具有下列特性：

(1) 工程项目风险的客观性。首先，风险的存在是不以人的意志为转移的。这是因为决定风险的各种因素对风险主体是独立存在的，不管风险主体是否意识到风险的存在，在一定的条件下仍有可能变为现实。其次，风险还表现在它是无所不在、无时不有的，它存在于项目全过程和各个环节中。

(2) 工程项目风险的不确定性。风险活动或事件的发生及其后果都具有不确定性。表现在：风险事件是否发生、何时发生、发生之后会造成什么样的后果等均是不确定的。但人们可以根据历史数据和经验，对工程项目发生的可能性和损失的严重程度作出一定程度上的分析和预测。

(3) 工程项目风险的可变性。在一定条件下任何事物总是会发展变化的。风险活动或事件也不例外，当引起风险的因素发生变化时，必然会导致风险的变化。风险的可变性集中表现在：①风险性质的变化；②风险后果及大小的变化；③出现了新的风险或风险因素已经消除。

(4) 工程项目风险的相对性。这表现在：

1) 风险主体是相对的。风险总是相对于事件的主体而言的，同样的不确定事件对不同的主体有不同的影响。如特别恶劣的气候条件，对承包商而言要承担费用损失的风险，而对业主而言要承担工期延误的风险。

2) 风险大小是相对的。人们对于风险活动或事件都有一定的承受能力，但是这种能力因活动、人和时间而异。如一个工程中所发生的某一风险对于一个小承包商来说可能是致命的，但对于一个大承包商来说可能不会对整个企业产生多大影响。

(5) 工程项目风险的阶段性。风险的阶段性是指风险的发展是分阶段的，通常认为包括三个阶段：

1) 潜在风险阶段。它是指风险正在酝酿之中，但尚未发生的阶段。该阶段是没有损失的，但是潜在风险可以逐步发展变化，最终进入风险发生阶段。

2）风险发生阶段。它是指风险已变成现实，事件正在发展的阶段。此时风险正在发生，但其后果还没有形成。若不正确应对，风险就会造成后果。

3）造成后果阶段。它是指已经造成了人身、财产或其他损失或伤害的阶段。通常这一后果的产生是无法挽回的，只能设法减少损失或伤害的程度。

10.1.2 工程项目风险的分类

1. 常见风险分类

为了全面的认识工程项目风险，并有针对性地进行管理，有必要将风险分类。风险可分成如下不同的类型。

(1) 按风险后果分类

1）纯粹风险。只会造成损失，而不会带来机会或收益。

2）投机风险。可能带来机会，获得利益，但又可能隐含威胁，造成损失。

(2) 按风险来源分类

1）自然风险。由于自然力的作用，造成财产毁损或人员伤亡。

2）人为风险。由于人的活动而带来的风险。人为风险又可以分为行为风险、经济风险、技术风险、政治风险和组织风险等。

(3) 按风险事件主体的承受能力分类

1）可接受风险。低于一定限度的风险。

2）不可接受风险。超过所能承担的最大损失或和目标偏差巨大的风险。

(4) 按风险对象分类

1）财产风险。财产所遭受的损害、破坏或贬值的风险。

2）人身风险。疾病、伤残、死亡所引起的风险。

3）责任风险。法人或自然人的行为违背了法律、合同或道义上的规定，给他人造成财产损失或人身伤害的风险。

(5) 按风险的可预测性分类

1）已知风险。在认真分析项目及其计划后就能够明确的而且其后果也可预见的风险。

2）可预测风险。根据经验，可以预见其发生但不可预见其后果的风险。

3）不可预测风险。有可能发生但发生的可能性和后果均不能预见的风险。

2. 工程项目风险分类

从工程项目风险管理需要出发，可将工程项目风险分为项目外部风险和项目内部风险。

(1) 工程项目外部风险

工程项目外部风险是指由工程项目建设环境（或条件）的不确定性而引起的风险，包括：

1）政治风险。主要包括：

①战争和内乱。在国际工程中尤为常见。

②在国际工程中，国家间的关系发生变化。

③政府或主管部门对工程项目干预太多，指挥不当。

④工程建设政策法规发生变化或不合理等。

2）经济风险。主要包括：

①宏观经济形势不利，如整个国家的经济发展不景气。

②投资环境差。

③通货膨胀。

④国家价格政策和税收政策的变化。

⑤外汇变动风险。

⑥物价上涨过快。

⑦ 投资回报期长，预期投资回报难以实现。

⑧ 资金筹措困难等。

3）自然风险。主要包括：

① 不利的气候条件。如酷热、严寒、暴雨等。

② 不利的现场条件。如不利的工程水文地质条件等。

③不利的地理位置。如工程地点十分偏僻，交通十分不利等。

④ 发生地震、洪水等自然灾害。

(2) 工程项目内部风险

根据技术因素的影响和工程项目目标的实现程度又可对其进行分类。

1) 按技术因素对工程项目风险的影响，可将工程项目风险分为技术风险和非技术风险。

① 工程项目的技术风险。工程项目技术风险是指技术条件的不确定而引起可能的损失或工程项目目标不能实现的可能性。主要表现在工程方案选择、工程设计、工程施工等过程中，在技术标准的选择、分析计算模型的采用、安全系数的确定、施工方法的实施等问题上出现偏差而形成的风险。

② 工程项目的非技术风险。工程项目非技术风险是指在项目的计划、组织、控制、协调等非技术条件的不确定而引起工程项目目标不能实现的可能性。

2) 根据工程项目目标的实现程度，可将工程项目风险分为进度、质量和费用风险。

① 工程项目进度风险。它是指工程项目进度不能按计划目标实现的可能性。

② 工程项目质量风险。它是指工程项目技术性能或质量目标不能实现的可能性。

③ 工程项目费用风险。它是指工程项目费用目标不能实现的可能性。此处的费用，对业主而言是指投资，因而费用风险是指投资风险；对承包商而言是指成本，故费用风险是指成本风险。

进度、质量、费用的风险是相互关联的。如质量事故将会导致费用的增加和工期的延误；增加费用可能缩短工期和改进质量；工期延误也会导致费用增加。

10.1.3 工程项目风险成本

风险成本是指风险事故造成的损失或减少的收益以及为防止发生风险事故采取预防措施而支付的费用。风险成本包括有形成本、无形成本以及预防与控制风险的费用。

(1) 风险损失的有形成本。风险损失的有形成本包括风险事故造成的直接损失和间接损失:

1) 直接损失。直接损失指财产损毁和人员伤亡的价值。

2) 间接损失。间接损失指直接损失以外的其他物品损失、责任损失以及因此而造成的收益的减少。

(2) 风险损失的无形成本。风险损失无形成本指由于风险所具有的不确定性而使项目主体在风险事件发生之前或之后付出的代价。主要表现在如下几个方面:

1) 风险损失减少了机会。由于对风险事件没有把握,不能确知风险事件的后果,项目活动的主体不得不事先做出准备。这种准备往往占用大量资金或其他资源,使其不能投入再生产,不能增值,减少了机会。

2) 风险阻碍了生产率的提高。人们不愿意把资金投向风险很大的新技术产业,阻碍了新技术的应用和推广,阻碍了社会生产率的提高。

3) 风险造成资源分配不当。由于担心在风险大的行业或部门蒙受损失,因此人们都愿意把资源投人到风险较小的行业或部门。结果是,应该得到发展的行业或部门,缺乏应有的资源;而已经发展过度的行业或部门,却占用过多的资源,造成了浪费。

(3) 风险预防与控制的费用。为了预防和控制风险损失,必然要采取各种措施。如向保险公司投保,向有关方面咨询,配备必要的人员,购置用于预防和减损的设备,对有关人员进行必要的教育或训练以及人员和设备的维持和维护费用等。这些费用既有直接的,也有间接的。

一般来讲,只有当风险事件的不利后果超过为项目风险管理而付出的代价时,才有必要进行风险管理。

10.2 工程项目风险管理

10.2.1 工程项目风险管理的含义

工程项目风险管理就是工程项目管理班子通过风险识别、风险估计和风险评价,并以此为基础合理地使用多种管理方法、技术和手段对项目活动涉及的风险实行有效的控制,采取主动行动,创造条件,尽量扩大风险事件的有利结果,妥善地处理风险事件造成的不利后果,以最少的成本保证安全、可靠地实现项目的总目标。

项目的风险来源、风险的形成过程、风险潜在的破坏机制、风险的影响范围以及风险的破坏力错综复杂,单一的管理技术或单一的工程、技术、财务、组织、教育和程序措施都有局限性，都不能完全奏效。必须综合运用多种方法、手段和措施，才能以最少的成本将各种不利后果减少到最低程度。因此，项目风险管理是一种综合性的管理活动，其理论和实践涉及到自然科学、社会科学、工程技术、系统科学、管理科学等多种学科。项目风险管理在风险估计和风险评价中使用概率论、数理统计甚至随机过程的理论和方法。

10.2.2、工程项目风险管理的主要内容

工程项目风险管理的主要内容包括以下几个方面：

1. 风险识别。

它是风险管理的第一步，是对工程项目所面临的和潜在的风险加以分析、判断、归类的过程。风险识别要考虑以下问题：项目究竟有哪些风险？这些风险存在于什么地方？发生的条件是什么？

2. 风险估计。

它是指估计风险的性质、估计和预测风险发生的可能性和后果的大小。风险估计是对风险的定量化分析，可为风险管理者进行风险决策、管理技术选择提供可靠的科学的数据。

3. 风险评价。

它是指对各风险事件后果进行评价，并确定其严重程度顺序。风险评价需要确定：若发生风险，将会付出多大代价？如果出现最不利情况，最大的损失是多少？哪些风险后果比较严重，需要重点控制？

4. 风险应对。

它是指在风险发生时实施风险管理计划中的预定的对策和措施。风险应对措施包括二类：一类是在风险发生前，针对风险因素采取控制措施，以消除或减轻风险。其具体的措施包括：规避、减轻、分散和利用等。另一类是在风险发生前，通过财务安排来减轻风险对项目目标实现程度的影响。其具体的措施有：自留、转移等。

5. 风险监控。

它是指跟踪已识别的风险，监视残余风险和识别新的风险，保证计划执行，并评估这些计划对降低风险的有效性。

风险分析和风险管理是一个连续不断的过程，可以在项目寿命期的任何一个阶段进行。但是，在项目的早期阶段就开始风险分析和风险管理，效果最好，越早越好。在项目寿命周期的下列时间，项目风险管理的重要性特别突出：

(1) 项目进展过程中出现未曾预料的新情况时。

(2) 项目有一些特别的目标必须实现时。

(3) 项目进展出现转折点，或提出变更时。

项目无论大与小、简单与复杂都可以使用风险分析和风险管理，但是下面一些类型的项目或活动特别应该进行风险分析和风险管理。

(1) 创新、使用新技术的。

(2) 投资数额大的。

(3) 实行边设计、边施工、边科研的。

(4) 打断目前生产经营，对目前收入影响特别大的。

(5) 涉及到敏感问题（环境、搬迁）的。

(6) 受到严格要求（法律、法规、安全）的。

(7) 具有重要政治、经济和社会意义，财务影响很大的。

(8) 签署不平常协议（法律、保险或合同）的。

10.2.3 工程项目风险管理的组织

项目风险管理的组织主要是指为实现风险管理目标而建立的组织结构，即组织机构、管理体制和领导人员。组织是进行有效的风险管理的保证，没有一个合理、有效的组织去实施，风险管理活动就不能落到实处。

项目风险管理的组织具体如何设立，取决于多种因素。其中决定性的因素是项目风险在时空上的分布特点。项目风险存在于项目的所有阶段和方面，因此项目风险管理职能必然分散于项目管理的所有方面，管理班子的所有成员都负有一定的风险管理责任。但是，如果因此而无专人专职对项目风险管理负起责任，则项目的风险管理就要落空。因此，项目风险管理职能的履行应采用集中和分散相结合的方式。

此外，项目的规模、技术和组织上的复杂程度、风险的复杂和严重程度、风险成本的大小等因素，都对项目风险管理组织有影响。

项目风险管理组织结构最上层应该是项目经理。项目经理应该负起项目风险管理的全面责任。项目经理之下可设一名风险管理专职人员，帮助项目经理进行项目风险管理。

项目风险管理人员应由能胜任此项工作的人员来担任，可以由公司内部培养，也可以聘请外部专家。从长远看培养公司内部的风险管理人员更加重要。

10.3 工程项目风险识别

风险识别是要确定在工程项目实施中存在哪些风险，这些风险可能会对工程项目产生什么影响，并将这些风险及其特性归档。工程项目风险存在于项目的所有阶段和方面，因此风险识别应当贯穿于项目的全过程和全方位。在大部分情况下风险并不显而易见，其往往或隐藏在工程项目实施的各个环节，或被种种假象所掩盖。因此，识别风险要讲究方法，特别要根据工程项目风险的特点，采用具有针对性的识别方法和手段。

10.3.1 风险识别的步骤

风险识别的步骤主要包括收集资料、分析不确定性、确定风险事件、编制风险识别报告等。

1. 收集资料

一般认为风险是数据或信息的不完备而引起的。因此，收集和风险事件直接相关的信息可能是困难的，但是风险事件总不是孤立的，可能会存在一些与其相关的信息，或与其有间接联系的信息，或是与本工程项目可以类比的信息。工程项目风险识别应注重下列几方面数据信息的收集。

(1) 工程的规划、设计、施工文件

这些文件提供了大量信息可用于分析项目本身是否存在风险。比如项目实施后是否能取得预期的利润？是否采用了不成熟的新材料、新工艺？设计是否已经落后或是否存在缺陷？施工方法能否保证预期质量和工期？

项目的建议书、可行性研究报告、设计或其他文件一般都是在若干假设、前提和预测的基础上做出的。这些前提和假设在项目实施期间可能成立，也可能不成立。因此，项目的前提和假设之中隐藏着风险。

(2) 以往工程的有关数据资料

以前经历的工程项目的数据资料，以及类似工程项目的数据资料包括档案记录、工程总结、工程验收资料、工程质量与安全事故处理文件以及工程变更和施工索赔资料等均是风险识别时必须收集的。这些工程项目成功和失败的经验以及所曾遇到过的风险对当前工程项目的风险分析是很有帮助的。

(3) 工程项目环境方面的数据资料

工程项目的自然环境以及政治、经济、文化等环境对工程建设也有重要的影响。许多因素是项目主体活动所无法控制的，因此隐藏着许多风险。比如当地的气候条件对工程进度和施工质量的影响；国家的法律法规变化对投资或成本的影响等。这些资料的搜集往往量大面广，有一定难度，却又十分重要。因此，必须加以充分重视。许多项目的失败就是因为对环境风险程度的估计不足所造成的。

2. 分析不确定性

在基本数据或信息收集的基础上，应从下列几个不同方面对工程项目的不确定性进行分析。

(1) 不同建设阶段的不确定性分析。工程建设有明显的阶段性，而在不同建设阶段，不论是不确定事件的种类，还是不确定事件的不确定程度均有很大的差别，应将不同建设阶段的不确定性分别进行分析。

(2) 不同目标的不确定性分析。工程建设有进度、质量和费用三个目标，影响这三个目标的因素既有相同处，也有不同的地方，要从实际出发，对不同目标的不确定性作出较为客观的分析。

(3) 工程建设环境的不确定性分析。工程建设环境是引起各种风险的重要因素。应对建设环境进行较为详尽的不确定性分析，进而分析由其而引发的工程项目风险。

3. 确定风险事件，并将风险归纳、分类

在工程项目不确定分析的基础上，进一步分析这些不确定因素引发工程项目风险的大小。然后对这些风险进行归纳、分类。

4. 编制工程项目风险识别报告

在工程项目风险分类的基础上，应编制出风险识别报告。该报告是风险识别的成果。通常其包括的内容有如下方面。

(1) 已识别出的风险

已识别出的工程项目风险是风险识别重要的成果之一。该结果经常采用风险清单的形式出现，表 10-1 为工程项目风险清单。

工程项目风险清单（格式） **表 10-1**

工程项目名称：

概述：

负责人：

日期：

风险事件名称	风险事件描述	风险事件应对计划和措施

在表 10-1 中，有关风险事件的描述应该包括：

1) 已识别工程项目风险发生概率的估计。

2) 工程项目风险可能的影响范围。

3) 工程项目风险发生的可能时间、范围。

4) 工程项目风险事件可能带来的损失。

例如，当承包商发现混凝土灌注经常跑模时，就应该及时分析原因，采取必要应对措施，避免以后这种现象继续发生。

(2) 潜在的工程项目风险

潜在的工程项目风险是指尚没有迹象表明将会发生的风险，是人们主观判断的风险，其一般是一些独立的工程项目风险事件。其潜在的工程项目风险可能会发展成为现实的工程项目风险，即其发生有一定的可能性。所以对于可能性或者损失相对较大的潜在的工程项目风险，应该注意跟踪和评估。比如，在一个政局不稳的国家承包工程项目，就应该随时注意当地的政治局势的变化。

(3) 工程项目风险的征兆

工程项目风险的征兆是指工程项目风险发展变化的可能的趋向。对工程项目风险征兆也需密切注视，并考虑应对计划和措施。比如某个地区经济形势恶化时，就应该考虑是否会对本国产生不利影响，提前采取预防措施。

10.3.2 风险识别方法

风险识别可以从原因查结果，也可以从结果反过来找原因。从原因查结果，就是先找出本项目会有哪些事件发生，发生后会引起什么样的结果。如业主延误提交施工现场，会对承包商产生什么样的结果。从结果找原因，如承包商某阶段成本超支过多，是由于什么原因引起的。

在具体识别风险时，还可以利用一些具体的工具和技术。风险识别首先需要对制定的项目计划、项目假设条件和约束因素、与本项目具有可比性的已有项目的文档及其他信息进行综合汇审。在汇审的基础上应用头脑风暴法、面谈法和德尔菲法等信息收集技术获取新的信息资源并进行综合评审。

1. 德尔菲法

德尔菲法是一种反馈匿名函询法。其作法是，在对所要分析的风险问题征得专家的意见之后，进行整理、归纳、统计，再匿名反馈给各专家，再次征求意见，再集中，再反馈，直至得到稳定的意见。

总之，它是一种利用函询形式的集体匿名思想交流过程。它有区别于其他专家预测方法的三个明显的特点。它们是：匿名性、多次反馈、小组的统计回答。

(1) 匿名性。匿名是德尔菲法的极其重要的特点，从事分析的专家彼此互不知道其他有哪些人参加分析，他们是在完全匿名的情况下交流思想的。

(2) 多次有控制的反馈。小组成员的交流是通过回答组织者的问题来实现的。它一般要经过若干轮反馈才能得出比较可靠的分析结果。

(3) 小组的统计回答。以往，一个小组的最典型的分析结果是反映多数人的观点，少数派的观点至多概括地提及一下。而统计回答则给出了各种意见的比例。

2. 头脑风暴法

头脑风暴法是在解决问题时常用的一种方法，具体来说就是采用会议的形式，让参加会议的成员自由地提出主张和想法。其核心点是打破常规、积极思考、互相启发、集思广益。这种方法可以使获得的方案或结论新颖、全面、富于创造性，并可以防止或减少片面和遗漏。

讨论时应遵守以下几条规则：

(1) 不允许批评别人的设想。

(2) 欢迎自由提出尽量多的方案。

(3) 欢迎在别人的意见基础上补充和完善。

(4) 会议的主持者应思想活跃，知识面广，善于引导，使会议气氛融洽，使与会者畅所欲言。

3. 核查表法

核查表法就是对以前在类似工程项目的实践中所遇到的风险以及经验进行归纳、总结，把这些资料列成核查表，然后与本工程项目进行比较，分析本项目可能出现的风险。核查表一般按照风险来源排列。利用核对表进行风险识别的主要优点是能按照系统化、规范化的要求去识别风险，简单易行；缺点是受到项目可比性的限制，且专业人员不可能编制一个包罗万象的核查表。表 10-2 为承包商参加国际工程承包的风险核查表。

国际工程承包商风险核查表　　表 10-2

风险因素	本项目情况	风险因素	本项目情况
1. 政治风险 (1) 战争和内乱 (2) 国家间的关系恶化 (3) 政府或主管部门对工程项目干预太多 (4) 工程所在国政策法规发生变化或不合理 (5) 国际制裁或禁运 (6) 新政府拒付债务 (7) 工程所在国社会习俗、文化差异		4. 技术风险 (1) 技术水平差 (2) 技术规范太苛刻 (3) 材料质量不过关 (4) 现场条件复杂 (5) 施工安全措施不到位	
2. 经济风险 (1) 工程所在国家的经济发展不景气 (2) 保护主义 (3) 通货膨胀 (4) 国家价格政策和税收政策的变化 (5) 外汇变动风险 (6) 物价上涨过快		5. 管理风险 (1) 管理水平低 (2) 合同条件不利 (3) 报价失误 (4) 工程师太苛刻 (5) 业主违约 (6) 分包商违约 (7) 代理人不称职 (8) 带资承包风险 (9) 未投保	
3. 自然风险 (1) 不利的气候条件 (2) 不利的现场条件 (3) 不利的地理位置 (4) 发生自然灾害			

近些年来，项目融资作为建设基础产业和基础设施项目筹集资金的方式越来越受到人们的重视。但是项目融资是风险很大的一种项目活动。因此，项目融资的风险管理也变得越来越重要。国际上一些有项目融资经历的专家和金融机构从以往这类业务活动中总结出了丰富的经验和教训。表 10-3 中列出的就是其中一部分。

项目融资风险核对表　　表 10-3

项目失效原因（潜在的威胁） 1）工期延误，因而利息增加，收益推迟 2）成本、费用超支 3）技术失败 4）承包商财务失败 5）政府过多干涉 6）未向保险公司投保人身伤害险 7）原材料涨价或供应短缺、供应不及时 8）项目技术陈旧 9）项目产品或服务在市场上没有竞争力 10）项目管理不善 11）对于担保物，例如油、气储量和价值的估计过于乐观 12）项目所在国政府无财务清偿力
项目成功的必要条件 1）项目融资只涉及信贷风险，不涉及资本金 2）切实地进行了可行性研究，编制了财务计划 3）项目要用的产品或材料的成本要有保障 4）价格合理的能源供应要有保障 5）项目产品或服务要有市场 6）能够以合理的运输成本将项目产品运往市场

续表

7）要有便捷、通畅的通信手段
8）能够以预想的价格买到建筑材料
9）承包商富有经验，诚实可靠
10）项目管理人员富有经验，诚实可靠
11）不需要未经实际考验过的新技术
12）合营各方签有令各方都满意的协议书
13）稳定、友善的政治环境、已办妥有关的执照和许可证
14）不会有政府没收的风险
15）国家风险令人满意
16）主权风险令人满意
17）对于货币、外汇风险事先已有考虑
18）主要的项目发起者已投入足够的资本金
19）项目本身的价值足以充当担保物
20）对资源和资产已进行了满意的评估
21）已向保险公司缴纳了足够的保险费，取得了保险单
22）对不可抗力已采取了措施
23）成本超支的问题已经考虑过
24）投资者可以获得足够高的资金收益率、投资收益率和资产收益率
25）对通货膨胀率已进行了预测
26）利率变化预测现实可靠

4. 项目工作分解结构

风险识别要减少项目的结构不确定性，就要弄清项目的构成及相互关系。项目工作分解结构是完成这项任务的有用工具。项目管理的其他方面如进度、成本管理，也要使用项目工作分解结构。因此，在风险识别中利用这个已有的现成工具并不会给项目班子增加额外的工作量。图10-1是某施工项目的工作分解结构示例。最下层还可以进一步细分成各分项工程。

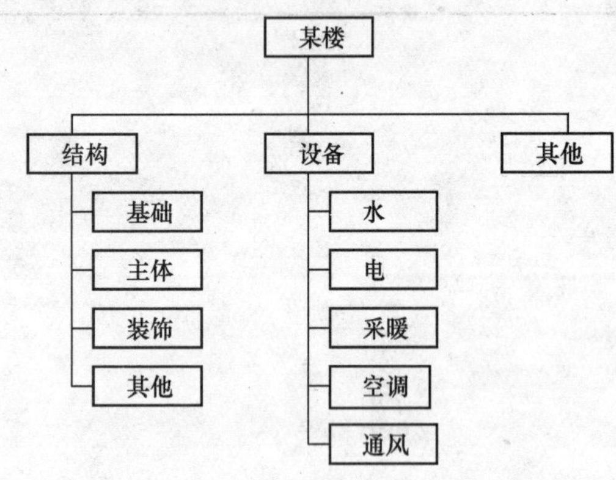

图10-1　某工程施工项目结构分解图

根据项目分解结构图可以全面地分析每一元素所含风险。同时也可以分析风险之间的相互关系。如，某一下层单元的进度拖延就会影响上层单元。

5. 实验或试验结果

利用实验或试验结果识别风险实际上是花钱买信息。例如，在软件开发项目中，预先做一个原型，就是一种实验。在地震区建设高耸的电视塔，预先做一个模型，放到振动台上进行抗震试验等。实验或试验还包括数学模型、计算机模拟或市场调查等方法。进行文献调查也属于这种办法。

6. 敏感性分析

敏感性分析研究在项目寿命期内，当项目变数（例如产量、产品价格、变动成本等）

以及项目的各种前提与假设发生变动时，项目的性能（例如现金流的净现值、内部收益率等）会出现怎样的变化以及变化范围如何。敏感性分析能够回答哪些项目变数或假设的变化对项目的性能影响最大。这样，项目管理人员就能识别出风险隐藏在哪些项目变数或假设下。

7. 系统分析法

系统分析法就是将复杂的事物分解成比较简单的容易被认识的事物，将大系统分解成小系统，从而识别风险的方法。

例如，当建造一座化肥厂时，可将风险分解为以下几方面：市场风险、经济风险、技术风险、资源及原材料供应风险、环境污染风险等。然后，再对每一种风险再作进一步的分析。例如，市场风险可进一步分解如下：

(1) 竞争能力。取决于产品质量和售价，可进行计算和估计。

(2) 其他企业同种产品的预计产量，或有相似功能的新产品出现的时间和产量。

(3) 消费者拥有该产品的饱和度。

用系统分析方法分解风险的过程可用图 10-2 表示。

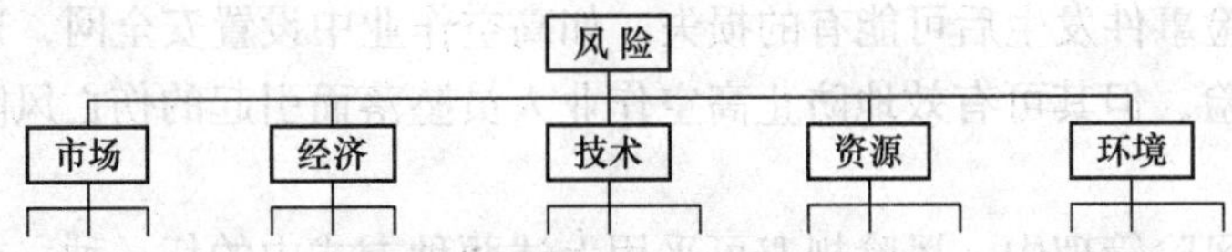

图 10-2　风险系统分析图

8. 因果分析图

因果分析图是从结果出发，通过演绎推理查找原因的一种方法。通常可以从人员、机械、材料、方法、环境等几方面寻找结果发生的原因。大原因可以继续细分成中原因，中原因还可分成小原因。从而可以进一步找出消除风险原因的对策。如图 10-3 所示。

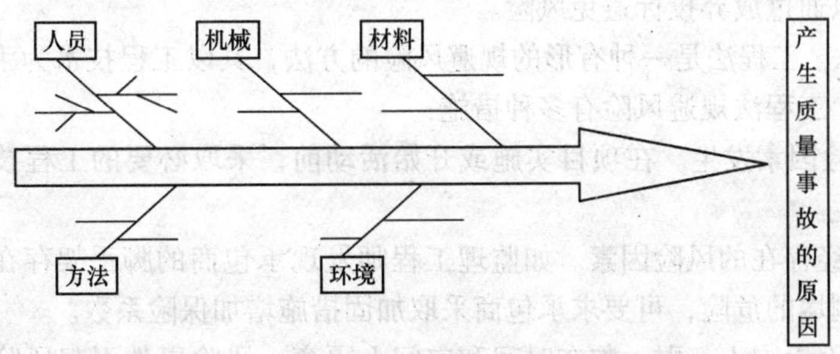

图 10-3　因果分析图

10.4　工程项目风险应对

工程项目常用的风险应对策略有：风险规避、风险转移、风险缓解、风险自留和风险利用，以及这些策略的组合。对某一工程项目风险，可能有多种应对策略或措施；同一种类的风险问题，对于不同的工程项目主体采用的风险应对策略或应对措施可能是不一样的。因此，需要根据工程项目风险的具体情况以及风险管理者的心理承受能力，以及抗风险的能力去确定工程项目风险应对策略。

10.4.1　工程项目风险规避

风险规避就是通过变更工程项目计划，从而消除风险或消除风险产生的条件，或者是保护工程项目的目标不受风险的影响。风险规避是一种最彻底地消除风险影响的方法，但同时也失去了可能的获利机会。

1. 风险规避的方式

风险规避的方式有如下两种：

(1) 规避风险事件的发生。如采用成熟的施工工艺和方法，而不采用一些不成熟的新方法，就可以防止施工方案不熟悉所产生的风险。

(2) 规避风险事件发生后可能有的损失。如高空作业中设置安全网，这并不能规避作业人员坠落的风险，但其可有效地防止高空作业人员坠落而引起的伤亡风险，即避免风险所引起的损失。

在工程项目风险管理中，风险规避可采用上述两种方式中的任一种，或上述两种方式同时使用。

2. 风险规避的方法

规避风险的具体方法有：终止法、工程法、程序法和教育法等。

(1) 终止法。终止法是规避风险的基本方法，是通过终止（或放弃）项目或项目计划的实施来避免风险的一种方法。如承包商认为某项目实施后无利可图或没有技术能力实施该项目，就可以通过放弃投标避免风险。

(2) 工程法。工程法是一种有形的规避风险的方法，其以工程技术为手段，消除物质性风险的威胁。工程法规避风险有多种措施：

1) 避免风险因素发生。在项目实施或开始活动前，采取必要的工程技术措施，防止风险因素的发生。

2) 消除已经存在的风险因素。如监理工程师发现承包商的脚手架存在安全隐患，为了防止脚手架倒塌的危险，可要求承包商采取加固措施增加保险系数。

3) 将风险因素同人、财、物在时间和空间上隔离。风险事件引起风险损失的原因在于：在某一时间内，人、财或物，或他们的组合处在其破坏力作用的范围之内。因此，将人、财、物与风险源在空间上隔开，并避开风险发生的时间，这样可有效地规避损失或伤亡。

工程法在规避工程项目安全风险等方面得到广泛的应用。但工程法常需要有很大投入，在运用时应进行成本效益分析。

(3) 程序法。程序法就是要求用标准化、制度化、规范化的方式从事工程项目活动，以避免可能引发的风险或不必要的损失。如建设过程要遵守基本建设程序，不允许无图纸施工；施工要按照施工规范进行操作等。

(4) 教育法

教育法就是通过对项目实施者进行教育来避免不当行为所产生的风险。工程项目风险管理的实践表明，项目管理人员和操作人员的行为不当是引起风险的重要因素之一。对项目人员广泛开展教育，提高大家的风险意识是避免工程项目风险的有效途径之一。教育的内容可以包括管理方法、技术、质量和安全等各个方面。

10.4.2 工程项目风险转移

风险转移是设法将某风险的结果连同对风险应对的权利和责任转移给他方。工程项目风险转移分保险和非保险两种方式。

1. 保险

保险是转移风险最常用的方法之一。通过保险，项目班子就可以把风险转移给保险公司。

建筑工程中的保险种类有很多。如建筑工程一切险、安装工程一切险、第三者责任险、机动车辆险。但保险通常规定有免赔额和除外责任，因此保险不能转移所有风险。

2. 工程项目非保险风险转移的方式

(1) 采用担保方式转移风险。如工程项目中通常以银行保函的形式进行担保，业主可要求承包商提供投标保函、履约保函、预付款保函、维修期保函等；承包商可要求业主提供支付保函。这样业主或承包商就把风险转移给了银行。

(2) 采用联合承包或分包方式转移风险。联合承包和分包是工程承包中常见的风险转移方式。当承包人遇到一些自身不擅长的或风险较大的特殊项目的施工时，可以将该部分工程分包或与其他承包商联合承包，把风险转移给其他承包商或分包人。而这种对原承包人具有风险的施工内容，对其他承包商或分包人不一定存在风险，可能还有机会。这决定于具体施工内容和分包人的具体条件。

(3) 采用适当的合同计价方式转移风险。对工程项目业主而言，根据具体工程条件，选择适当的施工合同的计价形式，是转移项目风险的一种方式。一般当工程设计达到一定的深度，工程施工工期不是太长，而且工程结构在施工过程中不可能作较大变化时，业主经常选择固定总价合同，在约定的风险范围内总价不允许调整。这样就把约定风险范围内的风险转移给了承包人。

(4) 运用合同条件转移风险。这种转移风险的方式实质上是利用合同条件来开脱责任。如国内施工合同示范文本规定承包商应承担一周内累计不超过 8 小时的停水停电所造成的停工损失、不可抗力发生时的施工机械损坏和停工损失等。

10.4.3 工程项目风险减轻

工程项目风险减轻，是指将工程项目风险的发生概率或后果降低到某一可以接受程度的过程。风险减轻包括减少风险发生的概率或控制风险的损失。

风险减轻要达到什么目标，将风险减轻到什么程度，这主要决定于项目的具体情况、项目管理的要求和对风险的认识程度。对已经明确的风险，工程项目管理者可以在很大程度上加以控制。如，对某工程项目，若已经明确其进度已经滞后，项目管理者就可以在资源供应允许的范围内，通过调整施工活动逻辑关系、压缩关键路线上关键工序的持续时间或加班加点等措施来减轻工程项目的进度风险。对于不是十分明确的风险，要将其减轻困难是很大的。工程项目管理者首先要进行深入细致的调查研究，把握风险出现的可能性和可能引发的损失；其次，再考虑应对该风险的策略。

在制定减轻风险措施前，必须将风险减轻的程度具体化；即要确定风险减轻后的可接受水平。如，风险发生概率控制在一个什么范围内，或风险损失应控制在什么标准之内，这些是制定减轻风险措施的基础。

风险减轻的措施主要包括以下几方面：

1. 降低风险发生的可能性

采取各种预防措施以降低风险发生的可能性，是风险减轻的重要途径。如，生产管理人员通过加强安全教育和强化安全措施，以减少事故发生的机会；施工承包商通过提高质量控制标准和加强质量控制，以防止工程质量不合格以及由质量事故而引起的工程返工或罚款。

2. 控制风险损失

控制风险损失是指在风险损失不可避免地要发生的情况下，通过各种措施以遏制损失继续扩大或限制其扩展的范围。如，业主在确信承包商无力继续实施其委托的工程项目时，决定立即撤换该承包商；当下雨无法进行室外施工时，尽可能地安排各种人员从事室内作业等都是为了达到减轻风险损失的目的。

在工程项目风险管理中，控制风险损失通常可采用以下措施：

(1) 预防风险源的产生。

(2) 减少构成风险的因素。

(3) 防止已经存在的风险的扩散。

(4) 降低风险扩散的速度，限制风险的影响空间。

(5) 在时间和空间上将风险和被保护对象隔离。

(6) 借助物质障碍将风险和被保护对象隔离。

(7) 迅速处理风险已经形成的损失，控制其继续蔓延。

3. 分散风险

分散风险是指通过增加风险承担者，以达到减轻总体风险压力的目的。如，采用联合承包方式以分散风险。

4. 后备应急措施

风险发生后，若事先考虑了后备应急措施，则风险的损失将会受到遏制，对工程项目目标的实现不会造成太大的影响。工程项目风险管理中的后备应急措施包括进度、技术（质量）和费用三个方面。

10.4.4 工程项目风险自留

工程项目风险自留是一种由项目主体自行承担风险后果的一种风险应对策略。

采用风险自留应对措施时，一般需要准备一笔风险预备费用，一旦风险发生时，将这笔费用用于损失补偿，如果损失不发生，则这笔费用即可节余。风险自留要求对风险损失有充分的估计，其损失不超过项目主体的风险承受能力。风险自留要求工程项目主体制定后备措施。风险自留一般在事先对风险不加控制，但有必要制定一个应对计划，以备风险发生之用。提前制定风险应对计划可以大大降低风险发生时应对行动的成本。风险自留主要用于处置残余风险。

在工程项目风险管理中，可将风险自留分为主动风险自留和被动风险自留：

(1) 主动风险自留。它是指工程项目风险管理者在识别风险及其损失，并权衡了其他处置风险技术后，主动将风险自留作为应对风险的措施，并适当安排了一定的财力准备。

(2) 被动风险自留。它是指没有充分识别风险及其损失的最坏后果，没有考虑到其他处置风险措施的条件下，不得不由自己承担损失后果的处置风险的方式。显然，被动风险自留是不可取的，其没有任何准备，包括风险管理者心理上的准备，以及应对风险财力和物力上的准备。这常常会造成工程项目上很坏的财务后果，对承包商而言，在某些情况下可能会危及其正常的生存和发展。

10.4.5 工程项目风险利用

在工程项目风险管理中，有些风险只要正确处置还是可以利用的。这就是所谓风险利用。一般而言，具有投机性质的风险经常可以利用。对于投机性质的风险而言，往往风险越大，获得的机会也越大。当然，这并不是对任何人、任何场合和任何环境都是可以利用的。

风险利用首先要考虑利用的可能性和利用价值。其次，必须对利用风险所需的代价进行分析，以提供决策支持。在风险利用代价分析的基础上，需要客观地检查和评估自身承受风险能力。

当决定利用某一风险后，项目决策人员或风险管理人员应制定相应的策略和行动步骤。例如，当投标人在报价时不考虑预期利润，采用低报价的策略，其目标是在后续项目上争取机会，以及寄盈利于索赔。在这种情况下，一方面，投标人就要注重和业主协调好关系，发挥其整体优势，并树立良好的形象；另一方面，则自合同签订之日起，就应研究节省工程施工成本、争取更多利润的措施，如提高有关人员的施工索赔意识，把握索赔机会，通过索赔，以争取更多的经济效益。

风险利用应注意把握下列几点：

(1) 风险利用的决策要当机立断。风险利用的机会并不是随时可有的。这就要求风险管理者对此类机会有深刻的认识，在此基础上，做出风险利用的决策。

(2) 要量力而行，实现风险利用的目的。承担风险要有实力，而利用风险则对实力有更高的要求。除此之外，而且还要有驾驭风险的能力，即要具有将风险转化为机会，或利用风险创造机会的能力。这是由风险利用的目的所决定的。如投标人在投标中报低价，面临的将是不能盈利甚至亏损的风险，若其在项目实施过程中不能发挥优势，采取节省施工成本和争取施工索赔等多种措施，以争取获利或争取在后续项目上获利，则是绝对不能采用低报价方案的。因为，投标人的最终目标是获取利润，不管是当前利润，还是长期利润。

(3) 要制定多种应对方案。风险利用在事先做好充分准备的基础上，要设计多种应对方案，既要研究充分利用、扩大战果的策略，又要考虑退却的部署，绝不能打无准备之仗。

(4) 严格风险监控。一般而言，可利用的风险均具有两面性，是机会还是风险，这是不确定的，是在不断发展变化的。这就要求风险管理人员加强监控，因势利导。若发现问题，要及时采取转移或减轻风险等措施，绝对不能掉以轻心。

11　工程项目验收与后评价

工程项目竣工验收和后评价阶段是工程建设过程的重要阶段，其中竣工验收是全面考核建设工作、检查工程是否合乎设计要求和质量好坏的重要环节，是投资成果转入生产或使用的标志。国家对建设项目竣工验收的组织工作，一般按隶属关系和建设项目的重要性而定。大中型项目，部门所属的，由主管部门会同所在省市组织验收；各省、自治区、直辖市所属的，由地方组织验收；特别重要的项目，由国务院批准组织国家验收委员会验收；小型项目，由主管单位组织验收。竣工验收，可以是单项工程验收，也可以是全部工程验收。经验收合格的项目，写出工程验收报告，办理移交固定资产手续，交付生产使用。项目后评价是对项目达到正常生产能力后的实际效果与预期效果的分析评价。通过项目后评价，对项目投资过程，可行性研究工作，经营管理过程和水平进行分析评价，以促进项目评估人员做好可行性研究工作，提高可行性研究的客观性与公正性，提高决策的科学化水平。

11.1　工程项目验收

11.1.1　概述

工程验收是在工程质量评定的基础上，依据一个既定的验收标准，采取一定的手段来检验工程产品的特性是否满足验收标准的过程。在我国，传统的工程验收分为分部分项工程验收（包括隐蔽工程验收）、阶段（中间）验收、竣工验收。其中，阶段验收是指工程建设到某一关键阶段所进行的验收；竣工验收则是指工程已全部建成，并经一段时间的运行后所进行的验收。这些验收是针对整个工程项目。在目前实行招投标、合同管理的条件下，工程验收的概念、范围、所依据标准和分类等与传统的工程验收有所不同。表现在：

(1) 合同环境下的工程验收是针对某一合同工程，是业主对承包商的验收，传统的工程验收则不然。

(2) 合同环境下的工程验收依据的是合同，包括组成合同文件的规程、规范、标准和设计文件等。而传统的工程验收依据的是国家的规程规范和设计文件。

(3) 合同环境下的工程验收分：中间验收、竣工验收、最终验收和国家验收，前三类验收均是针对合同工程的验收。如竣工验收是对某一合同而言，每一合同至少有一次竣工验收，这一点和传统的竣工验收概念差别较大。

11.1.2 工程验收的依据和目的

1. 工程验收的依据

在合同条件下，工程验收的依据，笼统来说，是工程承包合同，具体来说包括组成合同的下列文件：

(1) 合同条款。

(2) 批准的设计文件和设计图纸。

(3) 批准的工程变更和相应的文件。

(4) 被引用的各种规程规范和标准。

2. 工程验收的目的

不同类型的工程验收，其目的是有差异的，但归结起来有下列几方面：

(1) 检查工程施工是否达到批准的设计要求。

(2) 检查工程的设计施工及设备制造有何缺陷，如何处理。

(3) 检查工程是否具备使用条件。

(4) 检查设计提出的、为管理所必需的手段是否具备。

(5) 及时办理工程交接，发挥投资效果。

(6) 总结建设中的经验教训，为管理和技术进步服务。

11.1.3 中间验收

在合同环境下，中间验收是指在合同履行过程中的验收。它常包括关键部位的分部分项工程验收、隐蔽工程验收。

在中间验收中，一般对隐蔽工程验收特别讲究。隐蔽工程是指那些施工完毕后将被下一道工序的继续施工所遮盖，而无法或很难对它再进行检查的那些分部分项工程。例如，在房屋土建工程中，主要是指基础开挖或地下建筑物开挖完毕后的工程。因为这样性质的分部分项工程，具有被遮盖的特殊性。因此，必须在其将被隐蔽前进行严格验收，以防存在质量隐患，从而保证工程质量。隐蔽工程由于时间性较强，即使工作量较小，也应单独划作一个分项工程验收。隐蔽工程验收过程中，应认真填写“隐蔽工程验收记录”。它是工程质量保证的重要文件之一，是竣工技术资料的重要组成部分，是运行管理单位维护、改建和扩建工程以及工程交工前后质量事故原因分析、责任分析和事故处理的技术依据。因此，施工承包商工程技术人员必须认真填写“隐蔽工程验收记录”，监理工程师必须进行认真审核。经检查鉴定，如无异议即在隐蔽工程验收记录上签字。如有遗留问题，必须处理合格后，方可覆盖。

中间验收是在承包商自检的基础上进行，并由承包商向监理工程师提交中间验收申请。在该申请后一般还要求附有下列资料：

(1) 设计图纸。

(2) 设计说明或设计变更说明和施工要求。

(3) 施工原始记录。

(4) 工程质量检查、试验、测量、观测等记录。

(5) 地质资料等。

监理工程师（代表）收到验收申请后，应立即组织测量人员进行复测，地质人员检查地质素描和编录（若是隐蔽工程）。然后组织设计、测量、地质、试验、运行管理人员，以及质量监督站有关人员参加验收。

11.1.4　竣工验收

竣工验收是指承包商按合同文件要求，基本完成了施工内容，质量符合要求，具备投产和运用条件，可以正式办理工程移交前的工程验收。

1. 竣工验收的准备工作

在工程项目竣工验收之前，监理工程师应督促承包商做好下列竣工验收准备工作。

(1) 完成收尾工程。收尾工程的特点是零星、分散、工程量小，但分布面广，某些收尾工程若不及时完成，将会直接影响项目的投产或交付使用。要求承包商摸清收尾工作项目，通过竣工前的预检，作一次彻底的清查，按设计图纸和合同要求，逐一对照，找出遗漏项目和修补工作，制定作业计划，相互穿插施工。

(2) 竣工验收资料准备。竣工验收资料和文件是工程项目竣工验收的重要依据，从施工开始就应完整地积累和保管，竣工验收时应经编目建档。

(3) 竣工验收前的预验收。承包商在竣工验收前的预验收，是初步鉴定工程质量，避免竣工进程拖延，保证项目顺利投产使用不可缺少的工作。通过预验，可及时发现遗留问题，事先予以返修、补修。

2. 竣工验收条件

工程竣工验收应具备下列条件：

(1) 工程已按合同要求完建，质量符合要求，能够正常使用，并且中间验收也合格。

(2) 中间验收时发现的问题已基本处理完毕。

(3) 按合同和设计文件所提出的投产或交付使用以及管理条件已经具备。

(4) 个别单项工程尚未完建，或某非主要设备尚未解决，而短期内又难以解决，但不影响整个工程初期正常运行者，也可以组织竣工验收，但在验收过程中要落实收尾工程处理措施，并由承包商提交书面保证。

3. 竣工验收资料及其审核

竣工验收资料是工程项目竣工验收的重要依据之一，承包商应按合同要求提交全套竣工验收所必须的工程资料，经监理工程师审核，确认无误后，方能同意竣工验收。

(1) 竣工验收的资料内容。主要有：

1) 工程项目开工报告。

2）工程项目竣工报告、竣工图。

3）分部分项工程施工技术人员名单。

4）图纸会审和设计交底记录。

5）工程变更通知单和核实单。

6）工程质量事故分析处理资料。

7）水平坐标、水准点和沉降位移等的测量记录。

8）材料、设备、构件的质量检验资料。

9）中间验收记录及相关资料。

10）试验、检验报告及有关质量评价资料。

11）施工大事记。

12）施工过程中发现的问题和处理意见。

（2）竣工验收资料的审核。监理工程师主要进行以下几方面的审核：

1）材料、设备、构件质量检验资料的审核。要求这方面的资料必须是如实反映情况，不得擅自修改、伪造和事后补作。

2）试验、检验及有关质量评价资料的审核。各种试验、检验资料要完整，分类进行整编。其他质量评价资料，如质量评定资料，要齐全。

3）中间验收（包括隐蔽工程）记录及施工记录审核。

4）竣工图审核。建设项目竣工图是真实地记录各种地下、地上建筑物等详细情况的技术文件，是对工程交工验收、维护、扩建、改建的依据，也是工程使用单位长期保存的技术资料。监理工程师应对竣工图审核有足够的重视。

4. 竣工验收程序

（1）承包商竣工预验收。承包商在工程项目基本施工完后，应自行组织内部模拟验收，称竣工预验。承包商的竣工预验收是整个竣工验收程序中必不可少的一个环节，是避免竣工验收进程拖延，顺利通过正式验收的保证。通过竣工预验收，可督促收尾工程加速进行，及时安排有缺陷部位的返修。为使整个竣工验收工程能协调起来，承包商最好邀请监理工程师参加竣工预验收。竣工预验收工作一般可视工程具体情况分层进行，常分三个层次：①基层施工队组织的自验；②工程施工子项目经理组织自验，并填报竣工验收报告；③公司级预验。承包商在组织竣工预验收的同时必须准备竣工验收资料。竣工验收资料准备完成和预验收通过后，承包商向监理工程师提交合同工程竣工验收申请报告。

（2）监理工程师审查竣工验收申请报告。监理工程师收到承包商的竣工验收申请报告及相应的验收资料后，应根据施工合同的要求，及时作出详细的书面审查，并将审查意见及时通知承包商。

（3）监理工程师进行现场初验。监理工程师在审查竣工验收申请报告后，若对其满意，应及时组织有关人员进行现场初步验收，决定是否可组织正式验收。对初验中发现的问题，应及时以书面通知或备忘录的形式告诉承包商，责成其迅速按有关要求进行补救或返工处理。

（4）监理工程师组织正式验收。经初验，并对工程存在的一些问题处理后，监理工程师对其满意，他应组织业主、设计、上级主管部门有关人员参加的正式工程竣工验收。竣工验收过程中，对工程质量（水工建筑物与永久设备安装的标准，耐久性、稳定性、防渗性等）作出明确结论；对不影响工程投入运用的遗留问题或需要修整、改善或返工的部分提出处理意见，并限期处理完毕；对不影响工程竣工验收后的正常使用，可以在缺陷责任期内完成的任何剩余工作，在得到承包商竣工验收后继续在规定期限内完成的书面保证后，由监理工程师草拟竣工验收证书，经业主同意后，监理工程师和业主签发竣工验收证书。此后承包商和业主确定交接日期，并由监理工程师签发交接证书。

11.1.5 最终验收

最终验收是指遗留工程和工程质量缺陷处理完成后，缺陷责任期期满时的工程验收。该验收主要是对遗留工程和质量缺陷处理后的检查验收。验收合格，即符合合同规定要求者，应由监理工程师和业主签发最终验收证书或缺陷责任期终止证书。

11.2 工程项目后评价

11.2.1 工程项目后评价的意义

工程项目后评价是与工程项目建设前期进行的可行性研究相对应的。一般而言，是对项目达到正常生产能力后的实际效果与预期效果的分析评价。它要求对预期效果与实际效果加以客观的比较，并分析两者产生背离的原因，将分析总结取得的经验教训，反馈到今后的项目可行性研究与投资决策、项目管理中去。

工程项目后评价与项目评估是同一对象在不同阶段的评价，既相互联系又相互区别、它们在评价内容上应前后呼应。但是它们的作用、评估时间、采用的方法有明显差别。项目评估是在项目决策阶段进行的，为正确地进行决策提供依据。它主要是通过技术、经济、财务、社会、环境等分析和评价理论以及预测等方法，对项目的建设实施以及运行管理作全面的技术经济预测分析。而项目的后评价，是通过对项目的建设实施、试生产以及正式投产初期运行（1~3 年）的情况的总结以及对项目后续年限的预测数据，对项目进行的技术经济评价。

开展工程项目后评价，对提高建设项目管理水平，改善项目投资效果具有重要作用。

1. 有利于项目更好地发挥预期作用，产生更大效益

建设项目投资多、工期长、技术难度大、建设环境复杂，在建设过程中难免会遇到许多意外风险的干扰，影响项目预期效益的实现。通过项目后评价，可以及时找出差距，分析原因，提出补救措施，完善项目设计功能，使项目发挥更大作用。

2. 有利于提高项目投资决策水平

通过项目后评价，可以检验项目决策阶段的理论和方法的正确性，及时反馈到新的项目决策中，防止和减少项目投资决策的失误。

3. 有利于提高项目建设实施的管理水平

项目建设实施是一项复杂的系统工程，如周期长、投资大、技术综合性强且难度大、质量要求高、参加部门多、建设环境复杂等。因此，建设实施过程中的工作失误在所难免。通过项目后评价，可以总结经验，吸取教训，提高项目建设的管理水平。

11.2.2 工程项目后评价的内容

实质上，项目后评价既是对建设项目过去工作的总结评价，又是对项目持续期运营情况的预测评估，因此，项目后评价包括以下内容。

1. 影响评价

影响评价的基本思路是：任何一个项目，不管当初决策者的主观愿望如何，在项目建成后，必然会与当时的社会、经济、技术、环境等条件相结合，对当时的社会环境和自然环境各方面产生各种各样影响。通过项目完成后产生的客观影响与立项时的目标相比较，就可以评价项目的决策是否正确。由于项目的目标往往在项目进行可行性研究时就已拟定，因此，影响评价的主要任务是测定项目的实际影响。

影响评价的主要步骤如下：

(1) 模拟实施过程。这实际上是对项目从立项到完成的一个简单扼要的回顾，使有关项目的所有信息按项目进行的时间顺序排列起来，便于分析和研究。

(2) 确定预期目标。虽然在可行性研究阶段，已经拟定了项目的目标，但有些项目的目标太含糊、笼统。这一步的主要任务是使项目目标明确化、清晰化和定量化。

(3) 选择适当的方法，对项目的影响进行测定。项目对社会和自然各方面的影响是一个具有十分广泛含义的概念，测定起来十分困难和复杂。有些量可以直接测定，有些则要用统计调查的方式或抽样调查的方法。如社会福利事业项目影响的测定，往往使用社会调查的方法。

(4) 对所测定的数据进行分析、解释。

(5) 把分析的结果和当初确定的目标进行比较，作出评价，明确指出项目达到目标的程度，以及有哪些意想不到的效果等。

经过这样的分析和测定，基本上可以得出项目的实际效果与初始目标之间的差异，从而识别项目决策的正确性，检验项目实施的效果。

2. 成本—效益（效果）评价

与前述影响评价方法不同，成本—效益评价则是把项目的实际效果与实际成本相比较，通过比较来评价项目投资是否值得，是否合算。后评价中的成本—效益评价与在项目可行性研究阶段进行的成本效益分析在原理上完全一样。所不同的是，在可行性研究阶段，所用的成本和效益都是预测值；而在后评价阶段，这些数值都是实际测定的。这样，可以根据实际的数值，按成本效益的方法，重新计算项目的经济评价指标。将此值与可行性研究时的估算值相比较，就能发现当初预计值与实际的差异，并进一步找出差异的原因。

3. 过程评价

上面两种方法，都侧重于项目效果的研究，一个是把效果与目标相比较，另一个是把效果与成本相比较。但一个效果差的项目，其原因何在，仅仅有上述分析还不够，还不能回答项目成败的原因。因此，在进行上述两种评价的同时，深入地研究项目的决策、实施过程，通过分析其过程，来发现项目失败的原因，这个分析过程就是过程评价。过程评价实质上也是一种比较，是把实际过程与项目的实施计划相比较，通过比较，来找出主观愿望和客观实际的差别，使以后的项目计划制订得更加切合实际。

4. 持续性评价

持续性评价即对项目未来运营中实现既定目标以及持续发挥效益的可能性进行的预测评估。项目效益的持续发挥受多种因素的制约，如组织管理、财务、技术、社会经济、文化、生态环境等。因此，仅从项目实施中得出的评价结论是不够的，还应对项目未来的发展趋势进行科学的分析预测。

11.2.3 工程项目后评价的程序

根据建设项目的规模大小、复杂程度的不同，每个项目后评价的具体工作程序也存在一定的差异。但是，从总的看，一般项目的后评价都遵守一个客观的、循序渐进的基本程序。项目后评价程序一般包括提出问题、筹划准备、收集资料、分析研究、编写报告等5个既有区别又有联系的阶段。具体可概括为以下步骤：

(1) 提出问题

明确后评价的具体对象、评价目的及具体要求。

(2) 筹划准备

问题提出后，项目后评价的提出单位可委托其他单位进行项目后评价，或者自己组织实施。项目后评价的承担单位进入筹划准备阶段，进行相应的准备工作。

(3) 深入调查，收集资料

本阶段的主要任务是制订详细的调查提纲，确定调查对象和调查方法并开展实际调查工作，收集后评价所需要的各种资料和数据。

(4) 分析研究

围绕项目后评价内容，采用定量分析和定性分析方法，发现问题，提出改进措施。

(5) 编制项目后评价报告

将分析研究的成果汇总，编制出项目后评价报告，并提交给委托单位和被评价单位。项目后评价报告是项目后评价工作的最后成果，后评价报告既要全面、系统，又要反映后评价目标。项目类型不同，后评价报告的内容和格式也不完全一样。项目后评价报告地内容一般应包括：总论、前期工作后评价（如项目筹备、决策、征地、委托设计等）、实施工作后评价（如开工、工程变更、施工、资金供应、施工工期、成本、质量等）、项目运营后评价以及财务、经济后评价和基本结论等。

11.2.4 工程项目后评价的方法

项目后评价的具体方法很多。从所使用方法的属性分，项目后评价方法可分为两类：定性方法和定量方法。从所使用方法的内容分，后评价方法可分为三类：资料收集方法、市场预测方法和分析研究方法。资料收集、市场预测和分析研究方法中既含有定性方法，也含有定量方法。

1. 资料收集方法

资料收集是项目后评价中的一项重要内容和环节，资料收集的效率和方法，直接影响到项目后评价的进展和结论的正确性。常用的项目后评价资料收集的具体方法主要有以下几种：

(1) 专题调查会。请到会人员敞开思路，各抒己见，揭示矛盾，分析原因。

(2) 固定程序的意见征询。通过事先拟订好的固定程序的意见征询表来调查有关问题，收集有关资料。这种意见征询表所列的答案应简单明了，一般宜采取选择答案的形式，由被征询者选择。

(3) 非固定程序的采访。它是用非正式的对话代替使用意见征询表的一种资料收集方法。采访的对象可根据需要由后评价人员自己决定。

(4) 实地观察法。是通过项目后评价人员亲临项目实际环境，直接观察，从而发现问题的调查方法。实地观察法有许多优点，后评价人员可能发现一些被调查者不愿意在意见征询表或调查会上直接回答的微妙问题。

(5) 抽样法。当需要调查的面广、调查对象数量多时，为了节省时间和费用，调查人员可按照某种系统规律从调查对象中选择出一部分进行调查，由此估计出全体调查对象的特征。

2. 市场预测方法

项目后评价是在项目投产后进行的，其数据资料大部分都是项目准备、建设、投产运营等过程中的实际数据。但这些数据对于项目后评价还是不够的。为了与项目前评价进行对比分析，项目后评价需要根据实际情况对项目运营期间全过程进行重新预测。项目后评价市场预测方法很多，主要有以下两种：

(1) 经验判断法。它是根据过去或现在的大量数据资料，凭借有关人员对未来市场发展状况作出推断和描述的方法。经验判断法属于定性预测方法，其特点是简单、直观、费用较低，但掌握起来较难，需有丰富的经验。

(2) 历史引伸法。它是一种根据现有的统计资料，并假定这些资料数据所描述的趋势对未来仍然适用的前提下，运用各种数学模型预测未来市场趋势的方法。历史引伸法属于定量市场预测方法。

3. 分析研究方法

分析研究是项目后评价的一个重要阶段，实际调查和市场预测得到的各种数据资料，需要经过加工处理、采取一定的分析研究方法进行深入的分析，以发现问题，提出改进措施。项目后评价常用的分析研究方法有：指标计算法、指标对比法、因素分析法、统计分析法和回归分析法等。

11.2.5 建设项目后评价的指标体系

为了定量地分析项目各主要目标的实现情况和测算项目在持续运行期的情况，可计算出反映项目各主要目标实现程度的指标值，并将这些指标与项目决策阶段的指标加以对比，对项目进行综合评价。一般来说，项目后评价的指标体系有以下几方面。

1. 项目总结性评价指标

在项目后评价时，应通过对项目在初步设计、施工准备、建设实施、初期（1~3 年）运行等情况的回顾总结和项目当前工程设施、技术、管理、财务、生产、产品市场等方面的鉴定，对项目进行总结性评价。总结性评价主要指标如下：

(1) 设计周期变化率

$$项目设计周期变化率 = \frac{实际设计周期 - 预计设计周期}{预计设计周期} \times 100\%$$

该指标表示项目实际设计周期与预计设计周期相比的变化程度。

(2) 工期变化率

$$工期变化率 = \frac{项目实际工期 - 项目计划工期}{项目计划工期} \times 100\%$$

该指标表示项目实际工期与项目计划工期相比的偏差程度。

(3) 投资总额变化率

$$投资总额变化率 = \frac{实际静态（动态）投资总额 - 静态（动态）设计概算}{静态（动态）设计概算} \times 100\%$$

(4) 生产能力形成率

$$生产能力形成率 = \frac{实际达到生产能力}{设计生产能力} \times 100\%$$

(5) 工程质量评定指标

工程质量评定程序是按先分项工程、再分部工程、后单位工程的步骤进行评定。

1) 分项工程的质量评定，是工程质量评定的基础。

分项工程的质量符合下列标准者评定为合格：

① 保证项目（即质量标准中采用“必须”、“严禁”用词的条文）均必须全部符合标准的规定。

② 基本项目抽检的处（件）应符合标准的合格规定。

③ 允许偏差的项目，其抽检的点数中，建筑工程有 70% 及其以上，建筑设备安装工程有 80% 及其以上，应达到标准的允许偏差范围内。

符合下列标准者评定为优良：

① 保证项目必须符合相应质量检验评定标准的规定。

② 基本项目每项抽检的处（件）应符合标准的合格规定，其中有 50% 及其以上的处

(件) 符合优良的规定，该项即为优良；优良项数应占检验项数50%及其以上。

③ 允许偏差项目抽检的点数中，有90%及其以上的实测值应在相应标准的允许偏差范围内。

2) 分部工程的质量等级应符合以下规定：

合格：所含分项工程的质量全部合格。

优良：所含分项工程的质量全部合格，其中有50%及其以上为优良（建筑安装工程中，必须含指定的主要分项工程）。

3) 单位工程的质量应符合下列规定方可为合格：

① 分部工程的质量应全部合格。

② 质量保证资料应基本齐全。

③ 观感质量的评定得分率应达到70%及其以上。

单位工程的质量符合下列规定者可以评定为优良；

① 分部工程的质量合格，其中有50%及其以上优良，建筑工程必须含主体和装饰工程；以建筑设备安装工程为主的单位工程，其指定的分部工程必须优良。

② 质量保证资料应基本齐全。

③ 观感质量的评定得分率应达到85%及其以上。

4) 当分项工程质量不符合相应质量检验评定标准合格的规定时，必须及时处理，并应按以下规定确定其质量等级：

① 返工重做的可重新评定质量等级。

② 经加固补强或经法定检验单位鉴定能够达到设计要求的，其质量仅应评为合格。

③ 经法定检测单位鉴定达不到原设计要求，但经设计单位认可能满足结构安全和使用要求可不加固补强的；或经加固补强改变外形尺寸或造成永久性缺陷的，其质量可定为合格，但所在分部工程不应评为优良。

2. 项目运营期评价指标

(1) 实际投资利润（利税）率

$$\text{实际投资利润（利税）率} = \frac{\text{年实际利润（利税）或年平均实际利润（利税）额}}{\text{实际投资额}} \times 100\%$$

(2) 财务后评价方面

1) 实际投资回收期

①静态实际投资回收期：

$$\sum_{t=1}^{P_{Rt}} (CI_R - CO_R)_t = 0$$

式中 P_{Rt}——静态实际投资回收期（年）；

CI_R——年实际（或测算的）现金流入量；

CO_R——年实际（或测算的）现金流出量；

$(CI_R - CO_R)_t$——第 t 年实际（或测算的）现金净收益。

② 动态实际投资回收期：

$$\sum_{t=1}^{P'_{Rt}}(CI_R - CO_R)_t(1 + i_c)^{-t} = 0$$

式中 P'_{Rt}——动态实际投资回收期；

i_c——财务基准收益率；

其他符号与静态实际投资回收期计算公式中相同。

2）实际借款偿还期

$$I_{Rd} = \sum_{t=1}^{P_{Rd}} R_{Rt}$$

式中 I_{Rd}——实际的固定投资借款本金和建设期利息之和；

P_{Rd}——实际借款偿还期；

R_{Rt}——第 t 年实际（或测算的）可用于还款的资金，包括利润、折旧、摊销及其他还贷资金。

3）实际财务内部收益率

$$\sum_{t=1}^{n}(CI_R - CO_R)_t(1 + FIRR_R)^{-t} = 0$$

式中 CI_R——实际（或测算）的年现金流入量；

CO_R——实际（或测算）的年现金流出量；

$(CI_R - CO_R)_t$——实际（或测算）的年净现金值；

$FIRR_R$——实际财务内部收益率。

4）实际财务净现值

$$NPV_R = \sum_{t=1}^{n}(CI_R - CO_R)_t(1 + i_c)^{-t}$$

式中 CI_R——实际（或测算）的年现金流入量；

CO_R——实际（或测算）的年现金流出量；

i_c——财务基准收益率；

NPV_R——实际财务净现值。

11.2.6 世界银行项目的后评价

1. 世界银行项目后评价机构及其作用

世界银行在20世纪70年代初就开始项目后评价工作，现已形成一套完整的制度和方法。世界银行的项目后评价一般分两阶段进行。首先，由贷款项目的银行主管人员在贷款发放完毕后的6~12个月内编制一份“项目完成报告”（*PCR*），然后由执行董事会主席指定专职董事负责的“业务评议局”对项目进行比较全面的总结评价。这实际上就是世界银行贷款项目的项目周期最后一个环节，即“项目的总结评价”。“项目完成报告”的内容一般包括：项目背景、机构设置、实施进度、物资与财务管理、工程变更情况、贷款发放情况、违约事件、经验教训和结论等。

项目评价人员在审阅“项目完成报告”的基础上，通过查阅档案、实地调查等多种评价方法，独立地对项目进行全面、系统的评价，写出“项目执行情况审核备忘录”（*PPAM*），连同“项目完成报告”一并提交执行董事会和银行行长审定。

随着项目管理工作的逐步完善，1975年，世界银行董事会首次任命一位相当于副行长一级的高级官员担任业务评价局总局长。从此，后评价工作在世行工作中有了极为重要的位置。“业务评价局”的任务是对所有由世行贷款的已竣工的项目进行审计，帮助成员国提高后评价工作的能力，鼓励成员国与世行共同对由世行资助的项目进行后评价，在世行内部和其他开发机构通报有关项目后评价的结果和经验教训。

2. 世界银行项目后评价的经验

经过长期的实践，世界银行总结出以下经验：

(1) 要把后评价和项目实施过程中的中期评价区别开来。项目后评价是在项目完成后对项目所作的一系列评价。后评价的起码条件是，投资成本已经明确，有些效果已经取得，可以和立项时的估算相比较。

(2) 后评价的目的是查明项目成功或失败的各种原因，获取将来进行同类项目时应当记取的经验教训。

(3) 项目后评价时，如发现项目决策失误或其他方面错误，关键要把错误指出来，吸取教训，使这些错误不再发生，而不是指责当事人。因为有些错误，限于当时当地的条件，不论谁去干，错误都会发生。

(4) 为了保证项目后评价的客观性，应当使项目实际参加者的自我评价与独立于项目之外的专业评价人员的专门评价结合起来。

(5) 项目后评价结果要公开，以便让更多的人能够吸取教训。

3. 世界银行项目后评价的程序

后评价的程序大致可分为五个阶段。

(1) 自我评价阶段

在贷款终止后6个月内，每个项目都要做一份“项目完成报告”。这个报告，既是项目完成、实施过程结束的标志，又是项目后评价过程的开始，是项目周期中项目执行阶段与后评价阶段的交叉点。

编写“项目完成报告”的过程，实际上是参加项目的世行工作人员和贷款国人员对项目的一个自我评价过程。因此，“项目完成报告”也就是项目后评价中的自我评价阶段。“项目完成报告”主要包括三部分：

1) 第一部分由世行编写，主要包括项目执行情况概要和主要问题分析，指出执行结果和预期目标之间的差异，世界银行和借款国在整个项目周期中的活动情况，各方在项目执行过程中所采取的主要措施，所获得的经验和教训，并对项目的作用作出初步评价。

2) 第二部分由借款国编写，着重从借款人角度对世行、项目管理机构及个人的工作情况作出评价。

3) 第三部分是与项目概况和执行情况有关的统计资料，包括贷款情况，执行情况，成本和资金使用情况，项目的直接效果，对经济的影响以及协议执行情况等。所有这些资料都是业务评价局进行后评价的基本资料来源。

(2) 对自我评价的审计阶段

世界银行的业务评价局接到项目完成报告后，根据其内容将其分为三类：

1）第一类是那些经济效果好，工期符合计划要求，投资没有超预算，在完成报告中已充分反映出经验教训的项目。对这类项目，仅作粗略的审核，在项目审计备忘录上仅仅记录一些概括性情况和带有普遍意义的教训。

2）第二类项目是那些经验和教训对当前世界银行开展业务有重要指导意义的项目。这些项目是世界银行业务评价局的审议重点。

3）第三类项目，情况介于第一类和第二类之间。

(3) 对项目审计情况的概括——年度报告

该阶段是在“项目审计报告”的基础上，把各个项目中指出的经验和教训综合起来，得出对世界银行项目贷款工作有普遍意义的结论，指导世界银行将来的贷款方向和贷款重点。这些工作，反映在世界银行业务评价局一年一度的年度报告中。年度报告着重按行业，研究各类项目的情况，在此基础上，综合评价当年评估过的项目的经济、政治、社会、技术、环境和机构方面的影响，进而成为世界银行今后决策的依据。

(4) 复评阶段

以“项目完成报告”为基础所进行的上述一系列工作，构成了世界银行业务评价局经常性的后评价业务。但这些工作的基础有一个明显的问题，就是有些项目在其完成时，其效益尚未完全确定。为了解决这个问题，世界银行业务评价局还要在上述项目中挑出一部分，在项目完成五年以后进行复评，并编写该项目的“影响评价报告”（或称为“效应评价报告”）。这份“影响评价报告”，才是真正的后评价。因为只有在此时，项目的所有效益，包括项目的直接效益和间接效益，项目的所有成本，包括企业成本和社会成本，以及项目对社会的综合影响才基本暴露。

选择复评项目的基本原则是：选择那些在审计时经济效益和社会影响不确定的项目；一个国家首次为了达到某一目标而进行的项目，某一部门的第一个项目；争论性的项目和包含重大新技术的项目。

(5) 后评价的反馈

在世界银行后评价工作中的一个重要内容是宣传后评价的结论，使这些结论能应用到新项目的计划和设计中去。执行董事和行长要了解项目后评价的重要结论，随时掌握各业务部门对后评价结论的应用情况。世界银行业务评价局也要检查各部门对后评价结论的反馈情况，并督促有关部门制定相应的制度和措施，在项目初选、评估、准备、谈判和执行各个环节中注意运用后评价的成就，特别是吸取教训，从而使项目贷款工作不断完善和提高。

附录 工程项目管理信息系统

1. 工程项目管理信息系统

项目管理信息系统是实现先进的项目管理理论的信息化工具，随着管理科学和信息技术的发展，项目管理工具也从简单的项目管理软件发展成项目管理信息系统，比较流行的项目管理软件是微软公司的 Project 和 Primavera 公司的 P3，主要侧重计划管理，目前国际国内的大型工程项目建设都不同程度地使用了项目管理系统，苏通大桥、苏州工业园、南水北调等工程建设在使用项目管理信息系统辅助管理上取得了很好的效果，他们采用的项目管理系统的特点是参与工程建设的相关单位使用同一信息管理平台，彻底解决了以前项目管理数据分散在业主、承包商、监理等不同管理者手上，数据不能共享的问题，而参与项目管理干系人公用同一信息平台是项目管理信息化的发展方向，这一章主要介绍该系统。

工程建设项目涉及业主、设计单位、总承包企业、施工企业、监理企业等相关单位，就某一工程而言，这些单位和组织管理的是同一工程项目，只是管理的侧重面不同，而且有大量的信息必须在这些组织和单位间流转和共享，为了提高管理水平和管理效率，必须用项目管理的先进理念和信息化的手段进行管理。建普建设项目管理系统是根据我国工程建设项目的特点，结合国内外项目管理软件的优点并主要针对业主和监理工程师而开发的项目管理信息系统。系统分两部分，投资控制系统是以投资控制合同管理为主线，监理管理系统是以质量控制为主线，两部分既可以分开使用，又可以作为一个整体使用。

投资控制系统通过对工程建设项目的投资计划管理、合同管理、补充合同管理、变更管理、支付管理、采购管理、审计管理、项目附件管理以及会议纪要管理等，达到对整个项目的全过程的投资控制，使得项目的管理者责权清楚、项目的资金使用情况一目了然，所有的支付都有据可查，并随时和项目投资计划比较，发生问题及时预警和追踪，是提高工程建设项目投资效益的项目管理工具，该系统的最大特点是可以多项目同时管理，即使是业主或项目管理公司有很多项目在同时进行，本系统也能管理得井井有条。

监理管理系统是针对监理工程师在工程项目建设现场进行监理工作而开发的项目管理信息系统。建设工程监理工作的特点是流程化，首先工程由许多有先后次序的分部、分项工程组成，有些工程必须在前序工作完成后才能开始，有的工序完成后会触发一系列工作，就同一工序而言，现场监理的工作也有一定的流程，总监理工程师、总监代表、专业监理工程师、监理员、资料员在不同的阶段有自己相应的任务，即使是同一工作，监理信息也必须在参加工程建设的各方（业主、设计单位、施工单位、监理单位）之间流转。所以需要一套信息系统，根据工程的进度和登录系统的用户的身份告诉用户应该干什么以及怎么干。同时监理工作是根据合同、国家的法律法规、各种标准、规范进行监理的，再好的监理工程师也不可能记住所有的条款，而大量查询书面资料会增加监理工程师的工作量和劳动强度，监理工程师希望在做每一步工作时系统会及时提供相应的提示，将要用到的条款显示出来。建普建设监理项目管理系统有一套流程控制机制，通过系统的计划管理将要做的工作的先后次序和完成的时间输入系统，对同一工作设置相应的角色和任务，这样，在进行监理工作时系统会根据登录用户的身份和权限提示用户该干什么。同时系统提供了一套可维护的专家子系统，在进行每一步工作时提示用户该怎么做，用户还可根据不同的工程输入不同的提示内容。系统提供的关联功能可将合同、法律法规、标准规范的条款和相应的工作相关联，在工作时直接将相应的条款提供给监理工程师，不需要去查询大量的资料。系统提供的法律法规管理功能可以让用户按章节浏览，也可按关键字查询，还可增加条款或输入新的法律法规、标准规范。系统提供的附件管理功能，可以将附件如合格证、上岗证、检测报告等与相应的监理表格的相关字段关联，这样只要查询到监理表格，就可查询到与此相关的所有资料。系统力求使监理工作规范化、科学化、智能化，降低监理工程师的劳动强度，提高监理工作效率，是监理工程师的好助手。

2. 系统使用对象

从事工程建设项目的建设单位、施工单位、监理单位、设计单位等在现场施工阶段进行项目管理时使用。

3. 系统体系结构

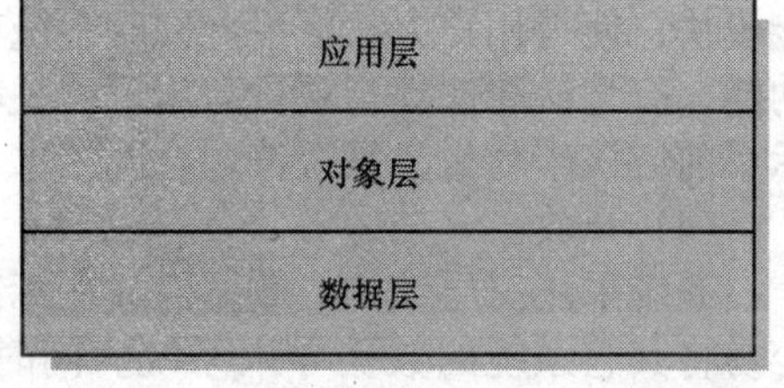

系统开发采用将用户应用界面与商务逻辑相分离的模型。三层结构的模型如下图：

采用将用户界面和商务逻辑相分离的技术进行系统开发有利于系统功能的扩展和升级。当系统的功能需要升级时，用户不需要安装部署新的系统，只需要更新对象层组件就可以了。

4. 系统功能

项目信息	里程碑管理	投资计划	合同管理	变更管理	支付管理
新建项目	里程碑设置	批准概算	工程合同	新建变更	支付申请
修改项目	里程碑信息	概算调整	采购合同	修改修改	修改支付
项目入库		动态概算	咨询合同	变更查询	支付批准
流程管理		批准计划	补充合同		支付查询
项目汇总		计划调整	合同汇总		
项目查询		动态计划	合同查询		

采购管理	资料管理	报表台账	人员组织	系统规划	质量管理
采购计划	会议纪要	项目汇总	功能分配	新建项目	监理表格
材料入库	往来文件	合同汇总	组织管理	修改项目	法律法规
材料分配	其他文件	变更汇总	职务管理	项目入库	监理流程
材料查询	资料查询	支付汇总	人员管理	流程管理	
采购查询		费用台账	权限管理	项目汇总	
		资金使用	密码管理	项目查询	

5. 系统特点

（1）强调协调

参与同一项目的不同组织和单位使用的是同一套信息平台，项目的所有信息是共享的，并且信息可以在这些组织间流转。

（2）与时间结合的流程管理

为适应不同的项目建设流程，本系统有一套独特的流程管理平台，针对不同的项目可以输入不同的建设流程，一旦流程确定，参与项目建设的所有单位就按照流程规定的步骤和顺序工作，并且流程是可维护的，如果发现流程存在问题，可以修改流程。而项目的文件管理、合同管理、进度控制、投资控制、质量控制以及参与项目建设的各企业间的协同就是通过项目建设的流程实现的。

（3）智能化

系统有一套专家系统平台，可以将专家的知识预先输入系统，同时，预先输入的知识是可维护的，即使预存的专家系统不完全符合项目的要求，使用者可以根据自己的需要调整专家系统库的内容。使用时系统会根据登录用户的身份告诉用户在什么时候应该干什么，而不是象以前的软件，不同身份的用户使用的是同一界面，并且由用户选择软件的功能模块，使得用户无从下手。同时系统有完备的提示库，有将合同和项目建设过程关联的功能，有将法律法规与项目建设过程关联的功能，这样，用户只要进入系统，系统就会提示目前应该干什么，是否符合合同要求，是否符合国家法律法规和标准等。

（4）开放

系统采用三层结构，数据存放在标准数据库中，很容易将数据导出到其它系统，也很容易将其它系统的数据导入系统。同时系统支持 office 文档，支持 project 文档和 PDF 文档。系统基于 .net 框架，用户可以根据自己的需要添加新的功能，而且支持二次开发。

（5）数据完备

参与项目的所有组织共用同一系统，形成的数据从项目的规划设计到施工监理直到最后营运都在数据库中。彻底解决了原来项目数据分散在各参与企业，数据查询困难的问题。

（6）系统组建灵活

可根据实际需要和环境条件组建系统，有单机版、企业版、项目版等不同版本。

（7）安全

系统有完备的权限管理和用户认证系统，不同的用户只能操作权限范围内的信息。